高等院校石油天然气类规划教材

油气储运设备

邓　雄　蒋宏业　梁光川　编

石油工业出版社

内 容 提 要

压缩机、泵、污水处理设备、油气分离器、加热炉、阀门、塔器等设备广泛应用于油气集输、处理、储存、销售和应用等各个环节,本书系统地介绍了这些设备的结构组成、工作原理、性能及选型计算。在理论分析的同时注重与工程实际相结合,通过举例阐述分析问题、解决问题的思路和方法。

本书可作为石油高等院校油气储运工程专业的本科教学用书,也可作为从事油气储运科研、设计、施工、生产等各方面技术培训和管理人员的参考用书。

图书在版编目(CIP)数据

油气储运设备/邓雄,蒋宏业,梁光川编. —北京:石油工业出版社,2017.6(2024.8重印)

高等院校石油天然气类规划教材

ISBN 978-7-5183-1848-3

Ⅰ.①油… Ⅱ.①邓…②蒋…③梁… Ⅲ.①石油与天然气储运—机械设备—高等教育—教材 Ⅳ.①TE97

中国版本图书馆 CIP 数据核字(2017)第 068864 号

出版发行:石油工业出版社

　　　　(北京市朝阳区安定门外安华里 2 区 1 号楼　100011)

　　　　网　　址:www.petropub.com

　　　　编辑部:(010)64523579　图书营销中心:(010)64523633

经　销:全国新华书店

排　版:北京密东科技有限公司

印　刷:北京中石油彩色印刷有限责任公司

2017 年 6 月第 1 版　　2024 年 8 月第 3 次印刷

787 毫米×1092 毫米　开本:1/16　印张:16

字数:400 千字

定价:36.00 元

前　言

油气储运设备应用量大面广,涵盖油气集输、处理、存储、销售和应用等各个环节,在油气生产和应用过程中起着心脏、动力和关键设备的重要作用。选好和用好这些设备,对油气生产和应用部门的投资,产品的质量,成本和效益等方面都具有重要意义。

本书是根据油气储运工程专业培养要求编写的,是油气储运工程及相关专业的主要教材之一。本书概括了油气储运设备领域必备的基础知识,引用国际、国内油气储运设备方面最新的资料和规范,阐述油气储运过程中常用设备的结构组成、工作原理、性能分析、特性调节及其合理选用方法等内容,为储运工艺设计和管理服务。

由于教学对象、教学目的和本书篇幅所限,本书在编写体系、内容和方法上进行了一些新的尝试。虽然本书不偏重于阐述较深的理论、公式推导和设计计算等内容,但有较广的知识面和较多的实际应用知识,结合国内外油气储运设备方面的新知识和发展的新趋势,围绕泵、压缩机、油气分离器、加热炉、塔器等的结构、工作原理、性能及选型计算,以及其他附属设备,如阀件的组成、结构、工作原理及选型等内容编写。写法上力求概念清晰、简明扼要、重点突出、图文并茂,其篇幅虽少,但蕴涵的内容颇多。另外,对少量相关内容,只作简单提示,未作较具体的阐述,仅给出有关的参考文献,可供参考。

本书的具体编写分工如下:第一章至第五章及第十章由邓雄编写;第六章至第八章由蒋宏业和梁光川编写;第九章由王飞编写;同时,张潇、何虹钢、赵勇、王惠、骆吉庆等同学也参与了编写工作。全书由邓雄负责统稿。本书还得到了中国石油西气东输公司、西南油气田销售分公司,以及西南石油大学教材科、石油与天然气工程学院和机电工程学院等许多领导和同行的大力支持和帮助,在此深表谢意。

由于编者的水平和经验有限,书中错误与不当之处在所难免,恳请读者予以批评指正,以便于修改和完善。

编　者

2017 年 1 月

目　　录

第一章
绪论

第一节　油气储运设备分类及发展趋势

油气生产是由多个生产环节相连接的,或由主、辅生产环节相互呼应的复杂过程,并以大型化、管道化、快速化、自动化为特征,石油工作者还在提高产品的生产率、降低成本、节约能源、提高安全可靠性、优化控制和降低污染等方面不断改进和完善。油气储运设备包括油气集输、长输、处理、销售和应用等方面的过程装备,如泵、压缩机、分离处理设备、塔器等,可以说,这些设备直接或间接参与油气生产的许多重要环节,是油气生产站场的心脏、动力和关键,对油气生产的质量、效益及竞争能力均起着决定性的作用。

一、分类

(一)按生产过程分类

(1)集输设备:包含从井口到联合站的设备;

(2)长输设备:从联合站或炼化厂到库或厂等终端的设备;

(3)炼化设备:炼油厂的分离、处理、存储等设备;

(4)销售及应用设备:存储设备、运输设备、计量仪表、燃气轮机等。

(二)按设备运行工况分类

(1)动设备:泵、压缩机、燃气轮机等;

(2)静设备:分离器、塔器、储罐等。

(三)按能量转换分类

按能量转换可分为原动机和工作机。原动机是将流体的能量转变为机械能,如气轮机、燃气轮机等。工作机是将机械能转化为流体的能量,用来改变流体的状态(如提高流体的压力、使流体分离等)与输送流体,如泵、压缩机、分离机。

(四)按流体介质分类

流体通常是具有良好流动性的气体和液体的总称。在一定情况下又有不同介质的混合流体,如油气、气水、油气水、油气水固等多相流体。按流体介质不同,油气储运设备可分为压缩机、泵和分离机。压缩机主要用于增压或输送气体;泵主要用于给液体增压或输送液体;分离机主要用于分离混合介质,如分离器、电脱水器、脱硫塔、常减压蒸馏塔等。

(五)按结构特点分类

按结构特点,油气储运设备可分为两大类:一类是往复式结构的设备,如往复式压缩机、往复泵;另一类是旋转式结构的设备,如离心式压缩机、轴流式压缩机、螺杆式压缩机、离心泵等。

二、发展趋势

随着国民经济的快速发展和科学技术的突飞猛进,油气储运设备也随之得到不断发展和完善,目前的发展趋势如下:

(1)新机型的创造。高压力、高单级增压比的压缩机和泵,如活塞式压缩机的出口压力高达 700MPa,离心式压缩机的出口压力高达 200MPa;适用于大流量或小流量的压缩机和泵,如轴流式压缩机流量达每分钟上万立方米,活塞式压缩机流量约 $0.01m^3/min$;高转速压缩机、超音速压缩机等。

(2)设备内部流动规律的研究。在设备内部的通流部件进行空间三维流动、黏性湍流、可压缩流、多相流和非牛顿流体的流场数值模拟计算及改进空间流道几何形状的设计等。

(3)高速转子动力学的研究和应用。高速转子的平衡、弯曲振动和扭转振动、高速转子的支承与抑振、高速转子的轴端密封和使用寿命预估等。

(4)新型制造工艺技术的研究和应用。如多维数控机床加工叶轮、叶片等零部件、复杂零件的精密浇铸和模锻、特殊焊接工艺和电火花加工等。

(5)自动控制技术的完善。为使设备的安全运行、调控到最佳工况或按设备生产过程变工况等,均需要不断完善的自动控制系统。

(6)设备故障的诊断。为使储运设备安全稳定运行,变定期停机大修为预防性维修,采用在线监测实时故障诊断系统,遇到紧急情况时及时报警、监控或连锁停机。目前故障诊断系统正向人工智能专家诊断系统和神经网络诊断系统方向发展。

第二节 油气储运设备现状及研制方向

一、国内外油气储运设备现状

(一)高含水油田设备

分离、加热、脱水合一设备将分离、加热、脱水合于一体,使传统的两段脱水流程集于一套设备中,可取代传统流程中分离器、沉降柜、脱水泵、加热炉、电脱水器等单体的分散布置,减少设备间的连接管线和相应阀件,降低投资,方便管理,经济效益和社会效益较明显。国外已普遍采用工厂成套生产合一装置及模块化橇装设备。而我国合一设备的模块化、橇装化、常温集输技术及预脱水设备的效率与国外有着较大的差距。国外的脱水设备适应工况条件宽、效率高,国内开发的旋流预脱水器适应工况条件窄、效率低,应用量小。

(二)低渗透(小断块)油田设备

对于低渗透(小断块)油田,国内采用建简易污水处理装置、污水就地回注的方式节省投资和运行费,而国外采用井下油水分离技术,实行井下油水分离同井回注,从源头上减少产出水。国内在橇装化集输处理设备及技术集成优化方面刚刚起步,与国外有较大差距。作为低渗透油田注水处理关键设备的精细过滤器、过滤膜,其加工精度、自动化程度不及国外,滤料、滤芯的反洗不彻底,有待加大科研投入。

(三)稠油、超稠油地面设备

存在的主要差距有两个方面:一是在蒸汽驱油地面工程配套技术方面,国外已基本成熟,国内才刚刚起步。二是在稠油降温技术方面,国外已使 API 度为 10 的稠油降温至 API 度为 15,这方面国内也是刚刚起步。

(四)高酸性气田地面设备

国外对高含硫气田的开发已有几十年的经验。在天然气净化技术,特别是硫黄回收和尾气处理技术方面有了长足的发展。目前,脱硫、硫黄回收及尾气处理装置已向大型化、自动化、组合化方向发展。其中还原吸收类尾气处理技术,不但硫回收率高,而且工艺成熟,装置数量占全部尾气处理装置的半数以上。

气田开发在气液混输、特高含硫气田材料选择及设备高效化、橇装化上国内与国外水平也存在较大差距。

(五)天然气处理设备

1.膜分离脱水设备

膜分离被认为是 21 世纪最有发展前景的高新技术之一,国外在天然气分离、脱水及净化等领域已广泛应用。掌握该项技术的主要是美国 MTR 和德国 GKSS 两家公司,国内尚没有掌握该技术的公司,但已有公司可以利用国外膜制造膜分离脱水设备。膜分离脱水在降低天然气水露点的同时,还可以实现重组分烃的分离。同三甘醇脱水技术相比,膜分离脱水具有设备占地小、安装速度快、维护量少、运行费用低、安全性高等优点,但投资较高。

2.天然气超音速低温分离器

荷兰 Twister 公司研发的天然气超音速低温分离器,以超音速分离出烃类液体和水分。与常规技术相比,不需要使用化学药剂,可以减少有害气体的泄漏,无动力部件,无人操作,允许远程控制。

美国利用旋转分离透平,在回收高压天然气井口节流降压能量损失的同时,提供高效分离和驱动动力。该技术包括三相旋转分离透平、两相旋转分离透平、管式旋转分离透平、油气分离透平、高压天然气分离透平等系列产品。现场试验中,分离效率达到 99% 以上。

(六)油气集输加热炉

1.加热炉

传统炉型随着技术的发展也逐渐反映出其局限性,如水套炉因为带压运行,对水质适应性差、安全性差，由于采用水浴加热，盘管内的冷介质传热系数低，加热炉钢耗量大，体积大而笨重，目前较新型的真空相变加热炉，真空维持手段上存在着不足，容易造成水汽损耗。

国内油气田专用加热炉设计效率已达 90% 左右，运行热效率达 78% 左右，但国内加热炉平均运行热效率只有 70% 左右，而国外平均运行热效率在 85%～90%，差距不小，对现有较先进的炉型而言也有改进的余地。

国外油气田加热炉具有结构紧凑、空气预热、燃烧完全、热效率高、自动化程度高、控制和保护手段齐备，机电仪高度集成、橇装化设计、整体出厂、加热炉钢耗量较少等特点，火筒式间接加热炉普遍采用水溶性热媒或低熔点无机物作为中间换热介质，钢耗量较高，热效率水平持中，但安全可靠性较高，可以满足露天安装、长周期运行的要求。

2. 蒸汽再加热装置与注汽锅炉

国内外稠油开发最有效的手段仍然是蒸汽吞吐及蒸汽驱，其主要装备是湿蒸汽发生器（即注汽锅炉）。1981 年辽河高升油田开始注汽开采稠油试验取得成功，并逐步大面积进行蒸汽吞吐开采，注汽锅炉也从以引进为主逐步实现国产化。解决利用普通锅炉软化水生产过热蒸汽的技术难题，可提高国内外稠油热采装备的整体技术水平，为稠油热采找到一种新途径。

二、我国主要油气储运设备研制方向

(一)油水泵

我国"七五"以来制定完成了输油泵、离心注水泵、往复注水泵、稠油泵型谱，由原来的通用产品代用，发展为专用产品。目前，虽然产品品种系列不全，但性能指标较以前有较大提高，效率一般提高 3%～5%，有的高达 10% 以上，易损件寿命提高 1/3 以上，基本能满足油田建设需要。但特殊领域如稠油、凝析油、轻烃、油气水三相混输用泵以及大型长输管道专用泵和介质含砂问题还需要继续攻关。与国外同类产品比较，效率一般低 3%～5%；国外泵大修周期一般在 25000h 以上，国产泵在 8000h 以内。国外产品标准化程度高、互换性好，国内产品标准化程度很低，同一种产品生产厂家不同，配件不能互换；国外产品机电一体化程度很高，产品多为机组出现，国内产品为单机供应，用户配套组装，自控水平低，人工操作保证不了设备的性能。为此，提出如下研制方向：

(1)研制高效耐用泵型，包括用于稠油的转子泵，用于油气混输的气、液、固体三相混输泵，用于注水增压的旋喷泵和用于大罐清砂的自吸泵。

(2)发展机组橇装，提高机电一体化产品水平。

(3)修订输油离心泵、注水离心泵、注水往复泵、稠油泵等系列型谱，再提高泵效 3%～5%，将易损件寿命提高到 8000h 以上。

①输油泵分油田输油泵（普通输油泵、稠油泵、轻烃泵等）和管道输油泵，新型谱已经制定，与老型谱相比泵效平均提高 3%～5%，结构上均采用水平进出口，接近国外 20 世纪 80 年代初期先进水平。

a. 普通输油泵。常用系列范围：排量为 6～700m³/h，扬程为 60～640m，近 200 种规格。对这类泵的筛选，除要求高效外，应有一定的吸入能力；有便于拆卸的机械密封；水平中开结构，进出口在水平中开的下方；泵与动力有统一的联合底座；便于安装和检修。

b. 稠油泵。有转子泵、旋转活塞泵和螺杆泵 3 种结构型式，经试用均存在效率低、噪声大、寿命短的缺点。应组织进行筛选、改进,提高泵效(达到60%以上),延长使用寿命,最后定型系列生产。

c. 轻烃泵。经初步筛选,目前常用的有大连产的多级泵,但其外形较大。应对引进单级高转数轻烃泵进行仿制,以满足橇装要求。

d. 管道输油泵。除具有高效外,应具有自润滑、无冷却水系统;机械密封应有较高的承压能力并且易于拆卸检修;泵结构应为水平中开;泵与动力应具有完善的联合底座;应具有温度及振动自动检测设施。油田用泵数量较大,管道用泵又面临西部管道建设的需要,因国内现有制造水平与国外差距较大,拟采取引进技术、合作生产的办法,以解决生产对常用输油泵的需求。

②注水泵包括离心注水泵、往复注水泵、注水增压泵。现已制定完成高效离心注水泵和往复注水泵系列型谱,泵效比老型号提高3%～5%,有的部分提高10%。系列范围:排量为20～300m³/h,扬程为1000～4500m,共计110种规格。

三柱塞和五柱塞往复注水泵及增压泵已完成初步筛选,但效率还较低,性能不太稳定。今后设计中不应继续使用低效泵,当泵参数不能满足生产需要时,可采用配套调速电动机等措施。应组织力量进一步筛选注水增压泵,改进性能,提高效率,达到定型推广的要求。

(二)原油处理设备

通过筛选和定型系列设计,延续了各油田好的经验和做法,借鉴了CENATCO计算方法和好的结构,制定了部分设备标准规范,设计水平有很大提高。油气分离器处理效率提高近1倍,运行平稳正常,改变了以前液面控制不住、分离效果不好等问题。原油脱水设备中聚结床脱水器和电化学脱水器通过筛选定型,技术水平有很大提高。聚结床脱水器原油脱水后指标:原油含油小于30%,污水含油小于1000mg/L;电化学脱水器采用了双电场和恒流源供电技术,解决了防爆问题,根除了电脱水器的不安全因素,效率提高50%以上,电耗降至0.1kW·h/t以下,与国外同类设备比较其性能指标虽接近先进水平,但机电一体化程度和自控水平需要进一步配套提高。建议研制方向如下:

(1)修改加热分离缓冲罐、加热分离沉降罐、电脱水器等多项定型系列设计;

(2)进行三相分离器定型系列设计和不分离计量技术的应用开发,以适应老油田高含水的技术改造;

(3)筛选原油处理设备配套仪表,提高设备自控水平。

(三)加热炉

经过对在用加热炉进行测试筛选、新炉型研制、标准规范的制定及定型系列设计,加热炉的设计水平有较大提高。对加热炉进行了定型系列设计,热效率为80%～90%,比原有加热炉效率提高了20%～25%,耗钢量减少了10%～20%。水套加热炉耗钢量小于11kg/kW,管式炉耗钢量小于13kg/kW,燃烧器及附机基本匹配。但耗钢量和机电一体化程度与国外同类设备相比还存在一定差距,燃烧器在强化燃烧和标准化、系列化方面还要做工作,具体如下:

(1)修改加热炉定型系列设计,使其附机、附件与加热炉定型设计合理匹配,达到强化传热的目的,使加热炉整体效率再提高3%～5%,耗钢量再降低10%-15%。

(2)建议对加热炉炉体的强化传热、加热炉燃烧器的强化燃烧和炉体的散热损失加强研究,以提高加热炉的热效率。

(四)水处理设备

通过对设备筛选和开发,目前污水经处理后,污水含油小于 20mg/L,悬浮固体小于 20mg/L。滤速也有相应提高,其中双向过滤器滤速达 55m/h。清水处理方面,清水经精细过滤器过滤后,机械杂质含量小于 1 mg/L,过滤精度 1μm。但双向水过滤设备和旋流油水分离设备还要进一步攻关、定型,清水过滤器的聚结床结构及滤料还要筛选。

水处理设备基本要求:处理率高、能耗低、自控仪表配套,逐步形成系列产品,形成清水处理、含油污水处理、含油污水深度处理(精细过滤)等配套设备。渗透率低于 $50\times10^{-3}\,\mu m^2$ 的油藏注入水全部实现水质精细过滤。

水处理的主要指标:过滤型设备滤速达 20m/h 以上(国外达 90m/h);处理后污水含油为 10～30mg/L,精细过滤后颗粒粒径分别为 0.5μm、1μm、2μm 等级别。

建议研制方向如下:

(1)开发新型高效处理设备。通过对引进设备的仿制和攻关,开发旋涡分离器和薄膜过滤器。开发含油污水精细过滤设备,逐步实现国产化。

(2)通过与国外合作建立精细过滤技术标准和配备相应的测试装备。所有低渗透油藏经岩心分析确定注入水质,使用适当的精细过滤装置。

(3)修改定型设计,污水处理设备在保证处理效果的前提下,滤速和效率提高 20%,清水处理设备在保证处理效果的情况下,滤料的使用寿命提高 1 倍以上。

(4)研制筛选聚结床的结构和滤料。

(5)进行双向污水处理器和清水处理设备的定型系列设计。

(五)天然气集输处理设备

通过对在用设备的筛选、测试及再开发,制定了天然气压缩机、涡轮膨胀机和热分离机技术参数,目前中小型往复式压缩机和热分离机技术基本过关,涡轮膨胀机在转速和制冷性能方面接近国外先进水平,但产品规格品种不全,质量不稳定,使用寿命与国外产品差距比较大。大型压缩机国内产品质量不过关,目前仍靠进口。建议增加品种、完善系列、提高质量、加强配套,形成性能稳定的专用天然气压缩机系列产品。

结合天然气处理(脱水、脱硫、轻油回收)工艺的要求,提高处理深度回收率,降低能耗,提供成套工艺设备和仪表,大力发展适于小型模块化装置的设备、仪表,实现效率高、性能可靠、寿命长的目标;制冷及配套设备要适应－90℃以上的低温;脱硫及配套设备要有抗腐蚀、抗应力开裂等特殊性能;主要设备要成系列,要与仪表、自控系统等配套供应。建议研制方向如下:

(1)提高现有产品的性能,修订系列型谱,组织定点生产,天然气压缩机、涡轮膨胀机、热分离机热效率比现有产品和型谱提高 3%～5%,易损件寿命大于 5000h。

(2)发展机组橇装,实现机电一体化。

天然气压缩机达到性能稳定,使用寿命长,主要易损件(气阀弹簧、阀片等)寿命至少在 5000h 以上;密封性能好,自控系统配套,运行效率高。建议引进离心式压缩机的制造技术,与国外合作,生产常用输气增压设备的系列产品,部分产品可立足引进。

(六)油、气、水储存设备

目前已完成球形罐、拱顶罐和浮顶罐的定型系列设计,在设计中借鉴了美国和日本的经验,耗钢量比国内的定型设计减少了 10% 左右,储罐附件也基本做到定型和成套。内浮顶罐现应用较多,但尚未开展定型系列设计,必须组织力量开展此项工作。建议修改拱顶罐、浮顶罐、球罐的定型系列设计,增加品种、减少耗钢量;进行内浮顶罐筛选调研和定型系列设计;筛选研制储罐附件,以便与储罐匹配。

(七)阀门、仪表(一次)、管件

经筛选研制定型了一批新型阀门,球阀有浮动球和固定球两种结构的二通、三通系列产品;注水阀门研制了刚性平板阀和挠性平板阀,并已形成系列产品;专用阀门进行了孔板阀、多通阀设计和研制;根据专用设备的性能要求,对与其配套的仪表进行了筛选定型;管件完成了绝缘法兰系列设计和管路附件系列标准。上述产品已基本实现配套。

建议通过研发,三通、多通球阀等达到内部严密不漏、密封寿命长、动作灵活等要求;管道用的泄压阀、通球止回阀、调节阀等要反应速度快、动作灵活准确,适应滩海、沙漠等不良外部环境,适应全天候使用条件。

(八)成套设备

1. 注聚成套设备

筛选聚合物成套设备,包括聚合物的驱、混、配和注入设备以及仪表,达到定型化、橇装化、系列化,提高设备成套水平和自动化水平;研究新型注入设备和混配设备,以适应聚合物的混配及输送要求。

2. 高含水老油田设备配套

高含水老油田技术改造,重点推广加热分离沉降装置和加热分离缓冲装置等合一设备的定型设计和聚结床脱水器的定型设计。

3. 稠油油田设备配套

组织开展稠油油田设备筛选定型和系列设计,稠油油气分离设备和脱水设备及分离沉降合一设备,在现有的基础上提高处理效果和效率;开发弹性转子泵用于稠油输送。

4. 滩海和沙漠油田设备

筛选和改进滩海油田、沙漠油田配套设备以适应恶劣环境及工况,减少国外设备的引进;研制油气混输泵、不分离计量等先进设备。

5. 深海储运设备

目前深海运输方式包括管道、轮船、LNG 运输、NGH 运输等,其中,NGH 运输目前尚未应用。主要装备包括分离处理设备、天然气增压设备、燃气轮机、污水处理设备,以及消防、救生、电气控制设备等。目前适用于深水的设备主要依赖进口,在国家重大专项和中海油的支持下,国内正开展一些关键设备的引进和国产化攻关研究。

第三节　油气集输系统

油气集输是继油藏勘探、油田开发、采油工程之后的重要生产阶段,主要指油田矿场原油和天然气的收集、处理和运输。其主要任务是通过一定的工艺过程,把分散在油田各油井产出的油、气、水等混合物集中起来,经过必要的处理,使之成为符合国家或行业质量标准的原油、天然气、轻烃等产品和符合地层回注水质量标准或外排水质量标准的含油污水,并将原油和天然气分别输往长距离输油管道的首站(或矿场油库)和输气管道的首站,将污水送往注水站或外排。

一、油气集输系统的工作内容

概括地说,油气集输是以油田油井为起点,矿场原油库或长距离输油、输气首站以及油田注水站为终点之间的所有矿场业务。它主要包括气液分离、原油脱水、原油稳定、天然气净化、轻烃回收、污水处理和油、气、水的矿场输送等环节。油气集输系统的主要内容及相应关系如图1-1所示。

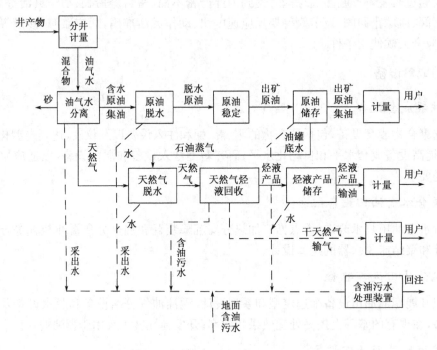

图1-1 油气集输系统的主要内容示意图

油田油气集输系统的工作内容包括分井计量、集油、集气、油气水分离、原油脱水、原油稳定、原油储存、天然气脱水、天然气烃液回收、烃液储存和含油污水处理,具体如下:

(1)分井计量——利用单井计量装置或轮换计量单井的产量、压力、温度等参数;

(2)集油、集气——将分井计量后的油、气、水混输到油气水分离站;

(3)油气水分离——将油气水混合物分离成液体和气体,将液体分离成含水原油及含油污水,必要时分离出固体物质。

(4)原油脱水——将含水原油破乳、沉降、分离,使原油含水率符合标准。

(5)原油稳定——将原油中的易挥发轻组分($C_1 \sim C_4$)脱出,使原油饱和蒸气压符合标准。

(6)原油储存——将合格原油储存在油罐中,保持原油生产和销售的平衡。

(7)天然气脱水——脱出天然气中的水分,使其在输送和冷却时不会产生凝析水或生成水合物。

(8)天然气烃液回收——脱出天然气中的烃液,保证天然气管线输送时不析出烃液。

(9)烃液储存——将液化石油气、天然气分别盛装在压力罐中,保持烃液生产和销售的平衡。

(10)含油污水处理——处理遗留下来的污水,使之符合外排水质量标准,避免造成环境污染。

二、油气集输工艺流程

油气集输系统是油田建设中的主要生产设施,在油田生产中起着重要作用。该系统应使油田平稳生产,保持原油开采及销售之间的平衡,并使原油和天然气的质量合格。油田油气集输工艺流程的总体布局将对油田的可靠生产、建设水平、生产效益起着关键的作用。

油气集输工艺流程通常由油气收集、加工处理、输送和储存等部分组成。其工作流程如图1-2所示。从各油井至集中处理站(也称联合站)的流程称油气收集流程,流程中同一根管线内常有油气水(有时还有砂子)同时流动,这种管线称多相混输管线。由集中处理站至矿场油库和长距离输气管首站为输送流程,管线内流动介质为单相原油或天然气。

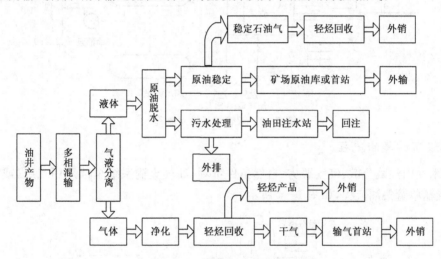

图1-2 油气集输工作流程框图

油气集输流程的设计必须以油田开发总体方案为依据,考虑所采用的采油工艺、油气物性、油田所处的地理环境等因素。由于上述因素极其复杂,集输流程无统一模式,但均应遵循"适用、可靠、经济、高效、注重环保"这一基本原则。

(一)油气集输流程的分类

(1)按集油流程加热方式,可分为:不加热集油流程、井场加热集油流程、热水伴随集油流程、蒸汽伴随集油流程、掺稀油集油流程、掺热水集油流程、掺活性水集油流程、掺蒸汽集油流程。

(2)按通往油井的管线数目,可分为:单管集油流程、双管集油流程和三管集油流程。

(3)按集油管网形态,可分为:米字形管网集油流程、环形管网集油流程、树状管网集油流程和串联管网集油流程。

(4)按油气集输系统布站级数分类,即按油井和原油库之间集输站场级数分类。一级布站集油流程:只有集中处理站;二级布站集油流程:计量站和集中处理站;三级布站集油流程:计量站、接转站(增压)和集中处理站。

(5)按集输系统密闭程度,可分为:开式集油流程和密闭集油流程。

(二)油田集油流程

1.双管掺活性水流程

大庆油田单井产量较高,原油凝点高,又处高寒地区,集油系统采用双管掺活性水流程,如图1-3所示。在井场有两条管线,一条将油井产物送往站场计量、分离和增压,另一条是从场站把分出的伴生水加热、加化学剂后送往井场,热活性水掺入油井出油管线,降低原油黏度,防止管线冻结。

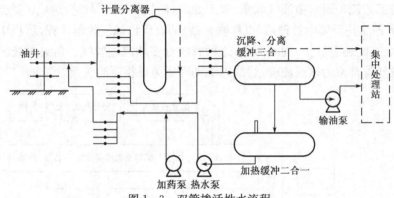

图1-3 双管掺活性水流程

2.二级布站集油流程

塔里木油田油藏分散、气候恶劣、自然条件苛刻,油气集输系统全部采用二级(或一级)布站、油气混输单管集油流程,如图1-4所示。

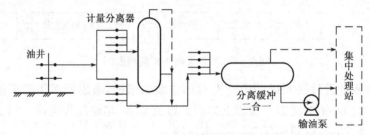

图1-4 二级布站集油流程

3.单管环形集油流程

大庆外围油田集油系统采用二级或一级布站、单管环形集油的简化流程,如图1-5所示。该流程取消了计量或计量接转,采用便携式"液面计"或"功图仪"定期在井口计量,简化了集油流程。

4.稠油集输流程

我国有较丰富的稠油资源,热力开采稠油时集油系统有以下两种模式:

(1)高温集油流程,包括单管加热集油流程和掺稀释剂降黏流程。对于井深较浅,50℃稠油黏度小于500mPa·s的稠油,一般可采用单管加热集油流程,如图1-6所示。对于中、高黏度稠油,采用类似图1-7的掺稀释剂(稀原油)降黏流程。常用的稀释剂除稀原油外,还包括轻质馏分油、活性水等。油田开发的中后期含水率增高,其流程应作相应调整。当含水率逐步上升至某一值(通常为油水乳化反相点的含水率)时,可停掺或少掺。

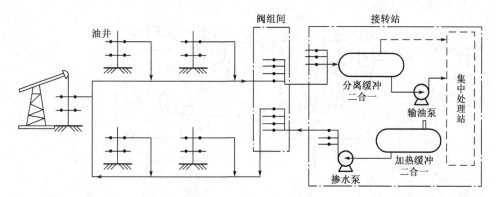

图 1-5　单管环形集油流程

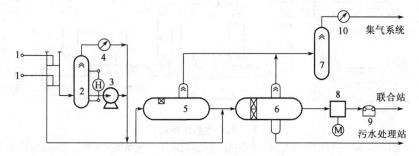

图 1-6　稠油高温集油流程

1—注蒸汽井口;2—计量分离器;3—管道泵;4—单井气流量计;5—除砂分气器;6—三相分离器;
7—气体除油器;8—外输泵;9—外输油流量计;10—外输气流量计

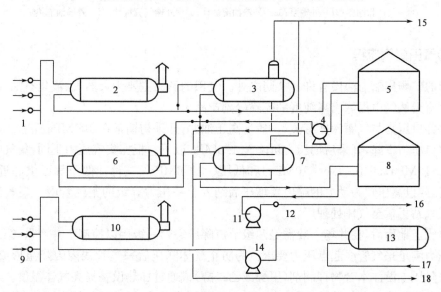

图 1-7　掺稀释剂(稀油)集输流程

1—来油计量阀组;2—加热炉;3—三相分离器;4—脱水泵;5—沉降罐;6—脱水加热炉;7—电脱水器;8—净化油罐;
9—稀油分配计量阀组;10—稀油加热炉;11—外输泵;12—流量计;13—稀油缓冲罐;14—掺稀泵;
15—天然气去气体净化站;16—净化原油外输;17—稀油进站;18—含油污水去污水站

(2)掺蒸汽集油流程

对于油层浅、中高黏度的稠油,可采用注蒸汽开采方式,如新疆克拉玛依红浅山油田,其集油流程如图 1-8 所示。

— 11 —

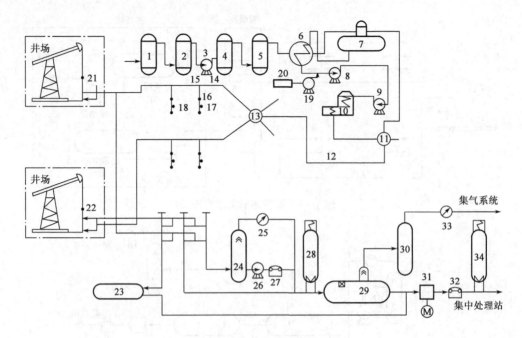

图 1-8　稠油掺蒸汽集油流程

1—筛管过滤器；2—电磁除铁器；3—水泵；4—一级钠离子交换器；5—二级钠离子交换器；6—换热器；7—除氧器；
8—水泵；9—锅炉给水泵；10—锅炉；11—混合器；12,14—注汽干线；13—球形等干度分配器；15—Y形分配器；
16—节流阀；17—计量装置；18—井口；19—加药泵；20—加药罐；21—抽油机井；22—注蒸汽井口；23—常压储罐；
24—计量分离器；25—单井气流量计；26—管道泵；27—单井油流量计；28—预热加热炉；29—分离缓冲器；
30—气体除油器；31—外输泵；32—外输油流量计；33—外输气流量计；34—外输油加热炉

(三)气田集气流程

气田的矿场集输与油田有许多共同之处。气田的商品主要为天然气、液化石油气、稳定轻烃及从含硫天然气中提炼出高纯度的硫磺等副产品。

气井井口压力与气藏深度有关，一般远高于油井，开采初期常在 100MPa 左右。随着天然气开采井口压力下降，开采后期压力可降至 1.6MPa 以下。根据集气压力不同，集气管网可分为高压(＞10MPa)、中压(1.6～10MPa)和低压(＜1.6MPa) 三种。低压气可供邻近用户，或用压缩机，或以高压气为动力的喷射器增压后纳入上一压力等级的集气管网。集气流向是从井口至集气站再输至气体处理厂。

气体流至地面后，在井场一般需经两级节流降压。第一级用以控制气井产量，第二级降压使气体压力满足采气管线起点压力要求。为防止气体降压后采气管线内因降温形成水合物，应在一级降压上游注水合物抑制剂(甲醇或乙二醇)或通过加热设备提高气体温度。

采气站收集来自各气井的气体，在站上进行气液分离、计量、调压，使出站气体压力满足集气管线输送要求。按气液分离温度，集气站有常温和低温之分。低温集气站由气体节流降压后获得低温，分离温度为 −4～−20℃，可从气体中回收更多轻烃。集气站的气、液送往气体处理厂，进行加工得到气田产品，其工艺过程与油田气加工类似。

集气管网分枝状、环状和放射状三种，如图 1-9 所示，按气藏大小、形状、集气可靠性、气井集中程度等因素来选择管网形状。

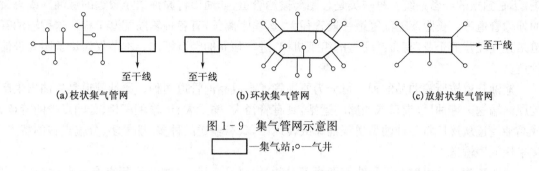

(a)枝状集气管网　　　　　　(b)环状集气管网　　　　　　(c)放射状集气管网

图 1-9　集气管网示意图

□—集气站;○—气井

第四节　油气长输系统

一、长输特点

管道长输是原油和成品油最主要的运输方式。与铁路运输、公路运输、水运相比,管道长输具有以下特点:

(1)运输量大。一条 $\phi720mm$ 管道年输油量约 $(16\sim20)\times10^6t$, $\phi1220mm$ 管道年输油量约 $(70\sim80)\times10^6t$,分别相当于一条铁路及两条双轨铁路的年运输量。表 1-1 为不同管径和压力下管道的年输油量。

表 1-1　不同管径和压力下管道的输油量

管径,mm	529	720	920	1020	1220
压力,MPa	5.4~6.5	5.0~6.0	4.6~5.6	4.6~5.6	4.4~5.4
输油量,$10^6t/a$	6~8	16~20	32~36	42~52	70~80

(2)管道大部分埋设于地下,占地少,受地形地物的限制少,可以缩短运输距离。

(3)密闭安全,能够长期连续稳定运行。输油受恶劣气候的影响小,无噪声,油气损耗小,对环境污染少。

(4)便于管理,易于实现远程集中监控。现代化管道运输系统的自动化程度很高,劳动生产率高。

(5)能耗少,运费低。在美国,管道输油的能耗约为铁路运输的 $1/7\sim1/12$,是陆上运输中输油成本最低的。

(6)适于大量、单向、定点运输石油等流体货物,不如车、船等运输工具灵活多样。

与管道长输相比,海运更为经济,但受地理环境限制。公路运输量小且运费高,一般用于少量油品的较短途运输。铁路运输成本高于管输,且罐车往往是空载返程,大量运油不经济,同时铁路总的运力有限使输油量受到限制。

二、输油管道系统

输油管道一般按其输送距离和经营方式分为两类:一类属于企业内部,如油田内短距离的油气集输管道,炼油厂、油库内部管道,油田、炼油厂到附近企业的输油管道等。其长度一般较短,不是独立的经营系统。另一类是长距离输油管道,如油田将原油送至较远的炼油厂或码头的外输管道等。长距离输油管道一般管径大、运输距离长,有各种辅助配套工程。这种输油管道是独立经营的企业,有自己完整的组织机构,进行独立的经营管理。本节仅讨论长距离输油管道。

输油管道按所输油品的种类可分为原油管道与成品油管道两种。原油管道是将油田生产的原油输送至炼油厂、港口或铁路转运站,具有管径大、输量大、运输距离长、分输点少的特点。成品油管道从炼厂将各种油品送至油库或转运站,具有输送品种多、批量多、分输点多的特点,多采用顺序输送。

长距离输油管由输油站和线路两大部分组成(图1-10)。输油管起点有起点输油站,也称首站,它的任务是收集原油或石油产品,经计量后向下一站输送。首站的主要组成部分是油罐区、输油泵房和油品计量装置。有的为了加热油品还设有加热系统。输油泵从油罐汲取油品经加压(有的也经加热)、计量后输入干线管道。

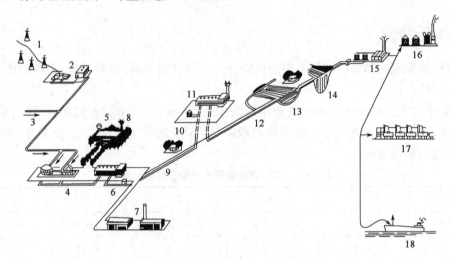

图1-10 长距离输油管道概况

1—井场;2—转油站;3—来自油田的输油管;4—首站罐区和泵房;5—全线调度中心;6—清管器发放室;

7—首站的锅炉房、机修厂等辅助设施;8—微波通信塔;9—线路阀室;10—管道维修人员住所;

11—中间输油站;12—穿越铁路;13—穿越河流的弯管;14—跨越工程;15—末站;

16—炼油厂;17—火车装油栈桥;18—油轮装油码头

油品沿着管道向前流动,压力不断下降,需要在沿途设置中间输油泵站继续加压,直至将油品送到终点。为了继续加热,则设置中间加热站。加热站与输油泵站设在一起的,称为热泵站。

输油管的终点又称末站,它可能是属于长距离输油管的转运油库,也可能是其他企业的附属油库。末站的任务是接受来油和向用油单位供油,所以有较多的油罐与准确的计量系统。

为了满足沿线地区用油,可在中间输油站或中间阀室分出一部分油品,输往它处,也可在中途接受附近矿区或炼油厂来油,汇集于中间输油站或干管,输往终点。

长距离输油管的线路部分包括管道本身,沿线阀室,通过河流、公路、山谷的穿(跨)越构筑物,阴极保护设施,以及沿线的简易公路、通信与自控线路、巡线人员住所等。

长距离输油管道由钢管焊接而成。为防止土壤对钢管的腐蚀,管外都包有防腐蚀绝缘层,并采用电法保护措施。为了防止含硫原油对管内壁的腐蚀，有时采用内壁涂层。内壁涂层还有降低管壁粗糙度、提高输量的作用。

长距离输油管道上每隔一定距离设有截断阀门，大型穿（跨）越构筑物两端也有。一旦发生事故可以及时截断管道内流体，防止事故扩大和便于抢修。

有线或无线通信系统是长距离输油管道不可缺少的设施之一，是全线生产调度和指挥的重要工具。近年来通信卫星与微波技术被广泛地用于输油管的通信系统和生产自动化的信息传输系统，使通讯和信息传输更加可靠和现代化。

三、输气管道系统

天然气从开采到使用要经过五大环节——采（集）、净、输、储、配。天然气从井口出来经过集气管道输送到计量站进行计量，然后输送到集气站进行预处理（常温集气站、低温集气站），这一阶段称为集气。从集气站出来的天然气输送到天然气处理厂进行处理（脱水、脱硫、轻烃回收），这一阶段称为净气。经过净化了的天然气经输气干线输送到各销售商（天然气公司），这一环节称为输气。而天然气公司把天然气按要求分配到用户手中，称为配气。另外，为了调节天然气生产的变化以及用户用气量的不均匀性，需要建立相应的储气设施，这一环节称为储气。天然气生产的这五大环节通过三套管网紧密地联系在一起，这三套管网是：油气田集气管网、输气干线管网、城市配气管网。三大管网系统组成一个统一的、连续的、密闭的输气系统。在这个系统中，天然气生产的五大环节紧密联系，相互制约和影响，如果某一环节不协调，出了漏洞，必然将影响整个系统。

由于天然气自身的特点（密度小、易燃易爆），使得管道输送成了天然气最主要的输送方式。天然气的输送目前只有两种方法，一是用管路加压输送，二是将天然气液化后用油轮运输。

输气管道沿线必然要有多个分输的管线，与各用气的城市管网相连，图1-11为区域输气管网的示意图。每一个地区（城市）根据其用气量的大小设有多套管网，从高压到低压可能有多达四套管网的。来气干线与高压管网之间，以及各级管网之间都设有调压计量站。

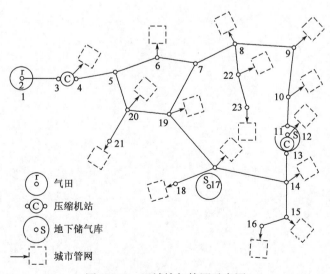

图1-11　区域输气管网示意图

◇ 思 考 题 ◇

1. 简述油气储运设备的研究现状及发展趋势。
2. 简述油气储运设备在油气储运工艺中的作用和地位。
3. 简述管道长输的特点。

第二章
动力型压缩机

动力型压缩机是靠高速旋转叶轮的作用,提高气体的压力和速度,随后在固定元件中使一部分速度能进一步转化为气体的压力能。动力型压缩机包括离心式压缩机和轴流式压缩机,本章重点讲述离心式压缩机的结构、工作原理、性能调节、附属系统及控制,简要介绍轴流式压缩机的结构及特点。

第一节　离心式压缩机的结构

离心式压缩机是一种叶片旋转式压缩机(即透平式压缩机)。在离心式压缩机中,高速旋转的叶轮给予气体离心力作用,以及在扩压通道中给气体扩压作用,这样就可以提高气体压力。早期,这种压缩机只适于低、中压力、大流量的场合。但近年来,由于石油天然气和化学工业的发展,以及各种大型化工厂、炼油厂、长输管道系统的建立,离心式压缩机已成为压缩和输送化工生产中各种气体的关键机器,占有极其重要的地位。气体动力学研究的成果使离心式压缩机的效率不断提高,又由于高压密封、小流量窄叶轮的加工、多油楔轴承等关键技术的研制成功,解决了离心式压缩机不适应高压力、宽流量等一系列问题,使离心式压缩机的应用范围大为扩展,以致在很多场合可取代往复式压缩机。

离心式压缩机的典型结构之一如图 2-1 所示。它是由沈阳鼓风机厂生产的中低压水平剖分式 MCL 系列离心式压缩机实物部分剖视图。该系列压缩机可输送空气及无腐蚀性的各种工业气体,可用于化肥、乙烯、炼油等化工装置及冶金、制氧、制药、长距离气体增压增送等装置。如图 2-1 所示,气体由吸入室 1 进入,经过轴 2 带动叶轮 3 旋转对气体做功,使气体的压力、速度、温度提高,然后经固定部件 4 使气体速度降低、压力提高,并经导向使气流注入下一级叶轮继续压缩。由叶轮和固定部件构成一级,级是压缩机实现气体压力升高的基本单元。由于逐级压缩使气体温度升高,造成再压缩功耗增大,为了省功和安全,气体经 4 级压缩后,经另外设置的中间冷却器降温后在重新引入第二段的第五级叶轮。该压缩经两段八级压缩后的高压流体由另一个排气蜗室 8 排出。

该离心式压缩机还包括机壳 5、轴端密封 6、轴承 7 等许多零部件组成,在此不再一一介绍,这里仅给出一个简单但却完整的机器概貌,使初学者对离心式压缩机有一个初步的印象。

一、典型结构

(一)级

级是离心式压缩机使气体增压的基本单元,如图 2-2 所示,级分为 3 种型式,即首级、中

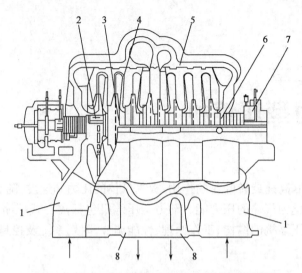

图 2-1 MCL 系列离心压缩机实物部分剖视图

1—吸入室;2—轴;3—叶轮;4—固定部件;5—机壳;6—轴端密封;7—轴承;8—排气蜗室

间级和末级。图 2-2(a)为中间级,由叶轮 1、扩压器 2、弯道 3、回流器 4 组成。图 2-2(b)为首级,由吸气管和中间级组成。图 2-2(c)为末级,由叶轮 1、扩压器 2、排气蜗室 5 组成。其中,除叶轮随轴旋转外,扩压器、弯道、回流器及排气蜗室等均属固定部件。

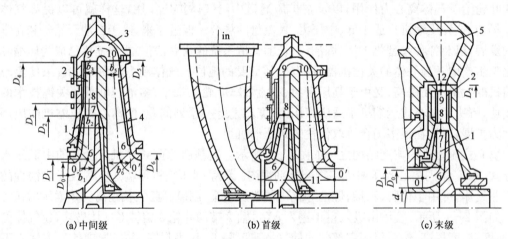

(a)中间级　　　　　　(b)首级　　　　　　(c)末级

图 2-2 离心压缩机级及其特征截面

1—叶轮;2—扩压器;3—弯道;4—回流器;5—排气蜗室;D_0、D_1、D_2、D_3、D_4、D_5、D_6—流道相应截面的直径;b_1、b_2、b_3、b_5、b_6—相应流道宽度;d—末级流道叶轮下边缘的直径;in—吸气管进口截面,即首级进口截面或整个压缩机的进口截面;0—叶轮进口截面,即中间级和末级进口截面;6—叶轮流道进口截面;7—叶轮出口截面;8—扩压器进口截面;9—扩压器出口截面,即弯道进口截面;10—弯道出口截面,即回流器进口截面;11—回流器出口截面;12—排气蜗室进口截面;0'—本级出口截面,即下一级的进口截面

(二)叶轮

叶轮是外界(原动机)传递给气体能量部件,也是使气体增压的主要部件,因而叶轮是整个压缩机最重要的部件。

离心叶轮有闭式叶轮、半开式叶轮和双面进气叶轮,如图 2-3 所示。最常见的是闭式叶轮,它的漏气量小、性能好、效率高,但因轮盖影响叶轮强度,使叶轮的圆周速度 $u_2 = \dfrac{\pi D_2 n}{60}$

（D_2 为流道相应截面的直径，n 为转速）受到限制，如 $u_2 \leqslant 300 \sim 320 m/s$。半开式叶轮效率较低，但强度较高，$u_2$ 可达 $450 \sim 550 m/s$。叶轮做功最大、单级增压高。双面进气叶轮适应大流量，且叶轮轴向力本身得到平衡。

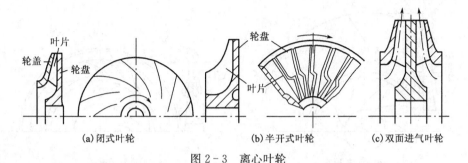

图 2-3　离心叶轮

叶轮结构型式通常按叶片弯曲形式和叶片出口角来区别，如图 2-4 所示。图 2-4(a)所示为后弯型叶轮，叶片变曲方向与叶轮旋转方向相反，叶片出口角 $\beta_{2A} < 90°$，通常多采用这种叶轮，它的级效率高，稳定工作范围宽。图 2-4(b)所示为径向型叶轮，其叶轮出口角 $\beta_{2A} = 90°$，图 2-3(b)所示叶片为径向直叶片也属于这种类型。图 2-4(c)所示为前弯型叶轮，叶片弯曲方向和叶轮旋转方向相同，$\beta_{2A} > 90°$，由于气流在这种道中流程长弯大，其级效率较低，稳定工作范围较窄，故它仅用于一部分通风机中。径向型叶轮的级性能介于图 2-4(a)和图 2-4(c)之间。

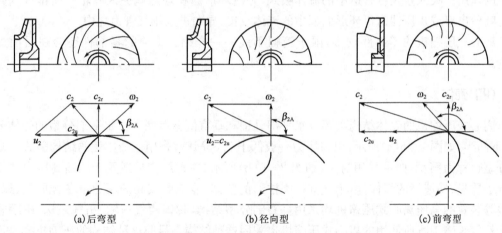

图 2-4　三种叶片弯曲形式的叶轮及其出口速度三角形(设 $\beta_2 = \beta_{2A}$)

c_2, u_2, ω_2—叶轮出口的绝对速度、牵连速度和相对速度；c_{2u}—叶轮出口的牵连速度的周向分量；c_{2r}—叶轮出口的牵连速度的径向分量

图 2-4 中还给出了叶轮出口的气流速度，由牵连速度 u_2、相对速度 ω_2 和绝对速度 c_2 构成了速度三角形，其中 $u_2 = r_2 \omega$，ω 是叶轮旋转的角速度，r_2 是叶轮出口至轴心的半径，ω_2 是站在旋转叶轮上所观察到的叶轮出口处的气流速度，c_2 是站在地面所观察到的叶轮中处的气流速度。在后面讨论离心式压缩机的工作原理时，常常会用到叶轮进、出口处的速度三角形。

(三)扩压器

由于叶轮出口的气流绝对速度较大，为了提高级的增压比和效率，设置了扩压器让气流降速增压，扩压器的典型结构如图 2-5 所示。图 2-5(a)为无叶扩压器，其结构简单，级变工况的效率高，稳定工作范围宽。图 2-5(b)为叶片扩压器，由于叶片的导向作用，气体流出扩压器的路程短，D_4 不需太大，且设计工况效率高，但结构复杂，变工况的效率较低，稳定工作范围较窄。通常较多采用的是无叶扩压器。

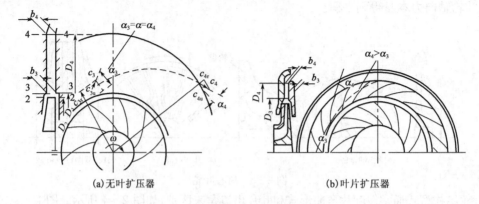

(a)无叶扩压器　　　　(b)叶片扩压器

图 2-5　扩压器及其内部流动

2—叶轮出口截面位置；3—扩压器进口截面；b_3—扩压器进口流道宽度；b_4—扩压器出口流道(回流器进口)流道宽度；
α_3，α_4—扩压器进口角和扩压器出口角；c_3，c_4—扩压器进出口的绝对速度；c_{3u}—扩压器进口牵连速度；
c_{3r}—扩压器进口相对速度；ω—叶轮转速；D_3，D_4—扩压器进出口直径

另外，弯道和回流器使气流转向以引导气流无预旋的进入下一级。通常它们不再起降速升压的作用。吸入室是将管道中的流体吸入，并沿环形面积均匀地进入叶轮。而排气蜗壳则是将叶轮出口或扩压器出口环形面积中的流体收集、导向进入排气管道之中。

离心式压缩机的零部件较多，限于篇幅不能一一介绍。重要的零部件还会在后面加以讨论。

(四)壳体

离心式压缩机的壳体结构主要有水平剖分型和垂直剖分型两种。水平剖分型的壳体分为上、下两半，如图 2-6(a)所示，出口压力一般低于 7.85MPa，是用途最广泛的结构型式。垂直剖分型也称为筒型，两端采用封头，如图 2-6(b)所示，这种结构最适用于压缩高压力和低相对分子质量、易泄漏的气体，由于气缸是圆柱形的整体，能承受较高的压力。在合成氨、尿素、甲醇等装置的高压离心式压缩机均采用垂直剖分型结构，我国西气东输、川气东送、中缅管道等天然气长输工程所使用的离心式压缩机也采用这种结构。目前这种结构的压缩机排气压力已达 68.6MPa。

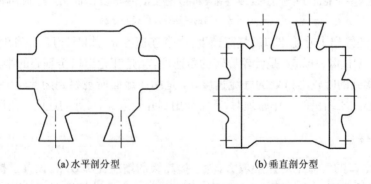

(a)水平剖分型　　　　(b)垂直剖分型

图 2-6　离心式压缩机壳体结构

二、特点

离心式压缩机和往复式压缩机相比较,具有以下显著特点。

(一)优点

(1)流量大。由于往复式压缩机仅能间断地进气、排气,气缸容积小,活塞往复运动的速度不能太快,因而排气量受到很大限制。而气体流经离心式压缩机是连续的,其流通截面积较大,且叶轮转速很高,气流速度很大,因而流量很大(有的离心式压缩机进气量可达 6000m³/min 以上)。

(2)转速高。往复式压缩机的活塞、连杆和曲轴等运动部件,必须实现旋转与往复运动的变换,惯性力较大,活塞和进、排气阀时动时停,有的运动件与静止件直接接触产生摩擦,因而提高转速受到很多限制;而离心式压缩机转子(轴和由轴带动一起旋转的所有零部件的总称为转子)只作旋转运动,几乎无不平衡质量,转动惯量较小,运动件与静止件保持一定的间隙,因而转速可以提高。一般离心式压缩机的转速 n 为 5000~20000r/min,由于转速高,可用工业汽轮机或燃气轮机直接驱动,既可简化设备,又能利用化工厂的热量,可大大减少外供能源,还便于实现压缩机的变转速调节。

(3)结构紧凑。机组重量与占地面积比用同一流量的活塞压缩机小得多。

(4)运转可靠,维修费用低。往复式压缩机由于活塞环,进、排气阀易磨损等原因,常需停机检修;而离心式压缩机运转平稳,一般可连续 1~3 年不需停机检修,也可不用备机,故运转可靠,维修简单,操作费用低。

(二)缺点

(1)单级压缩比不高,高压缩比所需的级数比往复式的多。所以目前排气压力在 70MPa 以上的,只能使用往复式压缩机。

(2)由于转速高,流通截面积较大,故不能适用于太小的流量。

由于离心式压缩机的优点显著,特别适合于大流量,且多级、多缸串联后最大工作压力可达到 70MPa,故现代的天然气输送、大型化肥、乙烯、炼油、冶金、制氧、制药等生产装置中大都采用了离心式压缩机。

综上所述,离心式压缩机作为一种高速旋转机器,对材料、制造与装配均有较高的要求,因而这种机器的造价是较高的,有的离心式压缩机一台造价达数百万甚至上千万元之多。当然,应用离心式压缩机参与生产过程将会生产出大量的工业产品,它所创造的价值也是十分可观的。

三、基本特性参数

离心式压缩机的基本特性参数,包括排气压力、进口体积流量(相当于往复式压缩机的排气量)和质量流量、供气量、压头(或多变能量头)、排气温度、功率和效率等。

(一)排气压力

压缩机的排气压力通常是指最终排出压缩机的气体压力,常用单位为 MPa。排气压力应在压缩机末级排气接管处测量。多级压缩机末级以前各级的排气压力,称为级间压力,或称为该级的排气压力。

一台压缩机运转时，其排气压力并非是恒定的。压缩机铭牌上标出的排气压力是指额定排气压力。

(二)进口体积流量和质量流量

离心式压缩机的进口体积流量 V，通常是指单位时间内压缩机最后一级排出的气体，换算到第一级进口状态的压力和温度时的气体容积值。进口体积流量常用的单位为 m^3/min。离心式压缩机进口质量流量 G 的常用单位为 kg/s。

体积流量与质量流量的的关系式为

$$G = V\rho \tag{2-1}$$

式中　G——气体的质量流量，kg/s；

　　　V——气体的体积流量，m^3/s；

　　　ρ——气体的密度，kg/m^3。

(三)供气量

供给压缩机的天然气量，称为压缩机的供气量，单位为 m^3/min。压缩机供气量根据气体状态方程按单位时间标准状态体积来计算。

(四)压头(或多变能量头)

对离心式压缩机来说，压头的概念相当于离心泵扬程的概念，即叶轮对每千克气体所做的功。

$$h_p = \frac{m}{m-1} ZRT_s \left[\left(\frac{p_d}{p_s} \right)^{\frac{m-1}{m}} - 1 \right] \tag{2-2}$$

式中　h_p——多变能量头，$kg \cdot m/kg$；

　　　m——多变指数；

　　　Z——气体压缩系数；

　　　R——气体常数，$J/(kg \cdot K)$；

　　　T_s——进气温度，K；

　　　p_d——排气压力，MPa；

　　　p_s——进气压力，MPa。

(五)排气温度

离心式压缩机的排气温度按多变压缩过程计算：

$$T_d = T_s \varepsilon^{\frac{m-1}{m}} \tag{2-3}$$

式中　T_d——排气温度，K；

　　　T_s——进气温度，K；

　　　ε——压缩比。

(六)功率

离心式压缩机的理论压缩功率与往复式压缩机略有不同。因为理论和实践都证实离心式压缩机基本上是按多变压缩过程进行工作的，为此它应按多变压缩过程计算它的理论压缩功率,而往复式压缩机一般采用绝热压缩计算。

离心式压缩机理论功率 N 常用的计算式为

$$N = \frac{16.67 p_\text{s} V_\text{s} \frac{m}{m-1} \left[\left(\frac{p_\text{d}}{p_\text{s}} \right)^{\frac{m-1}{m}} - 1 \right]}{\eta_\text{p}} = \frac{p_\text{s} V_\text{s} \phi}{\eta_\text{p}} \qquad (2-4)$$

其中

$$\phi = 16.67 \frac{m}{m-1} \left[\left(\frac{p_\text{d}}{p_\text{s}} \right)^{\frac{m-1}{m}} - 1 \right]$$

离心式压缩机的实际消耗功 N_d 为

$$N_\text{d} = \frac{N}{\eta_\text{g} \times \eta_\text{c}} \qquad (2-5)$$

式中　V_s——气体的体积流量,m³/min;

　　　ϕ——系数;

　　　η_p——多变效率;

　　　η_g——机械效率,当 $N > 2000\text{kW}$ 时 $\eta_\text{g} = 97\% \sim 98\%$,当 $N = 1000 \sim 2000\text{kW}$ 时 $\eta_\text{g} = 96\% \sim 97\%$,当 $N < 1000\text{kW}$ 时 $\eta_\text{g} = 94\% \sim 96\%$;

　　　η_c——传动效率,直接传动时 $\eta_\text{c} = 1.0$,用齿轮增速箱传动时 $\eta_\text{c} = 0.93 \sim 0.98$。

(七)效率

效率是表征离心式压缩机传给气体能量的利用程度,利用程度越高,压缩机的效率就越高。

由于气体的压缩有多变压缩、绝热压缩和等温压缩,对应有多变效率、绝热效率和等温效率。目前大多数离心式压缩机均引入了绝热效率 η_ad。绝热效率可近似看成为同一被压缩介质在起始温度和压力相同,以及压缩比相同的条件下,绝热压缩的温升 Δt_d 与多变压缩 Δt_p 的温升之比,即

$$\eta_\text{ad} = \frac{h_\text{ad}}{h_\text{p}} = \frac{\Delta t_\text{d}}{\Delta t_\text{p}} = \frac{\varepsilon^{\frac{k-1}{k}} - 1}{\varepsilon^{\frac{m-1}{m}} - 1} \qquad (2-6)$$

式中　h_ad——绝热压缩能量头,kg·m/kg。

多变效率 η_p 的计算式为

$$\eta_\text{p} = \frac{\dfrac{m}{m-1}}{\dfrac{k}{k-1}} \qquad (2-7)$$

式中　k——气体绝热指数。

多变效率和压缩比无关,只反映了多变指数 m 和绝热指数 k 之间的关系。绝热效率则和压缩比有关,在多变效率相同时,压缩比增加,绝热效率减小。反之,压缩比减小,绝热效率增加。

以涩宁兰管道使用的是 MAN TUBRO 离心式压缩机为例,其技术参数见表 2-1。

表 2-1　涩宁兰管道使用的 MAN TUBRO 离心式压缩机技术参数

型号	RV050/04	RV040/02
介质	天然气	天然气
进口流量,m³/h	17359	224014
进口压力(极限),bar	40.41	45.40

进口温度,℃	10	20
功率(动力)需求,kW	6660	3023
转速(100%),r/min	7543	10026
第一临界转速,r/min	4365	5888
第二临界转速,r/min	大于10000	14992
旋转方向(从强制气流流向看)	顺时针	顺时针
长,mm	2420	5320
宽,mm	3040	2750
高,mm	1950	2800
重量,kg	29000	14000
噪声电平,dB(A)	85	85

第二节　离心式压缩机的工作原理

一、基本方程

应用流体力学和热力学的基本知识,通过介绍连续方程、欧拉方程、能量方程、伯努利方程、热力过程方程和压缩功等基本方程来揭示气流在机器内部的流动规律。建立诸方程与气流速度、压力、温度等参数之间,以及与机器内部结构参数之间的相互关系,以计算气流在机器中的流量、能量分配及压力增量等参数。

(一)连续方程

1. 连续方程的基本表达式

连续方程是质量守恒定律在流体力学中的数学表达式,在气体作定常一元流动的情况下,流经机器任意截面的质量流量相等,其连续方程表示为

$$q_{m} = \rho_i q_{Vi} = \rho_2 q_{V2} = \rho_2 c_{2r} f_2 = 常数 \tag{2-8}$$

式中　q_m——质量流量,kg/s;

　　　q_{V2}——容积流量,m³/s;

　　　ρ_2——气流密度,kg/m³;

　　　f_2——截面面积,m²;

　　　c_{2r}——垂直该截面的法向流速,m/s。

所谓一元流动,是指气流参数(如速度、压力等)仅沿主流方向有变化,而垂直于主流方向的截面上无变化。由式(2-8)可以看出随着气体在压缩过程中压力不断提高,其密度也在不断增大,因而容积流量沿机器不断减小。

2. 连续方程在叶轮出口的表达式

为了反映流量与叶轮几何尺寸及气流速度的相互关系,常应用连续方程在叶轮出口处的表达式

$$q_m = \rho_2 q_{V2} = \rho_2 \frac{b_2}{D_2} \varphi_{2r} \frac{\tau_2}{\pi} \left(\frac{60}{n}\right)^2 u_2^3 \qquad (2-9)$$

其中

$$\varphi_{2r} = \frac{c_{2r}}{u_2}$$

$$\tau_2 = \frac{\pi D_2 b_2 - \dfrac{Z\delta_2 b_2}{\sin\beta_{2A}} - \dfrac{2Z\delta_2\Delta}{\sin\beta_{2A}}}{\pi D_2 b_2} = 1 - \frac{Z\delta_2}{\pi D_2 \sin\beta_{2A}} \qquad (2-10)$$

式中　b_2——叶轮出口处的轴向宽度;

　　　D_2——叶轮外径;

　　　$\dfrac{b_2}{D_2}$——叶轮出口的相对宽度,考虑叶轮结构的合理性和级效率,通常要求取值范围为
　　　　　　$0.025\sim0.065$;

　　　φ_{2r}——叶轮出口处的流量系数,它对流量、理论能量头和级效率均有较大的影响,根据
　　　　　　经验,对于径向型叶轮 φ_{2r} 为 $0.24\sim0.40$,对于后弯型叶轮 φ_{2r} 为 $0.188\sim0.32$,
　　　　　　对于强后弯型($\beta_{2A}\leqslant30°$)叶轮 φ_{2r} 为 $0.10\sim0.20$。

　　　τ_2——叶轮出口的通流系数(或堵塞系数);

　　　Z——叶片数;

　　　δ_2——叶片厚度;

　　　Δ——铆接叶轮中连接盘、盖的叶片折边,
　　　　　　如图 2-7 所示,无折边的铣制、焊接
　　　　　　叶轮 $\Delta=0$。

式(2-9)表明 $\dfrac{b_2}{D_2}$ 与 φ_{2r} 成反比,$\dfrac{b_2}{D_2}$ 取大,则
φ_{2r} 取小,反之亦然。对于多级压缩机同在一根轴
上的各个叶轮中的容积流量或 $\dfrac{b_2}{D_2}$ 等都要受到相
同的质量流量和同一转速 n 的制约,故式(2-9)
常用来校核各级叶轮选取 $\dfrac{b_2}{D_2}$ 的合理性。

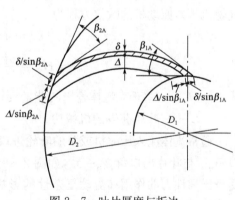

图 2-7　叶片厚度与折边

(二)欧拉方程

欧拉方程是用来计算原动机通过轴和叶轮将机械能转换给流体的能量,故它是叶轮机械
的基本方程。当流体作一元定常流动流经恒速旋转的叶轮时,由流体力学的动量矩定理可方
便地导出适用于离心叶轮的欧拉方程

$$L_{th} = H_{th} = c_2 u_2 - c_{1u} u_1 \qquad (2-11)$$

也可表示为

$$L_{th} = H_{th} = \frac{u_2^2 - u_1^2}{2} + \frac{c_2^2 - c_1^2}{2} + \frac{\omega_1^2 - \omega_2^2}{2} \qquad (2-12)$$

式中　L_{th}——叶轮输出的机械功；

　　　H_{th}——每千克流体所接受的能量,称为理论能量头,kJ/kg。

流体在叶轮进出口截面上的速度如图 2-8 所示的速度三角形。

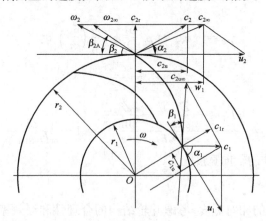

图 2-8　叶轮叶片进口速度三角形

欧拉方程的物理意义如下：

(1)该方程指出的是叶轮与流体之间的能量转换关系,它遵循能量转换与守恒定律；

(2)只要知道叶轮进出口的流体速度,即可计算出 1kg 流体与叶轮之间机械能转换的大小,而不管叶轮内部的流动情况如何；

(3)该方程适用于任何气体或液体,既适用于叶轮式的压缩机,也适用于叶轮式的泵；

(4)只需将等式右边各项的进出口符号调换一下,也适用于叶轮式的原动机(如汽轮机、燃气轮机等),原动机的欧拉方程为

$$L_u = H_u = c_{1u}u_1 - c_{2u}u_2 \tag{2-13}$$

$$L_u = H_u = \frac{u_1^2 - u_2^2}{2} + \frac{c_1^2 - c_2^2}{2} + \frac{\omega_2^2 - \omega_1^2}{2} \tag{2-14}$$

式中　H_u——每千克流体输出的能量头；

　　　L_u——叶轮获得的机械功。

通常流体流入压缩机或泵的叶轮进口时并无预旋,即 $c_{1u}=0$。若叶片数无限多,则气流出口角 β_2 与叶片出口角 β_{2A} 一致,如图 2-8 所示。然而对有限叶片数的叶轮,由于其中的流体受哥氏惯性力的作用和流动复杂性的影响,出现轴向涡流等,致使流体并不沿着叶片出口角 β_{2A} 的方向流出,而是略有偏移,如图 2-8 所示,由 $\omega_{2\infty}$、$c_{2\infty}$ 偏移至 ω_2 和 c_2 这种现象称为滑移,因此 c_{2u} 就难以确定了。斯陀道拉提出了一个计算 c_{2u} 的半理论半经验公式：

$$c_{2u} = u_2 - c_{2r}\cot\beta_{2A} - \Delta c_{2u} = u_2 - c_{2r}\cot\beta_{2A} - u_2\frac{\pi}{Z}\sin\beta_{2A} \tag{2-15}$$

$$\mu = \frac{c_{2u}}{c_{2u\infty}} = 1 - \frac{u_2\dfrac{\pi}{Z}\sin\beta_{2A}}{u_2 - c_{2r}\cot\beta_{2A}} \tag{2-16}$$

对于离心式压缩机闭式后弯式叶轮,通常理论能量头 H_{th} 按斯陀道拉提出的半理论半经验公式计算,即

$$H_{th} = c_{2u}u_2 = \varphi_{2u}u_2^2 = \left(1 - \varphi_{2r}\cot\beta_{2A} - \frac{\pi}{Z}\sin\beta_{2A}\right)u_2^2 \tag{2-17}$$

式中　φ_{2u}——理论能量头系数或周速系数。

式(2-17)是离心式压缩机计算能量与功率的基本方程式。由该式可知 H_{th} 主要与叶轮圆周速度 u_2^2 有关,还与流量系数、φ_{2r}、叶片出口角 β_{2A} 和叶片数 Z 有关。

经验证实对于一般后弯型叶轮,按式(2-17)计算与实验结果较为接近,另外还有其他的经验公式,这里不再一一叙述。应当指出,有限叶片数比无限叶片数的作功能力有所减少,这种减少并不意味着能量的损失。

(三)能量方程

能量方程用来计算气流温度(或焓)的增加和速度的变化。根据能量转化与守恒定律,外界对级内气体所做的机械功和输入的能量应转化为级内气体热焓和动能的增加,对级内 1kg 气体而言,其能量方程可表示为

$$L_{th} + q = c_p(T_{0'} - T_0) + \frac{c_{0'}^2 - c_0^2}{2} = h_{0'} - h_0 + \frac{c_{0'}^2 - c_0^2}{2} \tag{2-18}$$

式中　q——外界与气体之间的热交换能量;

c_p——质量定压热容;

$T_{0'}, T_0$——气体增压前后的温度,K;

$c_{0'}, c_0$——气体增压前后的速度,m/s;

$h_{0'}, h_0$——气体增压前后的能量头。

通常外界不传递热量,故 $q=0$。

能量方程的物理意义如下:

(1)能量方程是既含有机械能又含有热能的能量转化与守恒方程,它表示由叶轮所作的机械功,转换为级内气体温度(或焓)的升高和动能的增加。

(2)该方程对有黏无黏气体都是适用的,因为对有黏气体所引起的能量损失也以热量形式传递给气体,从而使气体温度(或焓)升高。

(3)离心式压缩机不从外界吸收热量,而由机壳向外散出的热量与气体的热焓升高相比较是很小的,故可认为气体在机器内作绝热流动,其 $q=0$。

(4)该方程既适用一级,也适用于多级整机或其中任一通流部件,这由所取的进出口截面而定。例如对于叶轮而言,能量方程表示为

$$H_{th} = c_p(T_2 - T_1) + \frac{c_2^2 - c_1^2}{2} = h_2 - h_1 + \frac{c_2^2 - c_1^2}{2} \tag{2-19}$$

式中　T_2, T_1——叶轮进出口的温度,K;

c_2, c_1——叶轮进出口的速度,m/s;

h_2, h_1——叶轮进出口的能量头。

而对于任一静止部件(如扩压器)而言,当气体流经扩压器时,既没有输入或输出机械功,也没有输入输出热量,故 $L=H=0$,$q=0$,所以在静止通道中为绝能流,其能量方程表示为

$$c_p T_3 + \frac{c_3^2}{2} = c_p T_4 + \frac{c_4^3}{2} \tag{2-20}$$

式中　T_3, T_4——扩压器进出口的温度,K;

c_3, c_4——扩压器进出口的速度,m/s。

式(2-20)表示在静止通道中,由热焓和动能所组成的气体总能量保持不变,若气体温度

升高,则速度降低,反之亦然。

(四)伯努利方程

应用伯努利方程将流体所获得的能量区分为有用能量和能量损失,并引入压缩机中最关注的压力参数,以显示出压力的增加。叶轮所作的机械功还可与级内表征流体压力升高的静压能联系起来,表达成通用的伯努利方程,对级内流体而言有

$$L_{th} = H_{th} = \int_0^{0'} \frac{\mathrm{d}p}{\rho} + \frac{c_{0'}^2 - c_0^2}{2} + H_{hyd0-0'} \qquad (2-21)$$

式中 $\int_0^{0'} \dfrac{\mathrm{d}p}{\rho}$ ——级进出口静压能头的增量;

$H_{hyd0-0'}$ ——级内的流动损失。

若考虑级内漏气损失和轮阻损失,式(2-21)可表示为

$$L_{tot} = H_{tot} = \int_0^{0'} \frac{\mathrm{d}p}{\rho} + \frac{c_{0'}^2 - c_0^2}{2} + H_{loss0-0'} \qquad (2-22)$$

式中 L_{tot} ——叶轮消耗的总功;

H_{tot} ——级内每千克气体获得的总能量头;

$H_{loss0-0'}$ ——级中总能量损失(将在后面具体说明)。

伯努利方程的物理意义如下:

(1)通用伯努利方程也是能量转化与守恒的一种表达形式,它表示叶轮所作机械功转换为级中流体的有用能量(静压能和动能增加)的同时,由于流体具有黏性,还需付出一部分能量克服流动损失或级中的所有损失;

(2)它建立了机械能与气体压力外流速和能量损失之间的相互关系;

(3)该方程适用一级,也适用于多级整机或其中任一通流部件,这由所取的进出口截面而定,例如,对于叶轮而言,伯努利方程表示为

$$H_{th} = \int_1^2 \frac{\mathrm{d}p}{\rho} + \frac{c_2^2 - c_1^2}{2} + H_{hydimp} \qquad (2-23)$$

或

$$H_{tot} = \int_1^2 \frac{\mathrm{d}p}{\rho} + \frac{c_2^2 - c_1^2}{2} + H_{loss} \qquad (2-24)$$

$$\frac{c_3^2 - c_4^2}{2} = \int_3^4 \frac{\mathrm{d}p}{\rho} + H_{hyddif} \qquad (2-25)$$

式中 H_{hydimp} ——单位质量流体的通过叶轮的水力损失,kJ/kg;

H_{loss} ——单位质量流体的通过叶轮的能量损失,kJ/kg;

H_{hyddif} ——单位质量流体的通过扩压器的水力损失,kJ/kg。

(4)对于不可压流体,其密度 ρ 为常数,则 $\int_1^2 \dfrac{\mathrm{d}p}{\rho} = \dfrac{p_2 - p_1}{\rho}$ 可直接解出,因而对输送水或其他液体的泵来说,应用伯努利方程计算压力的升高是十分方便的。而对于可压缩流体,尚需获知 $p = f(\rho)$ 的函数关系才能求解静压能头增量的积分,这还要联系热力学的基础知识加以解决。

(五)热力过程方程和压缩功

应用特定的热力过程方程可求解上述静压能头增量的积分,从而计算出压缩功或压力增量。在离心式压缩机中,气体在流动过程中,不断改变热力状态,每千克气体所获得的压缩功

也称为有效能量头。对于离心式压缩机,压缩过程一般按多变过程分析,其多变压缩功为

$$\int_1^2 \frac{\mathrm{d}p}{\rho} = \frac{W_i}{M} = L_{pol} = H_{pol} = \frac{m}{m-1} R T_1 \left[\left(\frac{p_2}{p_1} \right)^{\frac{m-1}{m}} - 1 \right] \tag{2-26}$$

式中　H_{pol}——多变压缩有效能量头,简称为多变能量头。

在离心式压缩机中,热力过程的始终点,既可表示为任一通流部件的始终点,也可表示为级或整个压缩机的始终点。

通常把能量头与 u_2^2 之比称为能量头系数,如多变能量头系数为

$$\psi_{pol} = \frac{H_{pol}}{u_2^2} \quad \text{或} \quad H_{pol} = \psi_{pol} u_2^2 \tag{2-27}$$

由式(2-27)可知,提高叶轮的圆周速度是提高能量头最有效的方法,所以该式用多变能量头系数的大小,表示叶轮圆周速度用来提高气体压缩比的能量利用程度。

综上所述,将连续方程、欧拉方程、能量方程、伯努利方程、热力过程方程和压缩功的表达式相关联,就可知流量和流体速度在机器中的变化,而通常无论是级的进出口,还是整个压缩机的进出口,其流速几乎相同,故这部分进出口的动能增量可忽略不计。同时可知,由原动机通过轴和叶轮传递给流体机械能,其中一部分有用能量即静压能头的增加,使流体的压力得以提高,而另一部分是损失的能量,它是必须付出的代价。还可知,上述静压能头增量和能量损失两者造成流体温度(或焓)的增加,于是可以得到流体在机器内的速度、压力、温度等参数的变化规律。

然而在机器中流体是怎样造成能量损失的? 能量损失是多少? 以上诸方程尚未说明,这个问题将在后面介绍。

本段仅简要阐述了离心式压缩机工作原理的基本内容,其他内容如能量损失的原因、功率、效率和多级压缩机将在后面叙述。

二、级内的各种能量损失

本段阐述级中的三种能量损失,即级内的流动损失、漏气损失和轮阻损失。

(一)级内的流动损失

级内的流动损失分为摩阻损失、分离损失、冲击损失、二次流损失、尾迹损失。

1. 摩阻损失

流体的黏性是产生能量损失的根本原因。通常可把级的通流部件看成依次连续的管道,利用流体力学管道的实验数据,可计算出沿程摩阻损失 H_f 为

$$H_f = \lambda \frac{l}{d_{hm}} \frac{c_m^2}{2} \tag{2-28}$$

其中　　　　　　　　　　$\lambda = f\left(Re, \frac{\Delta}{D} \right)$

式中　λ——摩阻系数,通常级中的 $Re > Re_{cr}$,故在一定的相对粗糙度 Δ 下,λ 为常数;

　　　l——沿程长度;

　　　d_{hm}——平均水力直径;

　　　c_m——气流平均速度。

由式(2-28)可知 $H_f \propto c_m^2$，从而有 $H_f \propto q_V^2$。

2.分离损失

在减速增压的通道中，近壁边界层容易增厚，甚至形成分离旋涡区和倒流。如图2-9所示，从而造成分离损失。而分离损失往往比沿程摩阻损失大得多，且至今没有现成的公式来计算。

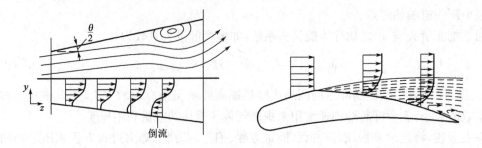

图2-9　边界层分离示意图
θ—控制通道的当量扩张角

减少分离损失的措施是控制通道的当量扩张角 $\theta \leqslant 6° \sim 8°$，联系到叶轮中的气流密度变化，经验指出应控制进出口的相对速度比

$$\frac{\omega_1}{\omega_2} = \frac{\rho_2 f_2}{\rho_1 f_1} \leqslant 1.6 \sim 1.8 \qquad (2-29)$$

式中　ρ_1, ρ_2——叶轮进出口流道内气流密度，kg/m^3；

f_1, f_2——叶轮叶道进出口的通流面积。

由于叶轮中的气流受离心力的影响，并有能量的不断加入，其边界层的增厚与分离不像固定部件中那样严重，所以叶轮的流动效率往往是较高的。

3.冲击损失

当流量偏离设计工况点时，叶轮和叶片扩压器的进气冲角 $i = \beta_{1A} - \beta_1 \neq 0$，$i = a_{3A} - a_3 \neq 0$，于是气流对叶片产生冲击造成冲击损失。尤为严重的是在叶片进口附近还产生较大的扩张角，造成分离损失，导致能量损失显著增加。

应当引起注意的是，用户在调节离心压缩机运行工况时，流量小于设计流量（相当于 $i > 0$），如图2-10(b)所示，流体在叶片非工作面前缘发生分离，并在通道中向叶轮出口逐渐扩散造成很大的分离损失。而流量大于设计流量（相当于 $i < 0$），如图2-10(c)所示，流体在叶片工作面前缘发生分离，但不明显扩散。此外，在任何流量下，由于边界层逐渐增厚和轴向涡流造成的滑移影响，在叶片出口附近非工作面上往往有一点分离区。

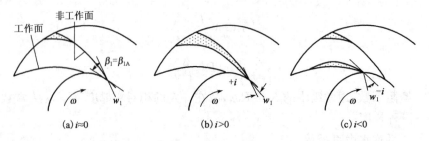

图2-10　不同冲角下叶轮流道中气流分离情况

4.二次流损失

与主流方向相垂直的流动造成二次流损失。在旋转叶轮中,由于哥氏力和叶道弯曲而产生的离心力的影响,使叶道中沿周向流速和压力分布不均匀,如图2-11和图2-12所示。由于叶片工作面的压力高,而非工作面的压力低,叶片边界层中的气流受此压力差的作用,通过盘盖边界层,由叶片工作面窜流至非工作面,于是形成一对二次涡流,它加剧叶片非工作面的边界层增厚与分离,并使主流也受到影响,从而造成二次流损失。由此可知采取适当增加叶片数,减轻叶片负荷,避免气流方向的急剧转弯等措施,可减少二次流损失。二次流损失也存在于扩压器和其他固定部件中。

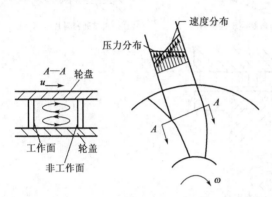 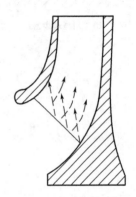

图2-11　叶轮流道中的二次流　　　　图2-12　叶轮子午面中的二次流

5.尾迹损失

叶片尾缘有一定厚度,气流出叶道后通流面积突然扩大,另外,叶片两侧的边界层在尾缘汇合,造成许多旋涡,主流带动低速尾迹涡流均会造成尾迹损失,采用翼型叶片代替等厚度叶片,或将等厚度叶片出口非工作面削薄等措施可减少尾迹损失。

以上许多流动损失只能从物理现象上定性地说明,至今还很难用公式计算。事实上这些损失并非单独存在,往往随着主流混在一起相互作用相互影响。总的流动损失只能靠具体的实验和经验来确定。采用各种措施,尽量减少流动损失,是人们为了节能所必须努力做好的工作。

(二)漏气损失

1.产生漏气损失的原因

从图2-13中可以看出,由于叶轮出口压力大于进口压力,级出口压力大于叶轮出口压力,在叶轮两侧与固定部件之间的间隙中会产生漏气,而所漏气体又随主流流动,造成膨胀与压缩的循环,每次循环都会有能量损失。该能量损失不可逆的转化为热能为主流气体所吸收。

2.密封件的结构形式及漏气量的计算

为了尽量减少漏气损失,在固定部件与轮盖、隔板与轴套,以及整机轴的端部需要设置密封件。图2-14为各种梳齿式(也称迷宫式)的密封结构图。其工作原理是尽量减小通流截面积和多次的节流减压,使在压差作用下的漏气量尽量减小。

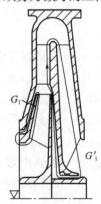

图2-13　密封漏气简图

G_1—叶轮出口与固定部件间隙漏失质量流量;G_1'—回流口与固定部件间隙漏失质量流量

31

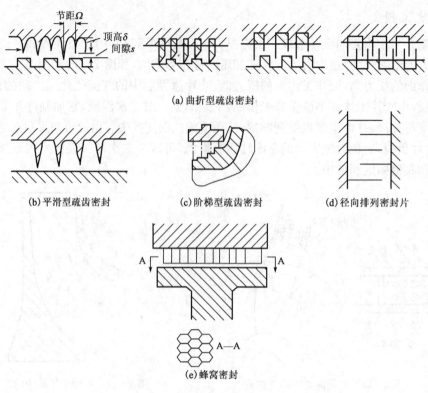

(a)曲折型疏齿密封

(b)平滑型疏齿密封　　　(c)阶梯型疏齿密封　　　(d)径向排列密封片

(e)蜂窝密封

图 2-14　各种梳齿密封结构简图

由连续方程和伯努利方程可求出通过齿顶间隙的漏气量,当流速小于音速时,有

$$q_{\mathrm{mL}} = a\pi D_{\mathrm{s}} \sqrt{\frac{(p_{\mathrm{a}}+p_{\mathrm{b}})(p_{\mathrm{a}}-p_{\mathrm{b}})}{Z p_{\mathrm{a}} v_{\mathrm{a}}}} \qquad (2-30)$$

当流速达到临界音速时,有

$$q_{\mathrm{mL}} = a\pi D_{\mathrm{s}} \sqrt{\frac{1}{Z-1+\dfrac{1}{B^2}} \cdot \frac{p_{\mathrm{a}}}{v_{\mathrm{a}}}} \qquad (2-31)$$

其中　　　　　　　　　$$B = \sqrt{\frac{2k}{k+1} \left(\frac{2}{k+1}\right)^{\frac{1}{k-1}}}$$

式中　　a——流量修正系数,一般 $a=0.67\sim0.73$;

　　　　πD_{s}——齿顶处的通流面积,m^2;

　　　　p_{a},p_{b}——密封前、后的压力;

　　　　Z——密封齿数;

　　　　v_{a}——密封前(即漏失气体经过齿轮间隙前)的气体流速,$\mathrm{m/s}$;

　　　　k——等熵指数,如空气的等熵指数 $k=1.4$、$B=0.684$,天然气的等熵指数 $k=1.299$、$B=0.667$。

3.轮盖密封的漏气量及漏气损失系数

轮盖密封处的漏气能量损失使叶轮多消耗机械功,它应包括在叶轮所输出的总功之内,所以它应单独计算出来。而通常隔板与轴套之间的密封漏气损失不单独计算,只是考虑在固定部件的流动损失之中。

应用式(2-30)并根据实验与分析简化,可得轮盖密封处的漏气量为

$$q_{mL} = a\pi Ds\rho_m u_2 \sqrt{\frac{3}{4Z}\left[1-\left(\frac{D_1}{D_2}\right)^2\right]} \quad (2-32)$$

若通过叶轮出口流出的流量为 $q_m = \rho_2 c_{2r}\pi D_2 b_2 \tau_2$,则可求得轮盖处的漏气损失系数为

$$\beta_L = \frac{q_{mL}}{q_m} = \frac{a\dfrac{D}{D_2}\dfrac{Ds}{D_2}\sqrt{\dfrac{3}{4Z}\left[1-\left(\dfrac{D_1}{D_2}\right)^2\right]}}{\varphi_{2r}\dfrac{b_2}{D}\tau_2\dfrac{\rho_2}{\rho_m}} \quad (2-33)$$

式中　ρ_2——叶轮出口的气流密度,kg/m^3;

　　　ρ_m——轮盖处漏气的密度。

式中一般取 $a=0.7$,$Z=4\sim6$ 齿,齿顶间隙 $s\approx0.4mm$,$\dfrac{\rho_2}{\rho_m}\approx\sqrt{\dfrac{v_{in}}{v_2}}$。

(三)轮阻损失

叶轮旋转时,轮盘、轮盖的外侧和轮缘要与它周围的气体发生摩擦,从而产生轮阻损失。轮阻损失可借助于等厚度圆盘的分析和实验及旋转叶轮的实验进行计算,其轮阻功率损失为

$$N_{df} = K\rho_2\left(\frac{u_2}{100}\right)^3 D_2^2\left(1+\frac{5e}{D_2}\right) \quad (2-34)$$

式中　K——轮盘阻力系数;

　　　e——轮缘厚度。

对于离心叶轮,式(2-34)可简化为

$$N_{df} = 0.54\rho_2\left(\frac{u_2}{100}\right)^3 D_2^3 \quad (2-35)$$

进而可得轮阻损失系数 β_{df} 为

$$\beta_{df} = \frac{1000N_{df}}{q_m H_{th}} = \frac{1000\times0.54\rho_2\left(\dfrac{u_2}{100}\right)^3 D_2^2}{\rho_2 c_{2r}\pi D_2 b_2 \tau_2 u_2 c_{2u}} = \frac{0.172}{1000\varphi_{2r}\varphi_{2u}\tau_2\dfrac{b_2}{D_2}} \quad (2-36)$$

有的研究者认为,根据实心圆盘的水力实验数据,按式(2-35)计算的 β_{df} 偏大,建议将式中的 0.172 改为 0.11。

三、多级压缩

这里着重说明采用多级的必要性和采用中间冷却的必要性。为使机器结构紧凑减少制造成本,提出尽可能减少级数的思路和方法。

(一)采用多级串联和多缸串联的必要性

离心式压缩机的压缩比一般在 3 以上,有的高达 150,甚至更高。前面曾指出离心式压缩机的单级压缩比较往复式的低,如常用的闭式后弯叶轮的单级压缩空气的级压缩比仅为 1.2~1.5,所以一般离心式压缩机多为多级串联式的结构,如图 2-1 所示。考虑到结构的紧凑性与机器的安全可靠性,一般主轴不能过长,故通常转子上最多装 9 个叶轮,即一台机器最多为 9

级压缩机。对于要求高增压缩比或输送轻气体的机器需要两缸或多缸离心式压缩机串联起来形成机组。

(二)分段与中间冷却以减少耗功

气流经逐级压缩后温度不断升高，而压缩温度高的气体要多耗功。为了降低气体的温度，节省功率，在离心式压缩机中，往往采用分段中间冷却的结构。各段由一级或若干级组成，段与段之间在机器之外由管道连接中间冷却器。若段数为 N，则中间冷却器的个数为 $N-1$ 个。若进行中间冷却后的压缩机若总能量头为 H，而无中间冷却的同类压缩机总能量头为 H_0，则省功比为

$$\frac{\Delta H}{H_0} = \frac{H_0 - H}{H_0} = \frac{\frac{k}{k-1}RT_{in}(\varepsilon^{\frac{1}{\sigma}}-1)\left[-N(\varepsilon^{\frac{1}{\sigma}}-1)\right]}{\frac{k}{k-1}RT_{in}(\varepsilon^{\frac{1}{\sigma}}-1)} = 1 - \frac{N(\varepsilon^{\frac{1}{\sigma}}-1)}{\varepsilon^{\frac{1}{\sigma}}-1} \quad (2-37)$$

其中
$$\varepsilon_i = \left[\frac{\varepsilon}{\lambda^{(N-1)}}\right]^{\frac{1}{N}}$$

$$\lambda = 1 - \frac{\delta_p}{p_{out}}$$

式中　ε_i——段压缩比；

　　　λ——中间冷却器的压力损失比；

　　　δ_p——中间冷却器和连接管道的阻力压降；

　　　p_{out}——段出口压力。

应当指出，分段与中间冷却不能仅考虑省功，还要考虑下列因素：

(1)被压缩介质的特性属于易燃、易爆(如 H_2、O_2 等)则段出口的温度宜低一些，对于某些化工气体，因在高温下气体发生不必要的分解或化合等化学变化，或会产生并加速对机器材料的腐蚀，这样的压缩机冷却次数必需多一些。

(2)用户要求排出的气体温度高，以利于化学反应(由氮、氢化合为氨)或燃烧，则不必采用中间冷却，或尽量减少冷却次数。

(3)考虑压缩机的具体结构、冷却器的布置、输送冷却水的泵耗功、设备成本与环境条件等综合因素。

(4)段数确定后，每一段的最佳压缩比，可根据总耗功最小的原则来确定。

(三)级数与叶轮圆周速度和气体相对分子质量的关系

1.级数与叶轮圆周速度的关系

为使机器结构紧凑，减少零部件，降低制造成本，在达到所需压缩比条件下要求尽可能减少级数。由式(2-17)可知，叶轮对气体做功的大小与圆周速度的平方成正比，如能尽量提高 u_2，就可减少级数。但是提高叶轮圆周速度 u_2 却受到以下几种因素的限制：

(1)叶轮材料强度的限制。采用优质合金钢的焊接闭式后弯型叶轮，$u_2 < 320$ m/s，一般选取 $u_2 < 300$ m/s。对于压缩有腐蚀性的气体，u_2 还应选取得更小一些。

(2)马赫数的限制。提高 u_2，叶轮进出口气流的马赫数(M_{c_1}、M_{c_2})随之升高，马赫数太高会引起级效率下降、性能曲线变陡、工况范围变窄。

(3)叶轮相对宽度的限制。当流量与转速一定时,提高 u_2 需增加 D_2,这会使 $\dfrac{b_2}{D_2}$ 太小,特别对于后几级,造成效率下降。

由于提高 u_2 受到一些限制,若达到较高的压缩比,则必须增加级数。

2.级数与气体相对分子质量的关系

1)气体相对分子质量对马赫数的影响

由于气体常数 $R=\dfrac{8315}{M}$,其中 M 为输送气体的相对分子质量,而机器马赫数 $M_{u_2}=$
$\dfrac{u_2}{\sqrt{RkT_{in}}}=\dfrac{u_2\sqrt{M}}{\sqrt{8315kT_{in}}}$,如压缩密度大的气体,因 M 太大易使 M_{u_2} 大,而影响级性能和效率。压缩密度大的气体要限制 u_2,以使马赫数不致过高;反之,如果压缩密度小的气体,因相对分子质量小,u_2 可以适当提高,而不会导致马赫数过高,但要考虑叶轮材料强度的限制。

如上所述,提高 u_2 对于不同的气体相对分子质量,或受马赫数的限制,或受叶轮材料强度的限制,故级数就要增加。

2)气体相对分子质量对所需压缩功的影响

根据式(2-25)和 $\dfrac{m}{m-1}=\dfrac{k}{k-1}\eta_{pol}$,多变压缩功又可表示为

$$L_{pol}=H_{pol}=\frac{8315}{M}T_{in}\frac{k}{k-1}\eta_{pol}(\varepsilon^{\frac{k-1}{k\eta_{pol}}}-1)\qquad(2-38)$$

由式(2-38)可知多变压缩功的大小与气体的相对分子质量和等熵指数有关,特别是受 M 的大小影响更大。若要达到同样的压缩比,压缩密度大的气体时,由于 M 大则 R 小,所需的 L_{pol} 就小,因而级数就少;反之,压缩密度小的气体时,由于 M 小则 R 大,所需的 L_{pol} 就大,因而级数也就要多。表2-2列举几种气体在相同压缩比仅为 $\varepsilon=2.5$,$T_{in}=290$ K,$\eta_{pol}=0.83$ 的情况下,所需的多变压缩功和级数,由表2-2可以看出其差别是非常之大的。

表2-2 压缩不同气体时所需压缩功和级数的比较

气体	相对分子质量 M	绝热指数 k	密度 ρ kg/m³	多变压缩功 H_{pol} kJ/kg	圆周速度 u_2 m/s	级数 j
氟里昂-11	136.3	1.10	6.15	16.97	186	1
空气	28.97	1.40	1.293	92.214	280	2
焦炉煤气	11.78	1.36	0.525	215.82	280	5
氨气	4	1.66	0.178	701.42	280	17
氢气	2	1.41	0.090	1319.45	280	32

四、压缩机的功率与效率

下面主要阐述总耗功、功率和效率的概念,计算离心压缩机所需的轴功率,为选型方案计算和选择原动机提供依据。

(一)单级总耗功、功率和效率

1. 单级总耗功、总功率

由前所述可知,旋转叶轮所消耗的功用于两方面,一是叶轮传递给气体的欧拉功,即气体所获得的理论能量头,二是叶轮旋转时所产生的漏气损失和轮阻损失。这部分耗功不可逆地转化为气体的热量,故一个叶轮对 1 kg 气体的总耗功为

$$L_{tot}=H_{tot}=H_{th}+H_L+H_{df}=(1+\beta_L+\beta_{df})H_{th} \tag{2-39}$$

流量为 q_m 的总功率为

$$N_{tot}=q_mH_{tot}=(1+\beta_L+\beta_{df})q_mH_{th} \tag{2-40}$$

对于闭式后弯型叶轮而言,一般 $\beta_L+\beta_{df}=0.02\sim0.04$。综上所述,可将几种能量头、几种损失的相互关系形象地表示为图 2-15。

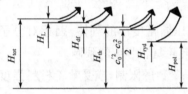

图 2-15　总能量头分配示意图

2. 级效率

按照不同的定义,级效率有以下 2 种:

(1)多变效率 η_{pol} 是级中的气体由 p_0 升高到 p_0' 所需的多变压缩功与实际总耗功之比,表示为

$$\eta_{pol}=\frac{L_{pol}}{L_{tot}}=\frac{H_{pol}}{H_{tot}}=\frac{\dfrac{m}{m-1}RT_0\left[\left(\dfrac{p_0'}{p_0}\right)^{\frac{m-1}{m}}-1\right]}{\dfrac{kR}{k-1}(T_0'-T_0)+\dfrac{c_0'^2-c_0^2}{2}} \tag{2-41}$$

通常 $c_0'\approx c_0$,因而有

$$\eta_{pol}=\frac{\dfrac{m}{m-1}R(T_0'-T_0)}{\dfrac{k}{k-1}R(T_0'-T_0)}=\frac{\dfrac{m}{m-1}}{\dfrac{k}{k-1}} \tag{2-42}$$

由式(2-42)可以看出,如已知多变效率 η_{pol},则可算出变指数 m,反之亦然。

(2)等熵效率 η_s 是级中的气体由 p_0 升高到 p_0' 所需的等温压缩功与实际总耗功之比。

3. 多变能量头系数

由式(2-17)、式(2-27)和上述的公式可知

$$\psi_{pol}=\frac{H_{pol}}{u_2^2}=\frac{\eta_{pol}H_{tot}}{u_2^2}=(1+\beta_L+\beta_{df})\varphi_{2u}\eta_{pol} \tag{2-43}$$

式(2-43)表明多变能量头系数与叶轮的周速系数、多变效率、漏气损失系数和轮阻损失系数的相互关系。若要充分利用叶轮的圆周速度,就要尽可能地提高周速系数和级效率。

若比较效率的高低,应当注意以下几点:

(1)与所指的通流部件的进口有关。它不仅用于级,也可用于某一部件或整个压缩机。

(2)与特定的气体压缩热力过程有关。它是多变过程还是等熵或等温过程。

(3)与运行工况点有关。它是在设计工况点的最佳效率,还是在变工况点上的效率。通常指的是设计工况点的最佳效率。

只有在以上三点相同的条件下,比较谁的效率高还是低才有意义。例如,不能把一级的多变效率与另一级的等温效率来比较谁的高,谁的低。

通常较多使用的是级的多变效率,它应由级的性能实验获得,或由与其相似的模型级性能实验获得,也或由产品性能的资料获得。对于具有闭式后弯型叶轮,无叶扩压器的级多变效率,通常可由经验选取,如 $0.025 \leqslant \dfrac{b_2}{D_2} \leqslant 0.065$,可取 $\eta_{\text{pol}} = 0.70 \sim 0.80$。如小流量的级或末几级,如 $\dfrac{b_2}{D_2} < 0.025$,可选取 $\eta_{\text{pol}} = 0.65 \sim 0.7$。大流量的级或前几级如 $\dfrac{b_2}{D_2} > 0.065$,可选取 $\eta_{\text{pol}} = 0.65 \sim 0.75$,而采用三元扭曲叶片的叶轮可选取 $\eta_{\text{pol}} = 0.75 \sim 0.85$。

应该指出,在前面都提到能量损失,但究竟损失是多少,由于流动损失无法由计算得到而靠实验或经验确定,仍不能给出确定的数值,因而能量损失仍然未知。而这里由性能实验或产品性能资料所给出的效率值,只能间接地回答能量损失是多少的问题。

(二)多级离心式压缩机的功率和效率

1.多级离心式压缩机的内功率

多级离心压缩机所需的内功率可表示为诸级总功率之和,即

$$N_{\text{i}} = q_m \sum H_{\text{tot}} = q_m \sum_{i=1}^{M} (1 + \beta_{\text{L}} + \beta_{\text{df}})_i \varphi_{2\text{u}_i} u_{2i}^2 \qquad (2-44)$$

2.多级离心式压缩机的效率

多级离心压缩机的效率通常指的是内效率,而内效率是各级效率的平均值。对于带有中间冷却的机器有时还用等温效率,即

$$\eta_{\text{T}} = \frac{q_m R T_{\text{in}} \ln \dfrac{p_{\text{out}}}{p_{\text{in}}}}{N_{\text{i}}} \qquad (2-45)$$

由式(2-45)考察实际耗功接近于等温过程耗功的程度。

3.机械损失、机械效率和轴功率

不是在压缩机通流部件内,而在轴承、密封、联轴器以及齿轮箱中所引起的机械摩擦损失,称为机械损失 N_{m},原动机所传递给压缩机轴端的功率称为轴功率 N_z,它表示为

$$N_z = N_{\text{i}} + N_{\text{m}} = \frac{N_{\text{i}}}{\eta_{\text{m}}} \qquad (2-46)$$

式中　　η_{m}——机械效率;

　　　　N_z——轴功率,kW。

η_{m} 一般随内功率的增大而升高,同时也与传动形式有关。

4.原动机的输出功率

压缩机的轴功率为选取原动机提供了依据。考虑到以上轴功率的计算是按设计工况进行的。当运行中流量增大时,往往所需的轴功率有所增加,并考虑到机器的安全耐用,原动机不应在额定功率下长期使用。故选取原动机的额定功率 N_{e} 一般为

$$N_{\text{e}} \geqslant 1.3 N_z \qquad (2-47)$$

五、实际气体

许多过程生产尤其石油化工生产,所使用的气体介质种类很多,且多为实际气体。如仍旧

用理想气体处理，即使在选型的方案估算中，也有可能产生较大的偏差，使选用的压缩机达不到应有的排气压力或者与原动机不匹配等。故有必要对实际气体的应用作一专门的介绍。该段简要介绍实际气体压缩性系数的计算方法，多组分气体的混合法则，实际气体韵过程指数与压缩功。

(一)实际气体的压缩性系数

实际气体的状态方程用式 $pV=ZMRT$ 表示，式中 Z 为压缩性系数，显然，对于理想气体 $Z=1$。有些实际气体在高温、低压下或通常的温度、压力下 Z 近似为 1，但在低温、高压下 Z 偏离 1，而有的气体如石油化工中的气体，即使在通常的温度和压力下 Z 也偏离 1 很多。Z 偏离 1 的原因在于实际气体的分子本身占有一定的容积，且分子之间存在相互作用，如静电作用、诱导作用、弱化学作用和量子效应等，形成各种类型的分子间力。极性分子的正、负电荷重心有距离产生永久偶极矩。非极性分子虽从统计平均看来正、负电荷重心重合，而瞬时看并不重合，仍存在瞬间偶极矩，另外在外电场的作用下，还会产生诱导偶极矩。弱化学作用主要是指氢键，含氢原子的分子与其他分子存在特殊的分子间力。又如低温下的氢气、氦气量子效应起重要作用。以上这些因素均对 Z 值有影响。压缩系数计算可参考相关热力学、流体力学或天然气相关书籍。

(二)实际混合气体

实际生产中的天然气是多组分的混合物，若将研究纯介质得到 p、V、T 等热力参数关系式推广应用到混合物时，通常是将混合物看作为一个虚拟的纯物质，它具有等同于纯物质的热力参数。目前常用某种混合法则求解混合物的热力参数。

1. 凯法则

在确定实际混合气体的虚拟临界热力参数 p_{cm} 和 T_{cm} 时，最方便的是凯提出的按摩尔成分加权的混合法则，它表示为

$$p_{cm} = \sum x_i p_{ci} \qquad (2-48)$$

$$T_{cm} = \sum x_i p_{ci} \qquad (2-49)$$

式中　x_i——混合物中某一组分的摩尔分数。

上述凯法则的使用有较大的局限性，仅适用于各组分的临界压力和临界比体积比较接近，任意两组的临界温度要满足 $0.5 < \dfrac{T_{ci}}{T_{cj}} < 2$。

2. 徐忠法则

为了方便快速且保持相当的精确度，徐忠建议使用以下的半径验混合法则：

$$v_{cm} = \sum_{i=1}^{k} x_i v_{ci} \qquad (2-50)$$

$$T_{cm} = \left(\sum_{i=1}^{k} x_i T_{ci}^{\frac{1}{2}} \right)^2 \qquad (2-51)$$

$$p_{cm} = \frac{Z_{cm} R T_{cm}}{v_{cm}} = (0.2905 - 0.085\omega_m) \frac{R T_{cm}}{v_{cm}} \qquad (2-52)$$

其中
$$Z_{cm} = 0.2905 - 0.085\omega_m$$

$$v_{ci} = Z_{ci}R\frac{T_{ci}}{p_{ci}} \tag{2-53}$$

$$\omega_m = \sum_{i=1}^{k} x_i\omega_i \tag{2-54}$$

3.极性物质的混合法则

刘云飞和徐忠提出了适用于包含极性物质的混合法则,详见参考文献[2]。

(三)实际气体的过程指数与压缩功

对于实际气体,多变压缩功可表示为

$$L_{pol} = H_{pol} = \frac{m_V}{m_V - 1}Z_1RT_1\left[\left(\frac{p_2}{p_1}\right)^{\frac{m_V}{m_V-1}} - 1\right] \tag{2-55}$$

有关实际气体过程指数的计算相当复杂,且还涉及实际气体的熵、焓、比热容和逸度等概念和公式,详见文献[2]。

六、三元叶轮的应用

现代工业对扩大产量、节省能耗的要求越来越高,希望离心式压缩机能进一步增大流量、提高效率,并尽可能地提高单级压缩比,具有较宽的变工况范围。由于流量增大,叶轮出口的相对宽度 $\frac{b_2}{D_2}$ 将超过 0.065 达到 0.1 甚至更大,致使叶轮中的气流参数原来的不均匀性更加显著。这样,再按前述的通流截面上气动参数均相同,仅主流方向上有气流参数变化的一元流动假设进行叶片只弯不扭的常规叶轮设计已经不适用,而必须按三元流动理论设计出叶片既弯又扭的三元叶轮,才能适应气流参数(如速度、压力等)在叶道各个空间点上的不同,并使其既能满足大流量、高的级压缩比,又具有高的效率和较宽的变工况范围。因此,应用三元流动理论设计三元叶轮是十分必要的。由于三元流动理论内容较深,公式较多,无法用很少篇幅加以阐述,可阅读相关参考文献。

第三节 离心式压缩机的性能与调节

本节简要介绍离心式压缩机的工作特性,阐述压缩机喘振的机理、危害与预防措施,说明相似理论的应用,讨论各种调节方式及其特点,介绍各种附属系统及自动控制系统,以掌握使用压缩机应具备的基本知识。

一、离心式压缩机的性能

(一)性能曲线、最佳工况点与稳定工作范围

1.性能曲线

离心式压缩机的工作特性可简要地表示为,在一定转速和进口条件下的压缩比(或出口压

力)与流量、效率与流量、功率与流量的性能曲线(也称特性曲线)。图2-16为级的性能曲线图,图2-17(a)为鼓风机性能曲线,图2-17(b)为压缩机的性能曲线图。

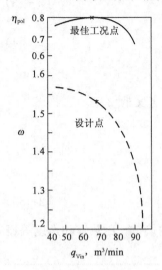

图2-16 级性能曲线

性能曲线上的某一点即为压缩机的某一运行工作状态(简称工况)。所以该性能曲线也即压缩机的变工况性能曲线。这种曲线一目了然地表达了压缩机的工作特性,使用非常方便。功率与流量的关系可由这两条曲线派生出来,有的列出,有的不列出。

就压缩比和流量曲线而言,在一定转速下,增大流量,压缩机的压缩比将下降,反之则上升。

图2-18表示可变转速的压缩机在各个转速下的性能曲线,其中效率特性用等效率曲线表示。在每个转速下,每条压缩比与流量关系曲线的左端点为喘振点。各喘振点连成喘振线,压缩机只能在喘振线的右面性能曲线上正常工作。

压缩机性能曲线的形状是由机器内部气体的流动规律决定的,由于各工况下的各种能量损失难以准确地计算出来,故压缩机的性能曲线多是由实验得到的。

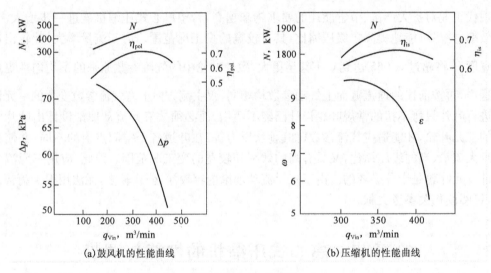

(a)鼓风机的性能曲线　　　　(b)压缩机的性能曲线

图2-17 性能曲线

2.最佳工况点

通常将曲线上的效率最高点称为最佳工况点,一般应是该机器设计计算的工况点。如图2-16所示,在最佳工况点左右两边的各工况点,其效率均有所降低。从节能的观点出发,要求选用机器时,尽量使机器运行在最佳工况点上或尽量靠近最佳工况点,以减少能量的消耗与浪费。

3.稳定工作范围

压缩机性能曲线的左边受到喘振工况的限制,右边受到堵塞工况的限制,在这两个工况之间的区域称为压缩机的稳定工作范围。压缩机变工况的稳定工作范围越宽越好。

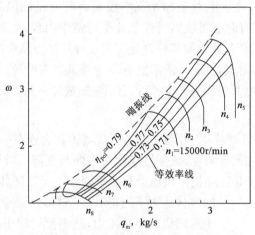

图 2-18　压缩机在不同转速下的性能曲线

(二)压缩机特性曲线的用途

(1)压缩比—排气量曲线,用来选择离心式压缩机,看是否能达到使用者要求的操作条件(主要是压力和排气量)。为了安全操作,尤其应该知道最小操作排气量是多少。

(2)轴功率—排气量曲线,用来正确选择驱动机的功率。

(3)效率—排气量曲线,用来检验离心式压缩机使用得是否合理。管网的工况与离心式压缩机的设计工况重合或很接近才最经济。

由图 2-17 可知,随着排气量增加,出口压力下降;在某一排气量时,效率达到最高值,小于或大于该排气量时,效率值都降低;一般当排气量增加时,功率也增加,但如果随着排气量增加,出口压比下降很快,则功率也可能下降。

离心式压缩机有最小排气量和最大排气量的限制。当排气量小于某一值时,机器开始发生喘振,这时的排气量就称为喘振工况的排气量;而当排气量增加到某一值时,它的排气量就不再继续增加,这时称为堵塞工况。

离心式压缩机可以通过更换叶轮等手段,在一定范围内改变使用中的压缩机特性曲线,而使它有更为广泛的应用范围,这是它的重要特点之一。

(三)压缩机的喘振与堵塞

1.压缩机喘振的机理

1)旋转脱离

当压缩机流量减少至某一值时,叶道进口正冲角很大,致使叶片非工作面上的气流边界层严重分离,并沿叶道扩张开来,但由于各叶片制造与安装不尽相同,又由于来流的不均匀性,使气流脱离往往在一个或几个叶片上首先发生,如图 2-19 中的 B 叶道所示,造成 B 叶道有效通道大为减小,从而使原来要流过 B 叶道的气流相当多地流向 A 叶道和 C 叶道。随即促使 C 叶道相继严重脱离,而进入了 A 叶道,依次类推,造成脱离区朝叶轮旋转的反向以 ω'

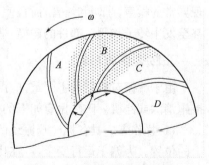

图 2-19　转动叶轮旋转脱离

转动。由实验可知 $\omega' < \omega$，故从绝对坐标系观察脱离区与叶轮同向旋转，以上这种现象称为"旋转脱离"。旋转脱离区有时也可能同时在某几个叶道中出现，而形成数个脱离团。叶片扩压器中同样存在旋转脱离，而且旋转脱离往往是首先在叶片扩压器中出现。旋转脱离使气流产生流速、压力等参数的周向脉动，其脉动的幅值小，而频率高。对叶片产生周期性的交变作用力，如该交变作用力的频率与叶片的固有频率相近，有可能造成叶片共振而遭破坏。

2）压缩机的喘振

当压缩机的流量进一步减小时，叶道中的若干脱离团就会连在一起成为大的脱离团，占据大部分叶道，这时气流受到严重阻塞，致使性能曲线中断与突降。叶轮虽仍旋转对气流做功，但不能提高气体的压力，于是压缩机出口压力显著下降。由于管网具有一定的容积，故管网中的气体压力不可能很快下降，于是会出现管网中的压力反大于压缩机的出口压力，从而使管网中的气体向压缩机倒流，并使压缩机中的气体冲出压缩机的进口，一直到管网中的压力下降至等于压缩机出口的压力，这时倒流停止。气流又在旋转叶轮的作用下正向流动，提高压力，并向管网供气，随之流经压缩机的流量又增大。但当管网中的压力迅速回升，流量又下降时，系统中的气流又产生倒流，如此正流、倒流反复出现，使整个系统发生了周期性的低频大振幅的轴向气流振荡现象，这种现象称为压缩机喘振。如图 2-20 所示，喘振工况点 d 是试验测到的众多瞬态黑点形成的（1）、（2）、（3）、（4）循环曲线上瞬态参数的平均值，瞬态参数中的确存在着正流、倒流交替出现的状态，其周期性脉动的幅值是相当大的。试验指出，管网容积越大，喘振频率越低，而振幅越大，反之亦然。

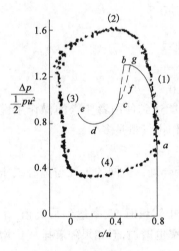

图 2-20　多级压缩机的性能曲线
与喘振瞬态循环曲线

以上对压缩机发生喘振的机理分析表明，旋转脱离是喘振的前奏，而喘振是旋转脱离进一步恶化的结果。发生喘振的内在因素是叶道中几乎充满了气流脱离，而外在条件与管网的容积和管网的特性曲线有关。也有的压缩机当流量减少时，由稳定工况直接突然变成了喘振工况，由于旋转脱离是人们后期研究发现的，故而外在条件与管网的容积和管网的特性曲线有关。

2. 喘振的危害

喘振造成的后果是很严重的，它不仅使压缩机的性能恶化，压力和效率显著降低，机器出现异常的噪声、吼叫和爆音，而且使机器出现强烈的振动，致使压缩机的轴承、密封遭到损坏，甚至发生转子和固定部件的碰撞，造成机器的严重破坏。

3. 防喘振的措施

由于喘振对机器危害严重，应严格防止压缩机进入喘振工况，一旦发生喘振，应立即采取措施消除或停机。防喘振有如下的几条措施：

（1）操作者应具备标注喘振线的压缩机性能曲线，随时了解压缩机工况点处在性能曲线图上的位置。为偏于运行安全，可在比喘振线的流量大出 5%～10% 的地方加注一条防喘振线，以提醒操作者注意。

（2）降低运行转速，可使流量减少而不致进入喘振状态，但出口压力随之降低。

（3）在首级或各级设置导叶转动机构以调节导叶角度，使流量减少时的进气冲角不致太大，从而避免发生喘振。

（4）在压缩机出口设置旁通管道，如生产中必须减少压缩机的输送流量时，让多余的气体放空或经降压后仍回进气管。宁肯多消耗流量与功率，也要让压缩机通过足够的流量，以防进入喘振状态。

（5）在压缩机进口安置温度、流量监视仪表，出口安置压力监视仪表，一旦出现异常或喘振及时报警，最好还能与防喘振控制操作联动或与紧急停车联动。

（6）运行操作人员应了解压缩机的工作原理，随时注意机器所在的工况位置，熟悉各种监测系统和调节控制系统的操作，尽量使机器不致进入喘振状态。一旦进入喘振应立即加大流量退出喘振或立即停机。停机后，应经开缸检查确无隐患，方可再开动机器。

只要备有防喘振措施，特别是操作人员认真负责严格监视，就能防止喘振的发生，确保机器的安全运行。

4. 压缩机的堵塞工况

当流量不断增大时，气流产生较大的负冲角，使叶片工作面上发生分离，当流量达到最大值时，叶轮做功全变为能量损失，压力不再升高，甚至可能使叶道中的流动变为收敛性质，或者流道最小截面处出现了声速，这时压缩机达到堵塞工况，其气流压力得不到提高，流量也不可能再增大了。故压缩机性能曲线的右边受到堵塞工况的限制。

应当说明，单级与多级压缩机的性能曲线形状基本一样，但由于受逐级气流密度的变化与影响，级数越多，压缩机的性能曲线越陡，喘振流量越大，堵塞流量越小，其稳定工作范围也就越窄了。就压缩机的性能好坏而言，其最佳效率越高，效率曲线越平坦，稳定工作范围越宽，压缩机的性能越好，反之亦然。

（四）转子的临界转速

若转子旋转的角速度与转子弯曲振动的固有圆周频率相重合，则转子发生强烈的共振导致转子的破坏，转子与此相应的转速称为转子的临界转速，一旦转速远离临界转速，则转子运行平稳不发生振动。故对设计和操作者来说，使离心压缩机（离心泵等叶轮机械）的工作转速远离临界转速，对确保机器工作的安全具有十分重要的意义。

由分析转子横向弯曲振动可知，转子弯曲振动的临界转速可有 1、2、$\cdots$、i 阶个，各阶临界转速大致是随 i^2 增大。由于实际的转子工作转速不会太大，所以人们大多关注转子的第 1、2 阶临界转速 n_{c1}、n_{c2}。为了确保机器运行的安全性，要求工作转速远离第 1、2 阶临界转速，其校核条件是：

（1）对于刚性转子，$n \leqslant 0.75 n_{c1}$；

（2）对于柔性转子，$1.3 n_{c1} \leqslant n \leqslant 0.7\ n_{c2}$。

为了防止可能出现的轴承油膜振荡，工作转速应低于 2 倍的第 1 阶临界转速，即 $n < 2 n_{c1}$。

对于柔性转子，要求机器在启动、运行或停车过程中，尽快越过第 1 阶临界转速，不允许在 n_{c1} 附近停留，否则转子将因剧烈振动而遭到破坏。

转子临界转速的计算现今多用普劳尔传递矩阵法。该法计算精度较高，可计算任一阶的临界转速，也可计算多轴串联（如压缩机转子和与其相连接的汽轮机转子）的轴系临界转速。

还需指出，对于大型压缩机多缸串联机组，尚需计算轴系扭转振动的临界转速，并尽可能使机组各缸转子的转速也要偏离各阶扭转振动临界转速，以使压缩机的运行更为平稳安全。

(五)压缩机与管网联合工作

实际上压缩机总是与管网联合工作的。管网是压缩机前面及后面气体所经过的管道及设备的总称。若管网装在前面，则压缩机就成抽气机或吸气机了。一般管网大都在后面。油气生产及化工用的压缩机往往前后均有管道和容器设备等。

1. 管网特性曲线

气体在管网中流动时，需要足够的压力来克服沿程阻力和各种局部阻力。每一种管网都有自己的特性曲线，也称管网阻力曲线。它是指通过管网的气体流量与保证这个流量通过管网所需要的压力之间的关系曲线，即 $p=f(q_V)$ 曲线。管网特性曲线取决于管网本身的结构和用户的要求。它有三种形式，如图 2-21 所示。

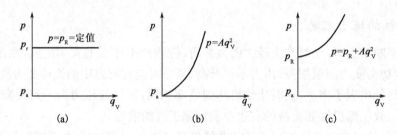

图 2-21　三种管网特性曲线

p_a—管网初始压力；p_r—流量变化后的压力

图 2-21(a)为管网阻力与流量大小无关。例如，压缩机后面仅经过很短的管道即进入容积很大的储气筒或通过一定高度的液体层，此即为忽略沿程阻力，而局部阻力为定值的情况。图 2-21(b)可用 $p=Aq_V^2$ 表示，大部分管网都属于这种形式，如输气管道、流经塔器、热交换器等。图 2-21(c)为上述两种形式的混合，其管网特性曲线表示为 $p=p_R+Aq_V^2$。

2. 压缩机与管网联合工作

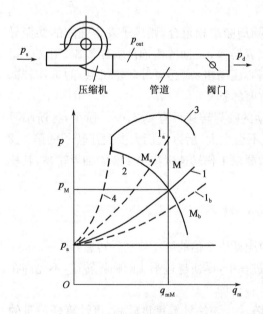

图 2-22　压缩机与管网联合工作

现以图 2-22 为例说明这一问题。管网为一带有阀门的排气管道。将压缩机的特性曲线 2 和在阀门某一开度下的管网阻力曲线 1 画于同一图上，这时两条曲线交于 M 点，流经压缩机和管网的流量相同 $q_{VM}=q'_{VM}$。压缩机增加的压力 $\Delta p_M=p_{out}-p_a$。管网阻力 $\Delta p'_M=Aq_{VM}^2=A'q_m^2$，$A'=\dfrac{A}{\rho}$ 假定气体密度不变，则 A' 也为常数。若 $\Delta p_M=\Delta p'_M$，两者平衡，则 M 点即为压缩机和管网联合工作的平衡工作点。若阀门开度减小时流量减小为 q_{mM_a}，管网曲线变为 1_a，压缩机工作点沿性能曲线 2 移至 M_a，则两者在交点 M_a 平衡地工作。若阀门开度增大，流量增加，则两者在交点 M_b 平衡地工作。这就是用调节管网中阀门开度的办法来实现压缩机的变工况运行，以适应管网的需要。

应当指出，如压缩机的转速固定，压缩机的工作点仅能沿一条固定的性能曲线移动。压缩机的高效工作范围仅在最高效率点附近如 M 点附近。如果用户对经常使用的流量和管网阻力的计算有错误，由此所选定的压缩机就不能在高效工作区工作，造成能量浪费。或者太靠近喘振点或堵塞点，造成某一边的工作范围很窄，使变工况调节受到限制。因此，不论对设计者还是对用户，正确计算所需流量与管网阻力对压缩机的设计和使用都是十分重要的。

3. 平衡工况的稳定性

上述压缩机与管网联合工作的平衡工况是暂时的还是稳定的，这一问题尚待解决。这里用小扰动法来分析平衡工况的稳定性。实际上在压缩机和管网系统中总存在各种小扰动因素，如进气条件的变化、转速的波动、管网阻力的变化等，它使平衡工况点离开原来的位置。如果小扰动过去后，工况仍回到原来的平衡工况点，则工况是稳定的；否则就是不稳定的。这就需要自动调节来维持在某一工况点下的工作。设压缩机与管网两者的性能曲线交于 A 点，并达到平衡，如图 2-23(a)所示。若气流参数产生某种小扰动，使流量瞬间有所增加，即由原来的 q_V 增大为 q_{V_1}，则压缩机工况点移至 A_1 点，而管网工况点移至 B_1 点。这时压缩机所产生的压力 q_V 小于管网阻力 p_{B_1}，由于 $\Delta p = p_{B_1} - p_{A_1}$ 的作用，系统中的流量将有减少的趋势，致使 q_{V_1} 又回到原来的 q_V，即又回复到原来的平衡工况点 A 的位置。同样若小扰动使流量瞬间内有所减小，使 q_{V_2} 小于 q_V，则压缩机所产生的压力 p_{A_2} 大于管网阻力 p_{B_2}，致使流量又趋回升，两者的工况点也回复到原来的 A 点。以上这种情况表明，压缩机与管网系统的平衡是稳定的。

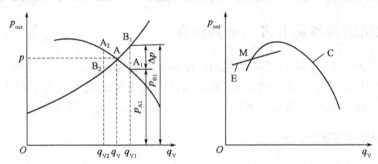

图 2-23 压缩机与管网系统的稳定性

显然，当管网曲线相交于压缩机性能曲线的右分支，其交点处与压缩机的性能曲线相切而具有负斜率时，平衡工况都是稳定的。完整的压缩机性能曲线分为左右两支。当两者相交于左支，且在交点处压缩机的性能曲线所具有的正斜率大于管网曲线的正斜率时，如图 2-23(b)所示，则整个系统就不再处于稳定工况了。在这种情况下，如系统发生小扰动后，工况就不再回复到原来的平衡工况点，而将会发生旋转失速或喘振不稳定现象。

综上所述，其稳定工况点的判别式可归结为

稳定 $$\left(\frac{\mathrm{d}p}{\mathrm{d}q_V}\right)_{\text{comp}} < \left(\frac{\mathrm{d}p}{\mathrm{d}q_V}\right)_{\text{pipe}}$$

不稳定 $$\left(\frac{\mathrm{d}p}{\mathrm{d}q_V}\right)_{\text{comp}} > \left(\frac{\mathrm{d}p}{\mathrm{d}q_V}\right)_{\text{pipe}}$$

(2-56)

通常压缩机的喘振点往往就位于驼峰曲线的顶点,故曲线的左支不再画出。

(六)压缩机的串联与并联

压缩机串联工作可增大气流的排出压力,压缩机并联工作可增大气流的输送流量。但在两台压缩机串联或并联工作时,两台压缩机的特性和管网特性在相互匹配中有可能出现不能很好协调工作的情况,例如使总的性能曲线变陡,变工况时某台压缩机实际上没起作用,却白白耗功,或者某台压缩机发生喘振等,如图2-24所示。

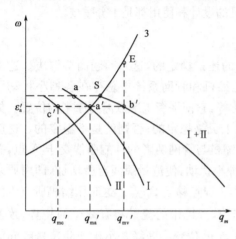

图2-24 中并联总的工况点位于S,这时第2台的工况点已越过最小流量而进入喘振。原来应通过第二台的气体趋向于通过第一台,使第一台流量增加,出口压力下降,随即由a点移至a',点,压缩比下降为ε_a'。此时因背压下降而第二台又退出喘振,正常供气,总流量为$q_{mb'}=q_{ma'}+q_{mc'}$。但在$q_{mb'}$时管网的工况点上升至E,由于管网阻力大于并联出口压力,导致流量又要减少,并联工况点又由b'回复到S。而这时第二台又进入喘振,如此周而复始,处于喘振不稳定状态。为防止喘振,应让第二台停机。只让第一台工作,其流量仅为$q_{mb'}$。故压缩机并联不宜用于管网阻力较大的系统。所以,若要使压缩机串联或并联工作,需对其匹配作具体的了解与分析,以防使用不当出现问题。

图2-24 管网阻力较大时压缩机并联工作

二、压缩机的各种调节方法及其特点

压缩机与管网联合工作时,应尽量运动在最高效率工况点附近。在实际运行中,为满足用户对输送气流的流量或压力增减的需要,就必须设法改变压缩机的运行工况点。实施改变压缩机运行工况点的操作称为调节。下面讨论以下几种压缩机的调节方法。

(一)压缩机出口节流调节

调节压缩机出口管道中的节流阀门开度是一种最简单的调节方法。它的特点是:

(1)不改变压缩机的特性曲线,仅随阀门开度的不同而改变管网阻力特性曲线,从而改变压缩机的工况点,如图2-22所示。

(2)减小阀门开度,可减小流量,反之亦然。

(3)阀门关小,使管网阻力增大,其压力损失$\Delta p=Aq_V^2$主要消耗在阀门引起的附加局部损失上,因而使整个系统的效率有所下降,且压缩机的性能曲线越陡,效率下降越多。

(4)该方法简单易行,操作方便。

(二)压缩机进口节流调节

调节压缩机进口管道中阀门开度是又一种简便且可节省功率的调节方法。如图2-25所示,改变进气管道中的阀门开度,可以改变压缩机性能曲线的位置,从而达到改变输送气流的流量或压力。

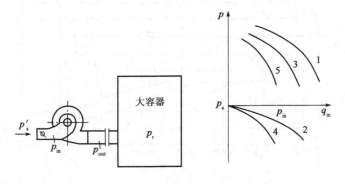

图 2-25　压缩机进气节流

由于进气节流可使压缩机进口的压力减小,相应地进口密度减小,在输送相同质量流量的气体时,因 ρ_{in} 小,q_{Vin} 大而使 H_{th}、β_L、β_{df} 都有所减少,其结果使功率 $N = \rho_{in}q_{Vin}H_{th}(1+\beta_L+\beta_{df})$ 有所减少,从而节省功率。而压缩机的性能曲线越陡,节省的功率越多。进气节流的另一优点是使压缩机的性能曲线向小流量方向移动,因而能在更小流量下稳定地工作,而不致发生喘振。缺点是节流阻力带来一定的压力损失并使排气压力降低。为使压缩机进口流场均匀,要求阀门与压缩机进口之间设有足够长的平直管道。进气节流是一种广泛采用的调节方法。

(三)采用可转动的进口导叶调节(又称进气预旋调节)

在叶轮之前设置进口导叶并用专门机构,使各个叶片绕自身的轴转动,从而改变导向叶片的角度,可使叶轮进口气流产生预旋 $c_{1u} \neq 0$。若使气流预旋与叶轮旋转方向一致,则 $c_{1u} < 0$ 称正预旋,反之,$c_{1u} < 0$ 称负预旋。H_{th} 随正预旋而减小,随负预旋而增大,且与叶轮直径比的平方有关。图 2-26 为转动进口导叶对级性能影响的实验结果,ψ 表示能量头系数,φ 表示流量系数。当负预旋角 θ 增大时,性能曲线向右上方移动,但其效率曲线变化都不大。采用负预旋时,要注意进口马赫数不致过大而使效率下降,以及小流量时不致进入喘振。

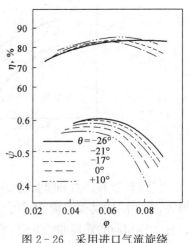

图 2-26　采用进口气流旋绕
对级性能的影响

总体来说,进气预旋调节比进口出口节流调节的经济性好,但可转动导叶的机构比较复杂。故在离心压缩机中实际采用得不多,而在轴流压缩机中采用得较多。

(四)采用可转动的扩压器叶片调节

具有叶片扩压器的离心式压缩机,其性能曲线较陡,且当流量减小时,往往首先在叶片扩压器出现严重分离导致喘振。但如能改变扩压器叶片的进口角 α_{3A} 以适应来流角 a_3,则可避免上述缺点,从而扩大稳定工况的范围。图 2-27 表明减小叶片角 α_{3A} 使性能曲线向小流量区大幅度的平移,使喘振流量大为减小,而同时压力和变化很小。这种调节方式能很好地满足流量调节的要求,但改变出口压力的作用很小。这种调节机械相当复杂因而较少采用。

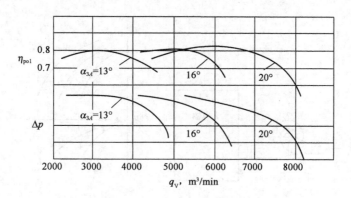

图 2-27　调节扩压器叶片角度时对级性能的影响

(五)改变压缩机转速的调节

如原动机可改变转速,则用调节转速的方法可改变压缩机性能曲线的位置,转速减小性能曲线向左下方移动,如图 2-28 所示。图 2-28(a)为用户要求压力 p_r 不变而流量增大为 $q_{ms'}$ 或减少为 $q_{ms''}$,调节转到 n' 或 n'',使性能曲线移动即可满足要求。图 2-28(b)为用户要求流量不变而压力长高到 p_r' 中降低为 p_r'',调节转速到 n' 或 n'' 的情况。

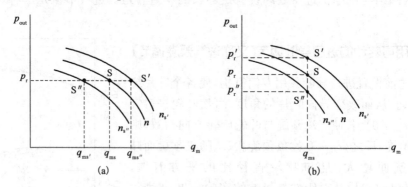

图 2-28　变转速调节

转速调节其压力和流量的变化都较大,从而可显著扩大稳定工况区,且并不引起其他附加损失,也不附加其他结构,因而它是一种经济简便的方法。应当指出,切割叶轮外径与减小转速有大体相同的性能曲线变化,它也是在不得已的情况下可以采取的一种方法。

(六)三种调节方法的经济性比较及联合采用两种调节

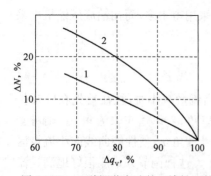

图 2-29　三种调节方法的经济性比较

图 2-29 表示了进口节流、进气预旋和改变转速的经济性对比。其中以进口节流为基准,曲线 1 表示进气预旋比进口节流所节省的功率,曲线 2 表示的改变转速比进口节流所节省的功率,显然改变转速的经济性最佳。

目前大型离心式压缩机大都用汽轮机驱动,它可无级变速,对性能调节十分有利。在设计与使用时特别要考虑增加转速可能给汽轮机和压缩机带来的性能、强度和振动等问题,而应留有增加转速的余地,以防发生安全事故。

如有可能,也可同时采用两种调节方法,以取长补短,这样效果更佳。图2-30为改变转速与改变扩压器叶片角度联合调节的性能曲线变化情况。图中用分别在两种转速下,改变叶片扩压器开度的方法进行调节,开度越小,表示叶片角 α_{3A} 越小。由该图表明,同时采用两种调节方法有十分广阔的稳定工况区域,喘振界线可以向左大幅度地移动。

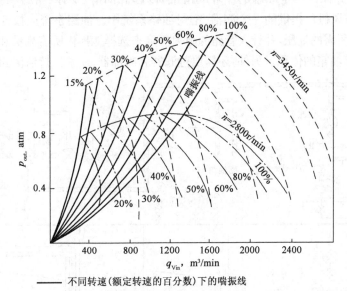

图2-30 改变转速与改变扩压器叶片角度的性能曲线

第四节 离心式压缩机的附属系统与控制

本节主要介绍为离心式压缩机配套的附属系统,如输气管网系统、增(减)速设备、润滑油路系统、冷却水路系统和检测与控制系统等。

一、输送气体的管网系统

用户可能要求压缩机的选型者配备必要的管网系统,如进气管道、排气管道、阀门、过滤器和消声器等。为此要设计计算出管网系统在设计工况及变工况,不同流量、流速下的管网系统各部件的阻力压降,以便了解管网的阻力特性,并能对压缩机在设计工况下进口压力、出口压力、温度、流速等参数提出确切的数值。应当指出,如管路过长,阀门等局部阻力部件过多,则选型的压缩机还要为此增加压缩比,以克服该段管网的阻力压降,使达到需要压缩气体的设备时具有所要求的进气压力,特别是当压缩机的压缩比不大时,更应注意这一问题。

二、增(减)速设备

当使用电动机驱动压缩机时,由于电动机的转速固定为1500r/min或3000r/min,而要达到压缩机的设计转速,则需要增速,个别需要减速。增(减)速设备多用齿轮变速箱。齿轮变速箱按照增(减)速比和传递的功率来选购,或直接由压缩机制造厂配备。

三、油路系统

按照压缩机、原动机及齿轮变速箱中的轴承、密封、齿轮等工作的要求,需要由油路系统提供一定流量、压力并保持一定油温的循环润滑油,以起到润滑、支撑、密封和吸收热量的作用。图 2-31 是沈阳鼓风机厂提供的一个润滑、密封油路系统图。油路系统应按各用油处需要带走的热量、油温升及所需的油压,并计入管路的阻力压降来选择能提供所需流量和油压升的油泵以及管径的尺寸和储油箱的体积。另外,还需要过滤器和冷却器,使油保持清洁和一定的油温。

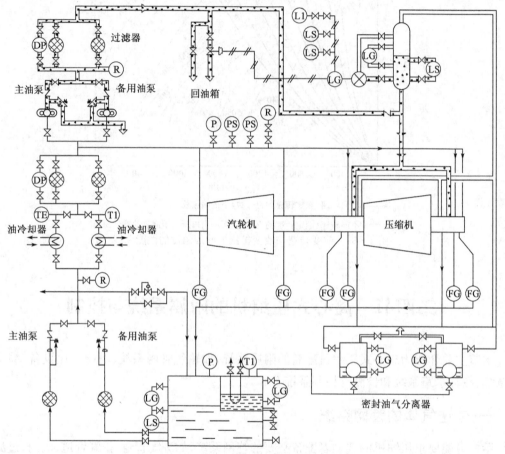

图 2-31 润滑、密封的油路系统

在密封装置中油和气体有掺混,流出后应由油气分离器将其分开,然后把油再注入循环油路之中。

各种型号的油站可专门提供,油站包括油泵、储油箱、过滤器、冷却器等。现场配上管道即可与机器用油部位接通使用,也可由压缩机制造厂配套提供。

压缩机在启动前、停车后一段时间内,油路系统均应处于工作状态。为防止突然停电、停车、油泵停止工作,还应设置高位储油箱。必要时可打开阀门,使高处的油靠重力流下去润滑机器,带走热量。

四、水路系统

压缩机中间冷却气体和油路系统冷却油均需设置冷却器。水路系统包括冷却器、阀门、管道等。冷却器是按照一定流量的压缩气体或润滑油,降低一定的温度所需被冷却水带走的热量,与当地的水温、所需的水量和流速等参数,来计算冷却器的换热面积。据此选择合适型号的冷却器,并形成一个水路系统。冷却水要考虑一次使用,还是循环使用,如循环使用还要设置水泵及冷却水塔,用大型风扇为水降温。

五、检测系统

性能检测系统包括压缩机(有的还有原动机)进出口气体的压力、温度、管路中的流量、机器的转速与功率等参数的测量。安全检测系统包括压缩机振动、转速、功率和转子轴向位移及轴承、密封部位的油温等参数的测量。它们的一次仪表装置在现场机器的各部位上,通过专门的线路与二次仪器接通进行信号处理,再经计算机计算、记录和显示。以便了解机器的运行状态,检查性能参数是否达到要求,机器的运行是否安全,给压缩机的调节控制和故障诊断提供基本信息。

六、压缩机的控制

自动控制系统用于机器的启动、停车、原动机的变转速、压缩机工况点保持稳定或变工况调节,以使压缩机尽量处于最佳工作状态。它还与各检测系统和在线实时故障诊断系统连锁控制,实现紧急、快速、自动停车,以确保机器的安全。

自动控制系统是一专门的工程技术,这里仅提一下自动控制系统的作用,而涉及自动控制学科的具体内容从略。

七、轴端密封

为防止轴端特别是与原动机连接端,轴与固定部件之间间隙中的气体向外泄漏,需要专门设置轴端密封。对于高压气体、贵重气体、易燃易爆气体和有毒气体等更应严防漏气。前述的梳齿密封,有的作为轴端密封使用,但只能用于允许有少量气体泄漏的机器中。而对于严防气体泄漏的情况下,梳齿密封只能作为辅助的密封使用。下面介绍三种轴端密封严防漏气的典型结构与工作原理。

(一)机械密封

机械密封如图 2-32 所示,右侧为被封介质压力 p_h(高压侧),左侧为大气压力 p_a(低压侧)。密封主要由动环 1、静环 2、弹簧 4、端盖 5 等组成。弹簧将静环端面紧贴在动环上,使其端面间隙减小到零,以达到封严的目的,故机械密封也称端面接触式密封。为防止静、动端面干摩擦,还要用密封液润滑并带走摩擦产生的热量。动静件形成一对摩擦副,一般动件为硬质材料,如碳化钨硬质合金、不锈钢等,静件相对为软质材料,如石墨、青铜、聚四氟乙烯、工程塑料等。弹簧对接触面的压紧力应适当,偏大磨损加快,偏小易于泄漏。

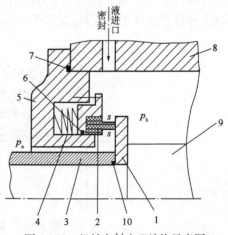

图 2-32 机械密封主要结构示意图
1—动环;2—静环;3—套筒;4—弹簧;5—端盖;
6,7,10—O形圈;8—壳体;9—轴

— 51 —

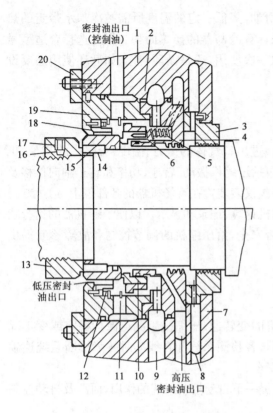

图 2-33 为用于离心式压缩机的机械密封装置，其特点是线速度可达 70 m/s，且使用寿命较长。随着材料和技术的发展，这种机械密封适应高压、高温、高速和高寿命的能力也随之增强。有的还发展成为流体动力机械密封，主要是在端面接触处开孔、开槽输入润滑油形成动压油膜，以改善端面的工作状态。机械密封的结构还有单端面或双端面密封，单弹簧或多弹簧结构，平衡型或不平衡型等多种结构型式。

(二)液膜密封

液膜密封是在密封间隙中充注带压液体，以阻滞被封介质泄漏。由于它将固体间摩擦转化为液体摩擦，故又称为非接触式密封。由于密封间隙中还设置了可以浮动的环，以尽量减小密封间隙，减小带压液体的用量，故又称为浮动环密封。图 2-34 为液膜浮动环密封的结构示意图，它主要由几个浮动环 1、4，轴套 5，间隔环 2 和甩油环 7 等组成。左侧为高压被封介质(高压侧)p_h，右侧为大气(低压侧)p_a。密封油压大于被封气体压力其间差值 $\Delta p = 0.05 \sim 0.1$MPa。进油流经浮动环 1、4 与轴套 5 之间的密封间隙，沿图示方向向左、右两侧渗出。浮动环是活动的，当轴转动时，由于存在偏心而产生流体动压力将环浮起。由于它具有自动对正中心的优点，故形成液体摩擦状态，且其间的间隙可以做到比轴承间隙还要小得多，因而漏油量也就大大地减少。为了防止浮动环转动，需加防转销钉 3。在正常工作情况下，浮动的环与轴不会发生接触摩擦，故运行平稳安全，使用寿命长，并特别适合于大压差、高转速的场合。从两边渗出的油经处理后方可继续使用。

图 2-33　调整机械密封
1—缸盖；2—O 形圈；3—迷宫密封；4—密封盒；5、12—弹簧；6—销；7—缸体；8—缓冲气盒；9—密封油管；10、15—密封填料；11—开口环；13—防松螺母；14—键；16—尼龙插件；17—固定螺钉；18—密封套；19—衬套盖；20—护圈

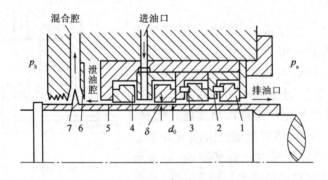

图 2-34　液膜浮动环密封结构示意图
1—大气侧浮动环；2—间隔环；3—防转销钉；4—高压侧浮动环；5—轴套；6—挡板；7—甩油环
δ——浮动环与轴的间隙大小；d_0—浮动环内径

若浮动环内径为 $d_0 = 85mm$,该内径与轴套 5 外径之间的间隙为 δ,选取 $\frac{\delta}{d_0} = (0.5 \sim 2) \times 10^{-3}$,则 $\delta = 0.0425 \sim 0.17mm$,由此可见其间隙是相当小的。目前在离心式压缩机等高速叶轮机械中,这种液膜浮动环密封装置应用得相当广泛。

(三)干气密封

大约 20 世纪 90 年代初,干气密封开始应用于透平压缩机,其结构与机械密封相似,也是由动环、静环、弹簧、壳体和 O 形圈等组成。所不同的是干气密封动环的端面上开有一圈槽沟,如图 2-35 所示,由进入槽内的气体动压效应产生开启力,使动环、静环两端面之间产生 0.0025 ~ 0.0076mm 的微小间隙,其间的泄漏量甚微。干气密封分单环、多环及双端面等型式,可根据压缩介质和压力等级选定。

干气密封与机械密封、液膜密封最大的不同是采用气体密封,而不采用密封油,这样既节省了密封油系统,并由此节省了占地、维护和能耗,又使工作介质不被油污染。目前在国内应用的干气密封最高压力在 10MPa 以下。由于干气密封结构简单,工作可靠,泄漏量甚微,省去了密封油系统,故日益受到重视与推广应用。

应当指出,由于各种轴承和密封装置结构的复杂性,对它们本身和对机器的装配技术要求较高,对机器运行的平稳性、防止过大的振动等要求也是较高的,否则轴承或密封装置往往将首当其冲的遭到破坏,这是需要特别留心的。

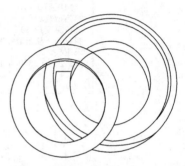

图 2-35 干气密封中开有一圈槽的动环

第五节 离心式压缩机的特性参数估算

本部分图表仅适用于离心式压缩机的特性参数估算,不能替代制造厂所进行的逐级计算,也不能用现场数据计算的特性与制造厂数据为基础的预期特性进行比较而确定其差值。离心式压缩机特性参数估算步骤如下:

(1)如果被压缩气体为混合物,而气体混合物的相对分子质量和压缩系数又没有给出,那么,首先要根据混合气体中各组分的物性确定混合气体的物性。

(2)计算进口气体的体积流量。利用第一步得出的气体物性以及其他有关数据,求出进入压缩机的进口体积。

(3)从图 2-36 求出所需要的压头。查图时,如果使用绝热指数 k,求得的压头就是绝热压头;如果使用多变指数 m,求得的压头就是多变压头。

(4)利用图 2-37,根据要求压缩机产生的压头,可求出压缩机需要的近似级数。如果级数不是整数,则应使用接近的较高的整数。

(5)压缩机的近似排气温度可从图 2-38 查得。

(6)压缩机的近似功率值可从图 2-39 查得。

(7)压缩机机械损失可从图 2-40 查得。该图是常用的多级压缩机不同转速和壳体尺寸时的功率损失值,图中壳体尺寸与转速和井口最大流量的关系见表 2-3。

(8)总近似功率值是近似功率值与损失功率之和。

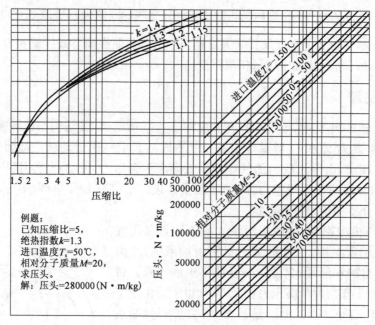

图 2-36　计算压缩机压头曲线

例题：
已知压缩比=5，
绝热指数 k=1.3，
进口温度 T_s=50℃，
相对分子质量 M=20，
求压头。
解：压头=280000（N·m/kg）

需要的最小近似级数

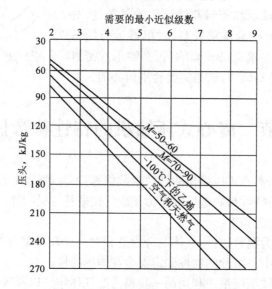

图 2-37　计算压缩机所需级数曲线

表 2-3　壳体尺寸与转速和井口最大流量的关系

壳体尺寸号	进口最大流量		额定转速
	acfm	m³/min	r/min
1 号	7500	212.3	10500
2 号	20000	566.0	8200
3 号	33000	933.9	6400
4 号	55000	1556.5	4900
5 号	115000	3254.5	3600
6 号	150000	4245	2800

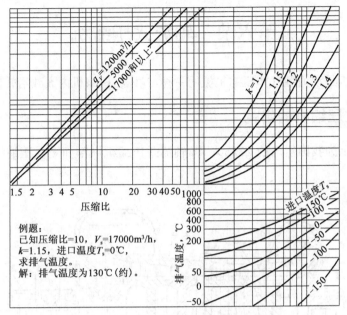

例题：
已知压缩比=10，V_s=17000m³/h，
k=1.15，进口温度T_s=0℃，
求排气温度。
解：排气温度为130℃（约）。

图2-38 计算压缩机排气温度曲线

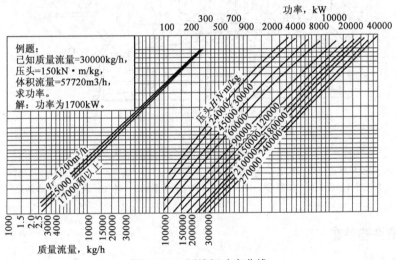

例题：
已知质量流量=30000kg/h，
压头=150kN·m/kg，
体积流量=57720m3/h，
求功率。
解：功率为1700kW。

图2-39 压缩机功率曲线

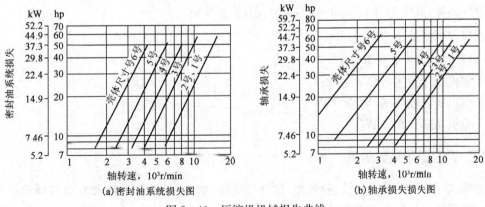

(a)密封油系统损失图

(b)轴承损失损失图

图2-40 压缩机机械损失曲线

第六节　轴流式压缩机

轴流式压缩机是动力型气体压缩机械的一种,气体在压缩机内大致沿转轴平行方向流动。

一、轴流式压缩机的结构

图2-41所示为我国生产的Z3250-46轴流式压缩机纵剖面图。压缩机为九级,由蒸汽轮机驱动。

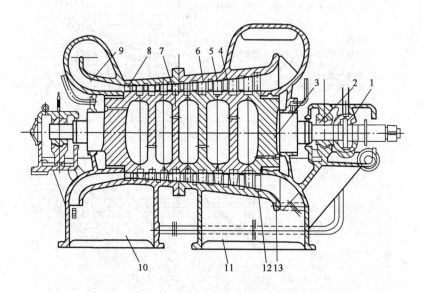

图2-41　Z3250-46轴流式压缩机

1—止推轴承;2—径向轴承;3—转子;4—导流器(静叶);5—动叶;6—前气缸;7—后气缸;
8—出口导流器;9—扩压器;10—出气管;11—进气管;12—进气导流器;13—收敛器

(一)主要性能参数

气体介质:空气;

进气条件:进气压力 p_s＝88260Pa,进气温度 T_s＝34℃;

进口容积流量:3250m³/min;

出口压力:p_d＝405996Pa;

压缩机工作转速:4400r/min;

压缩机所需轴功率:10700kW;

汽轮机功率:12000kW。

(二)通流部件及其功用

轴流式压缩机中的进气管、收敛器、进气导流器、级组(动叶和导流器)、出口导流器、扩压器和出气管等元件称为通流部件,其总成称为压缩机的通流部分。各通流部件的功用如下:

1. 进气管

进气管的作用是使大气或输气管道中来的气体较均匀地进入环形收敛器。

2. 收敛器

它使进气管中的气流适当加速,以保证进气导流器前的气流具有均匀的速度场和压力场。

3. 进气导流器

它由均布于气缸上的叶片组成,使气流沿叶片高度以一定大小的速度和方向进入第一级工作轮叶片(动叶)。

4. 工作轮叶片(动叶)

它由装在转盘上均布的动叶片组成。第一列动叶与其后面的静叶(导流器)组合在一起称为一级,轴流式压缩机共有九级。转盘用焊接方法连成一体,称为转子(包括动叶)。

动叶的功用是将转子上的旋转机械功传给气体,以增加气体的压力能和动能。

5. 导流器(静叶)

它由位于动叶后均匀固定在气缸上的一列叶片组成,有时称为中间导流器。导流器的功用是将工作轮叶片中流出来的气体动能转化为压力能。另一方面又使气流在进入下一级动叶前有一定的速度和方向。

由于轴流式压缩机大多是多级串联工作,故可使气流逐级压缩到所需要的压力。

6. 出口导流器

在最后一级导流器后面,还在气缸上均匀装有一列叶片,称为出口导流器。其功用是使末级导流器中出来的气流沿叶片高度转变为轴向流动,以避免气流在扩压器中有旋绕而增加损失。而且也可以使后面扩压器中的流动稳定,提高压缩机效率。

7. 扩压器

气缸在压缩机通流部分的出口处形成一段环形的出口扩压器,其功用是将出口导流器中流出来的气流均匀地减速,使这一部分剩余动能(余速)有效地转化为压力能。

8. 出气管

它将气流沿径向收集起来输送到所需要的地方。

(三)其他结构简述

在转子的两端采用迷宫式密封,以保证气流的漏泄量减到最小程度。

由于轴流式压缩机用焊接方法将转子连成一体而形成鼓形,故增加了转子的强度和刚度,保证了压缩机的运转可靠性。

二、轴流式压缩机的主要特点

(1)效率较高,单机效率可达到 $\eta_{ad}=0.84\sim0.89$。

(2)单位面积流通能力大,径向尺寸小,适用于要求大流量的场合。

(3)单级压缩比较低。亚声速级压缩比为 $1.05\sim1.28$。目前单机压缩比已达 17。

(4)与离心式压缩机相比,稳定工况区较窄,等转速线较陡。当压力变化时,流量变化较小。

(5)转速较低(3000~5000r/min),更适合于用汽轮机、燃气轮机直接驱动。

(6)结构简单,运行维修方便,但工艺要求高,叶片型线复杂。

由于轴流式压缩机的效率高,大型轴流式压缩机的绝热效率约比离心式压缩机高10%左右,因此随着装置的进一步大型化,轴流式压缩机的应用必将越来越广泛。目前已经生产了排气压力为4.0MPa,功率为8000kW的天然气液化用的大型轴流式压缩机,以及排气量为10000m³/min、排气压力为0.8MPa、功率为70000kW和排气量为16000m³/min、功率为100000kW的高炉用大型轴流式压缩机。此外,已普遍采用了调节静叶片的方法,从而大大扩展了轴流式压缩机流量的稳定操作范围。

目前,我国油(气)田及长输管道上尚未单独使用过,轴流式压缩机仅作为燃气轮机的压气机,用来压缩空气。

◇ 思 考 题 ◇

1.何谓离心式压缩机的级?它由哪些部分组成?各部件有何作用?

2.离心式压缩机与活塞式压缩机相比,有何特点?

3.何谓连续方程?试写出叶轮出口的连续方程表达式,并说明式中$\frac{b_2}{D_2}$和φ_{2r}的数值应在何范围之内。

4.何谓能量方程?试写出级的能量方程表达式,并说明能量方程的物理意义。

5.何谓伯努利方程?试写出叶轮的伯努利方程表达式,并说明该式的物理意义。

6.级内有哪些流动损失?流量大于或小于设计流量时,冲角有何变化?由此会产生什么损失?若冲角的绝对值相等,谁的损失更大?为什么?

7.多级压缩机为何要与圆周速度和气体相对分子质量的关系。

8.试分析说明级数与圆周速度和气体相对分子质量的关系。

9.示意画出级的总能量头、有效能量头和能量损失的分配关系。

10.何谓级的多变效率?比较效率的高低应注意哪几点?

11.若已知级的多变压缩功和总耗功,尚须具备什么条件可求出级的能量损失和级内的流动损失?

12.何谓离心压缩机的内功率、轴功率?试写出其表达式,如何据此选取原动机的输出功率?

13.简述混合气体的几种混合法则及其作用。

14.示意画出离心式压缩机的性能曲线,并标注出最佳况点和稳定工况范围。

15.简述旋转脱离与喘振现象,说明两者之间有什么关系?说明喘振的危害,为防喘振可采取哪些措施?

16.试简要比较各种调节方法的优缺点。

17.离心式压缩机有哪些附属系统?它们分别起什么作用?它们由哪些部分组成?

18.离心式压缩机有哪几种轴端密封?试说明它们的密封原理和特点。

19.简述轴流式压缩机的通流部件及主要特点。

参 考 文 献

[1] 熊欲均. 机械工程手册(第二册)[M]. 北京:机械工业出版社,1997.

[2] 徐忠. 离心式压缩机原理(修订本)[M].北京:机械工业出版社,1991.

[3] 姜培正.流体机械[M]. 北京:化学工业出版社,1991.

[4] 姜培正.叶轮机械[M]. 西安:西安交通大学出版社,1991.

[5] 高慎琴.化工机器[M]. 北京:化学工业出版社,1992.

[6] 王尚锦.离心压缩机三元流动理论及应用[M]. 西安:西安交通大学出版社,1991.

[7] 刘士学,方先清.透平压缩机强度与振动[M]. 北京:机械工业出版社,1997.

[8] 欧风. 合理润滑技术手册[M]. 北京:石油工业出版社,1993.

[9] 成大先,等.机械设计手册(第二卷)[M]. 北京:化学工业出版社,1993.

[10] 毛希澜.换热器设计[M]. 上海:上海科学技术出版社,1998.

[11] 黄文虎,夏松波,刘瑞岩,等. 设备故障与诊断原理、技术及应用[M]. 北京:科学出版社,1996.

[12] 佟德纯,李华彪. 振动监测和诊断[M]. 上海:上海科学技术文献出版社,1997.

[13] 李超俊,余文龙.轴流压缩机原理与气动设计[M]. 北京:机械工业出版社,1987.

[14] Terry Wright. Boca Eaton, Fla. Fluid machinery:performance, analysis and design. LCRC Press, 1999.

[15] David Japiske. Centrifugal compressor design and performance. Concepts ETI, 1996.

第三章
容积型压缩机

容积型压缩机,也称为容积式压缩机,是指依靠改变工作腔来提高气体压力的压缩机。由于容积式压缩机大多有活塞,故又称"活塞"式压缩机,按照其结构的不同又有往复活塞和回转活塞之分,前者简称"往复式",后者简称"回转式"。

容积式压缩机的特点是:

(1)运动机构的尺寸确定后,工作腔的容积变化规律也就确定了,因此机器转速的改变对工作腔容积变化规律不产生直接的影响,故机器压力与流量关系不大,工作的稳定性较好;

(2)气体的吸入和排出是靠工作腔容积变化,与气体性质关系不大,故机器适应性强并容易达到较高的压力;

(3)机器的热效率较高;

(4)容积式机器结构较复杂,尤其是往复式压缩机易于损坏的零件多。

此外,气体吸入和排出是间歇的,容易引起气柱及管道的振动。

第一节　往复式压缩机的组成与工作原理

一、往复式压缩机的组成

图3-1所示为往复式压缩机的结构示意图。机器结构为L型,两级压缩。图中垂直列为一级气缸,水平列为二级气缸。可以把图中零件分为四个部分。

(1)工作腔容积部分:是直接处理气体的部分,以一级缸为例,它包括气阀5、气缸6、活塞7等。气体从一级气缸上方的进气管进入气缸吸气腔,然后通过吸气阀进入气缸工作腔容积,经压缩提高压力后再通过排气阀到排气腔中,最后通过排气管流出一级气缸。活塞通过活塞杆4由传动部分驱动,活塞上设有活塞环8以密封活塞与气缸的间隙,填料9用来密封活塞杆通过气缸的部位。

(2)传动部分:是把电动机的旋转运动转化为活塞往复运动的一组驱动机构,包括连杆1、曲轴2和十字头10等。曲柄销与连杆大头相连,连杆小头通过十字头销与十字头相连,最后由十字头与活塞杆相连接。

(3)机身部分:用来支承(或连接)气缸部分与传动部分的零部件,此外还可能安装有其他辅助设备。辅助设备是指除上述主要的零部件外,为使机器正常工作而设的相应设备。例如,向运动机构和气缸的摩擦部位供润滑油的油泵和注油器;中间冷却系统3;当需求的气量小于压缩机正常供给的气量时,以使供给的气量降低的调节系统。此外,在气体管路系统中还有安全阀、滤清器、缓冲容器等。

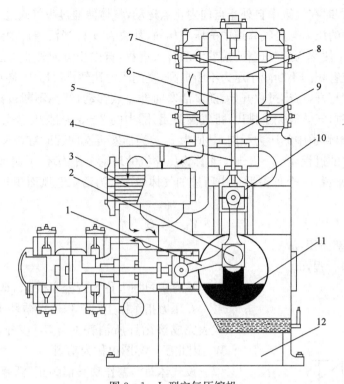

图 3-1　L 型空气压缩机

1—连杆；2—曲轴；3—中间冷却器；4—活塞杆；5—气阀；6—气缸；7—活塞；
8—活塞环；9—填料；10—十字头；11—平衡重；12—机身

二、级的压缩过程与压缩功

(一)级的理论循环

被压缩气体进入工作腔内完成一次气体压缩称为一级。每个级由进气、压缩、排气等过程组成，完成一次前述过程称为一个循环。气体在工作腔内进行的理论循环具有以下特征：

(1)气体通过进、排气阀时无压力损失，且进、排气压力没有波动，保持恒定；

(2)工作腔内无余隙容积，缸内的气体被全部排出；

(3)工作腔作为一个孤立体与外界无热交换；

(4)气体压缩过程指数为定值；

(5)气体无泄漏。

这里，活塞运动到达主轴侧的极限位置活塞称为内止点(立式压缩机中也称为下止点)；活塞运动到达的远离主轴侧的极限位置称为外止点(立式压缩机中也称为上止点)。活塞向外止点运动时称为进程，活塞向内止点运动时称为回程，活塞从一个止点到另一个止点的距离称为行程。

图 3-2 表示了理论循环压缩机一转中气缸内压力随容积变化的规律，称为压—容(p—V)图或压力指

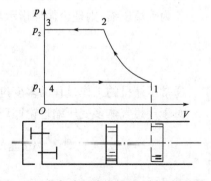

图 3-2　往复式压缩机的理论循环指示图

示图。当活塞回程时在气缸中自外止点向内止点运动,气体便通过吸气阀进入气缸,因为无压力损失,此时缸中的压力与进气管道中的压力相同,其值为 p_1。当活塞运动到内止点时,吸气结束,图中的 4—1 便称为进气过程;接着活塞转入进程,自内止点向外止点运动,气体受到压缩,并随着工作腔容积的不断减小压力不断提高,直到压力达到排出压力,图中 1—2 称为压缩过程;接着排气阀打开,排出过程开始,随着活塞向外止点移动,气体不断被排出气缸,最后当活塞到达外止点时,气体被完全排出,排气阀关闭,图中的 2—3 为排出过程。同样,排气时气缸内的压力和排出管道中的压力相同,其值为 p_2。当活塞再次回程时缸内又开始重复上述过程,所以指示图中的过程 4—1—2—3—4 称为压缩机的理论工作循环,或简称理论循环。

对于压缩机来说,一个理论循环中所进的气体量 V_1,为活塞迎风面积与其一个行程的乘积,即

$$V_1 = A_p S \tag{3-1}$$

式中　A_p——活塞面积,m^2;

　　　S——活塞行程,m。

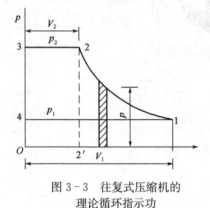

图 3-3　往复式压缩机的
理论循环指示功

该容积习惯上称为行程容积 V_s,即 $V_s = V_1$。

在压力指示图上(图 3-3),循环所包围的面积,即代表完成该循环所消耗的外功,该外功就称为指示功 W_i,因此压—容图也称为功图。

设气体对活塞作功其值为正,活塞对气体作功其值为负。

压缩机进气过程功为 $p_1 V_1$,排出过程功为 $-p_2 V_2$,压缩过程功为 $-\int_{v_1}^{v_2} p(-dV)$,总的指示功 W_1 为三者的代数和,即

$$W_1 = p_1 V_1 - p_2 V_2 + \int_{v_1}^{v_2} p \, dV = -\int_{p_1}^{p_2} V \, dp \tag{3-2}$$

对于理想气体绝热压缩过程,由热力学可知 pV^k 为常数,由式(3-2)可积分得绝热压缩理论循环指示功 W_i 为

$$W_i = -p_1 V_1 \frac{k}{k-1} \left[\left(\frac{p_2}{p_1} \right)^{\frac{k-1}{k}} - 1 \right] \tag{3-3}$$

式中　k——气体绝热积数。

式中,"—"号表示机器需要外功来帮助它实现缸内的循环,所以需由原动机来进行驱动。

若为等温压缩,则理论循环指示功 W_i 为

$$W_i = -p_1 V_1 \ln \frac{p_2}{p_1} \tag{3-4}$$

通常压缩机的工作过程为多变过程,假定多变指数为 m,则多变压缩方程为 pV^m 为常数。对于理想气体多变压缩理论循环指示功为

$$W_i = -p_1 V_1 \frac{k}{k-1} \left[\left(\frac{p_2}{p_1} \right)^{\frac{k-1}{k}} - 1 \right] \tag{3-5}$$

图 3-4 表示了不同过程指数对压缩机耗功和热量的影响。图 3-4(a)表示随着多变指数

m 的增长，压缩过程曲线越加远离等温曲线，压缩机耗功也更多，图 3-4(b)阴影部分表示了不同中过程指数时压缩机过程中传出或传入热量的多少。

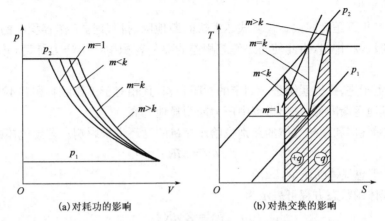

| (a)对耗功的影响 | (b)对热交换的影响 |

图 3-4　不同过程指数对压缩机耗功和热量的影响

(二)级的实际循环

1.工作特点

往复式压缩机的实际循环较理论循环复杂，实际循环指示图见图 3-5，其主要特点如下：

(1)任何工作腔都存在余隙容积。所谓余隙容积是由气缸盖端面与活塞端面所留必要的间隙而形成的容积，气缸至进气、排气阀之间通道所形成的容积，以及活塞与气缸径向间隙在第一道活塞环之前形成的容积等三部分构成。因此在排气终了时，这部分容积中必然存在高压的气体，并在活塞自外止点返回时它先行膨胀，故在压力指示图呈现有一个膨胀过程。

(2)气体流经进气、排气阀和管道时必然有摩擦，由此产生压力损失，并且在阀门开启时，通常要克服自动阀阀片上的弹簧力，这要求气缸内、外有足够的压力差，所以实际进气过程是由 d 点而不是 4 点开始，整个进气过程气缸内的压力一般也都低于进气管道中的名义进气压力。排气过程自 b 点开始，点 2 到点 b 是克服排气阀发片上的弹簧力，到点 3 排气结束，由此可见，排气压力也高于排气管中的压力。

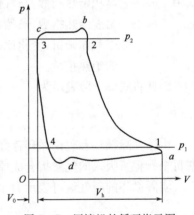

图 3-5　压缩机的循环指示图

(3)气体与各接触壁面间始终存在着温差，这导致不断有热量吸入和放出。例如吸入过程中气体一般比各壁面温度低，因此气体会被加热；排出过程中气体一般会比各壁面温度高，因此气体会放出热量。压缩和膨胀过程的热交换更加复杂，因为压缩和膨胀过程中气体温度不断变化，而壁面温度则由于气缸的冷却和热惯性的关系趋于定值，故在压缩开始阶段继续有热量传给气体，成为吸热压缩，随着压缩过程的进行，气体温度不断提高，在某瞬时气体温度和缸壁温度相等，该瞬时为绝热压缩，此后气体温度超过缸壁温度成为放热压缩。膨胀过程正好相反。

(4)气缸容积不可能绝对密封。气缸的工作腔部分依靠气阀与进、排气系统相隔离；依靠活塞环等零件来密封活塞与气缸的间隙;依靠密封填料来密封活塞杆通过气缸的部分。这些部位不能做到完全密封,因此必然有气体自高压区向低压区泄漏。由于泄漏,压缩和膨胀过程便会变得比较平坦。

(5)阀室容积不是无限大。往复式压缩机间断地吸、排气时,工作容积中的气体间断地从进、排气系统吸入和排出,由此使与工作腔相连的部分容积中产生压力脉动,并反过来影响气体的压力。

(6)有时由于进、排气系统是一固定的封闭容积,且相对于工作腔容积并不太大,进气过程中压力能明显地逐渐降低,排出过程中压力能明显地升高。

同时,实际气体和理想气体的差别也给压缩机的循环带来影响。理想气体的状态方程为

$$pV=MRT \tag{3-6}$$

式中 M——理想气体的质量,kg。

而实际气体的状态方程可表示为

$$pV=ZMRT \tag{3-7}$$

式中 Z——压缩性系数,其值与气体的性质、压力和温度有关。

实际气体的过程方程可表示为

$$p_1 V_1^{k_{V1}}=p_2 V_2^{k_{V2}} \tag{3-8}$$

$$\frac{T_2}{T_1}=\left(\frac{p_2}{p_1}\right)^{\frac{k_T-1}{k_T}} \tag{3-9}$$

式中 k_V——容积绝热指数,与气体的性质、压力和温度有关,而且变化比较大;

k_T——温度绝热指数,虽然也与气体的性质、压力和温度有关,但对双原子气体和三原子气体来讲,变化比较小且与理想气体的绝热指数相近,故常直接应用理想气体的绝热指数。

因此将式(3-8)表示为

$$\frac{V_2}{V_1}=\frac{Z_2}{Z_1}\left(\frac{p_1}{p_2}\right)^{\frac{1}{k_T}} \tag{3-10}$$

由于实际循环和理论循环存在差异,这将影响压缩机各方面的性能。例如实际循环中,活塞每个行程所吸入的气量折合成原始的压力 p_1 和温度 T_1,则比行程容积 V_s 小(图3-6)。

实际循环的吸气量可表示为

$$V_{s0}=\lambda_V \cdot \lambda_p \cdot \lambda_T \cdot \lambda_L \cdot V_s=\eta_V \cdot V_s \tag{3-11}$$

式中 η_V——容积效率;

λ_V——容积系数;

λ_T——温度系数;

λ_p——压力系数;

λ_L——泄漏系数。

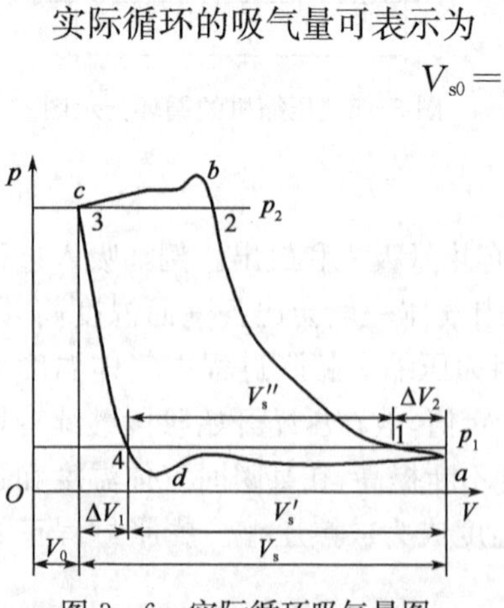

下面将讨论各系数的物理意义。

2. 工作系数

1)容积系数 λ_V

如图3-6所示,由于气缸存在余隙容积,使气缸工作

图3-6 实际循环吸气量图

容积的部分容积被膨胀气体占据,则容积系数为

$$\lambda_V = \frac{V_s'}{V_s} = 1 - \frac{\Delta V}{V_s} = 1 - \frac{V_0}{V_s}\left[\left(\frac{p_2}{p_1}\right)^{\frac{1}{n}} - 1\right] = 1 - \alpha(\varepsilon^{\frac{1}{n}} - 1) \qquad (3-12)$$

其中

$$\alpha = V_0/V_s$$

$$\varepsilon = p_2/p_1$$

式中　V_0——排气终了气缸容积;

V_s——活塞行程容积;

V_s'——气缸吸入气体容积;

V_s''——气缸理论上吸入气体容积;

a——相对余隙容积,其大小取决于气阀在气缸上的布置方式,低压缩级 a 为 0.07～0.12,中压级 0.09～0.14,高压级 0.11～0.16,超高压级＞0.2;

ε——名义压缩比,往复式天然气压缩机单级压缩比一般为 2～4;

n——膨胀指数,其大小取决于气体的性质,以及膨胀过程中传给气体的热量的多少(传给的热量多,膨胀指数小,膨胀过程趋于等温过程;传给的热量少,膨胀指数大,膨胀过程趋于绝热过程),通常膨胀指数比压缩指数要小。

对于实际气体,考虑到可压缩性

$$\lambda_V = 1 - a\left(\frac{Z_4}{Z_3}\varepsilon^{\frac{1}{n}} - 1\right) \qquad (3-13)$$

式中　Z_4——相应的膨胀终了(点 4)状态时气体的压缩性系数;

Z_3——相应的排气终了(点 3)状态时气体的压缩性系数。

【例 3-1】　有一单级往复式天然气压缩机,压缩比为 3,进气温度为 25℃,余隙膨胀过程指数为 1.3,相对余隙容积为 0.1。求:

(1)该压缩机的理论容积系数;

(2)$\lambda_V = 0$ 的压缩比。

解:(1)$a = 0.1$,$p_2/p_1 = 3$,$m = 1.3$,代入式(3-12)得

$$\lambda_V = 1 - a\left[\left(\frac{p_2}{p_1}\right)^{\frac{1}{m}} - 1\right] = 1 - 0.1 \times (3^{\frac{1}{1.3}} - 1) = 0.867$$

(2)$\lambda_V = 0$ 即

$$1 - 0.1 \times \left[\left(\frac{p_2}{p_1}\right)^{\frac{1}{1.3}} - 1\right] = 0$$

从而解得 $p_2/p_1 = 17.4$。

2)压力系数 λ_p

由于进气阻力和阀腔中的压力脉动,使吸气点 a 的压力低于名义进气压力。由此将气缸工作容积内压力为 p_a 的吸气量折合到名义进气压力 p_1 时,则减少 ΔV_2,可近似地认为

$$\lambda_p = 1 - \frac{\Delta p_a}{p_1} \approx \frac{p_a}{p_1} \qquad (3-14)$$

影响压力系数 λ_p 的主要因素一个是吸气阀处于关闭状态时的弹簧力,另一个是进气管道中的压力波动。当气阀弹簧力设计正确时,对于进气压力等于或接近大气压力的第一级,压力系数处于 $\lambda_p = 0.95～0.98$ 范围内,其余各级因为弹簧力相对于气体压力要小得多,故取 $\lambda_p =$

0.98~1.0。

3)温度系数 λ_T

它的大小取决于进气过程中加给气体的热量,其值与气体冷却及该级的压缩比有关,一般 $\lambda_T=0.92\sim0.98$。如果气缸冷却良好,进气过程加入气体的热量少,则 λ_T 取较高值;而压缩比高即气缸内的各处平均温度高;传热温差大,造成实际气缸工作容积利用降低,则 λ_T 取较低值。

4)泄漏系数 λ_L

该系数表示气阀、活塞环、填料以及管道、附属设备等因密封不严而产生的气体泄漏对气缸容积利用程度的影响。其值与气缸的排列方式、气缸与活塞杆的直径、曲轴转速、气体压力的高低以及气体的性质有关。对于一般有油润滑压缩机,$\lambda_L=0.90\sim0.98$,无油润滑的压缩机,$\lambda_L=0.85\sim0.95$。

(三)级的实际循环指示功

实际循环指示功的近似计算是把进、排气过程的压力用平均压力来代替,压缩与膨胀过程指数用定值来代替,并且假设压缩过程指数与膨胀过程指数相等。

$$W_i=(1-\delta_s)p_1\lambda_V V_s \frac{m}{m-1}\{[\varepsilon(1+\delta_0)]^{\frac{m-1}{m}}-1\} \qquad (3-15)$$

式中,δ_s、δ_0 为进气相对压力损失和总的相对压力损失;m 为压缩过程指数。一般压缩过程指数取低压级 $m=(0.95\sim0.99)k$,中、高压级 $m=k$。若气缸外部冷却良好,可取得比绝热指数小,若气缸进行喷液冷却或以氟里昂为压缩介质,$m=1.1\sim1.2$。

三、多级压缩

所谓多级压缩,是将气体的压缩过程分在若干级中进行,并在每级压缩之后将气体导入中间冷却器进行冷却,如图 3-7 所示。

(一)多级压缩的原因

1. 节省压缩气体的指示功

图 3-8 为两级压缩与单级压缩所耗功之比。当第一级压缩达压力 p_2 后,将气体引入中间冷却器中冷却,并使气体冷却至原始温度 T_1。因此使排出气体的容积由 V_2 减至 V_2',然后进入第二级压缩并至终了压力。这样,从图中可以看出,实行两级压缩后,与一级压缩相比节省了面积 $2—2'—3'—3$ 的功。若采用三级压缩,节省的功更多。采用多级压缩可以节省功的主要原因是进行中间冷却。如果没有中间冷却,即第一级排气体的容积不是因冷却而由 V_2 减 V_2',而仍然以 V_2 的容积进入第二级压缩至终于了压力,则所消耗的功与单级压缩相同。所以,如果中间冷却不完善,气体减去后达不到原始温度 T_1,气体容积仅由 V_2 减至 V_2'',节省的功仅为 $2—2''—3'—3$,比冷却完善时减少了面积 $2''—2'—3'—3''$。由于冷却不完善使气体温度比原始温度每增加 $3℃$,约使下一级功耗增加 1%。理论上讲,级数越多,压缩气体所消耗的功就越接近等温循环所消耗的功。

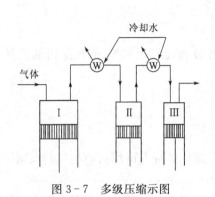

图 3-7 多级压缩示图

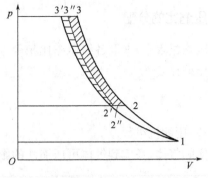

图 3-8 两级压缩与单级压缩所耗功之比

2. 降低排气温度

排气温度计算式为

$$T_d = T_s \varepsilon^{\frac{m-1}{m}} \qquad (3-16)$$

排气温度过高,会使润滑油黏性降低,性能恶化或形成积炭现象。此外,某些特殊气体对排气温度的限制范围见表 3-1。

表 3-1 某些特殊气体对排气温度的限制范围

气体种类	排气温度限制范围℃	原因	气体种类	排气温度限制范围℃	原因
空气	<(160~180)	防止积炭	氮氢气	<160	防止积炭
石油气	<(90~100)	防止结焦	干氯气	<130	防止腐蚀
乙炔	<100	防止爆炸	天然气	<150	防止爆炸

3. 提高容积系数

随着压缩比的上升,余隙容积中气体膨胀所占的容积增加,气缸实际吸气量减小。采用多级压缩,压缩比降低,因而容积系数增加。

4. 降低活塞力

多级压缩由于每级容积因冷却而逐渐减少,当行程相同时,活塞面积减小,故能降低活塞上所受的气体力,由此使运动机构重量减轻,机器效率提高。

(二)级数的选择

虽然多级压缩可以节省功,但是压缩机级数越多,其结构越复杂,同时机械摩擦损失、流动阻力损失会增加,设备投资费用也越大,因此应合理选取级数。

大、中型压缩机级数的选择,一般以最省功为原则。小型移动压缩机,虽然也应注意节省功的消耗,但往往重量是主要矛盾,因此级数选择多取决于每级允许的排气温度。在排气温度的允许范围内,尽量采用较少的级数,以减轻机器的重量。

对于一些特殊气体,其化学性质要求排气温度不超过某一温度,因此级数的选择也取决于每级允许达到的排气温度。表 3-2 是往复式压缩机级数与终了压力的关系。

表 3-2 往复压缩机级数与终了压力间的关系

终了压力,MPa	0.3~1	0.6~6	1.4~15	3.6~40	15~100	80~150
级数	1	2	3	4	5~6	7

(三)压缩比的分配

多级压缩过程中,常取各级压缩比相等,这样各级消耗的功相等,而压缩机的总耗功也最小。各级压缩比 ε_i 为

$$\varepsilon_i = \sqrt[z]{\frac{p_d}{p_s}} \qquad\qquad (3-17)$$

式中　z——压缩机级数。

对于实际气体,考虑到气体可压缩性的影响,压缩比的分配可根据功相等的原则作适当的升降。

在实际压缩比分配中,有时为了平衡活塞力,也不得不破坏等压比分配原则,使各级压缩比的分配服从其所造成的活塞力的限制。另外第一级压缩比取小些,以保证第一级有较高的容积系数,从而使气缸尺寸不至于过大,通常第一级压缩比 $\varepsilon_1 = (0.90 \sim 0.95)\sqrt[z]{p_d/p_s}$。如果不按照等压比或等功原则分配各级压缩比,便要或多或少地增加指示功的消耗。

【例 3-2】　$1m^3$ 天然气由 $10^6 Pa$ 两级压缩至 $9 \times 10^6 Pa$,如果中间冷却完善,求:

(1)等压缩比分配时的绝热功;

(2)一级压比为 2.5,二级压比为 3.6 的绝热功。(绝热指数 $k = 1.3$)

解:(1)$\varepsilon_1 = \varepsilon_2 = 3$,利用式(3-3)得

$$W_i = 2p_1 V_1 \frac{k}{k-1}\left[\left(\frac{p_2}{p_1}\right)^{(k-1)/k} - 1\right] = 2 \times 10^6 \times 1 \times \frac{1.3}{1.3-1} \times (3^{(1.3-1)/1.3} - 1) = 2500.86 (\text{kJ})$$

(2)同理,当 $\varepsilon_1 = 2.5$,$\varepsilon_2 = 3.6$ 时,得

$$W_i = 10^5 \times 1 \times \frac{1.3}{1.3-1} \times (2.5^{(1.3-1)/1.3} - 1) + 10^5 \times 1 \times \frac{1.3}{1.3-1} \times (3.6^{(1.3-1)/1.3} - 1) = 2510.75 (\text{kJ})$$

两者相差 1kJ。

(四)各级工作容积的确定

压缩机第一级的工作容积 V_{s_1} 为

$$V_{s_1} = \frac{q_V}{\eta_{V_1} n} \qquad\qquad (3-18)$$

其中
$$\eta_{V_1} = \lambda_{V_1} \lambda_{p_1} \lambda_{T_1} \lambda_{L_1}$$

式中　η_V——压缩机容积流量,m^3/min;

　　　η_{V_i}——第 i 级容积效率,对于往复式压缩机;

　　　n——压缩机转速,r/min。

压缩机第 i 级的工作容积 V_{s_i} 为

$$V_{s_i} = \frac{q_V}{n} \frac{p_1}{p_{s_i}} \frac{T_{s_i}}{T_1} \frac{\lambda_{\varphi_i} \lambda_{\varepsilon_i}}{\eta_{V_i}} \frac{Z_{s_i}}{Z_{s_1}} \qquad\qquad (3-19)$$

其中
$$\eta_{V_i} = \lambda_{V_i} \lambda_{p_i} \lambda_{T_i} \lambda_{L_i}$$

式中　η_{V_1}——第 i 级的容积效率;

　　　Z_{s_1},Z_{s_i}——第 1 级和第 i 级压缩性系数,对于理想气体,$Z_{s_i} = 1.0$;

　　　λ_{c_i}——任意 i 级的析水系数,它是该级前因为洗涤或其他用途所除去的气体,折合成该

级进气压力与进气温度下的气体体积与该级进气容积之比,当无洗涤等抽气工艺时,$\lambda_{c_i} = 1.0$;

λ_{φ_i}——任意 i 级析水系数,它是该级前所有析出的水分,折合成水蒸气容积与该级所吸进的干气容积之比。

析水系数的计算公式为

$$\lambda_{\varphi_i} = \frac{p_1 - \varphi p_{sa_1}}{p_i - p_{sa_i}} \frac{p_i}{p_1} \qquad (3-20)$$

式中 p_1——第 1 级的进气压力,Pa;

p_i——第 i 级的进气压力,Pa;

p_{sa_1}——第 1 级进气温度下的饱和蒸气压,Pa;

p_{sa_i}——第 i 级进气温度下的饱和蒸气压,Pa;

φ——第 1 级吸入气体的相对湿度。

四、气阀

气阀的控制气体进出气缸最为关键的一个部件,它对往复式压缩机运行的可靠性和经济性有着决定性影响。气阀是限制往复式压缩机转速提高的主要障碍,也是机组噪声的主要来源之一,是往复式压缩机中的薄弱环节之一。

(一)气阀结构

气阀主要由阀座、阀片、弹簧与升程限制器等四部分组成,如图 3-9 所示。它依靠阀片的开启与关闭使气缸与外界接通与切断,弹簧的作用是减轻阀片开启时与升程限制器的撞击,但更主要的作用是帮助阀片关闭。阀片的开启与关闭由气缸内、外气体压力差 F_g 与弹簧力 F_s 控制,无须其他驱动机构,故称为自动阀。

压缩机中按照气阀的职能可分为进气阀和排气阀。其结构上的区别如图 3-10 所示。

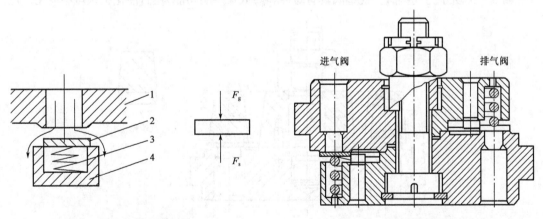

图 3-9 气阀结构示意图
1—阀座;2—阀片;3—弹簧;4—升程限制器

图 3-10 进气阀与排气阀的区别

按照气阀阀片形状还可以分为环状阀和网状阀等,除启闭元件外,两者的其他结构基本相同。图 3-11 所示为低压级环状阀结构,有四环阀片,阀座上开有相应的环形通道(图中 E),并靠若干筋条(图中 D)相连接,阀座与阀片贴合面制有凸台(俗称阀口),以便研磨而使阀片与阀座保持密封。升程限制器形上设有阀片运动的导向凸台(图中 A),弹簧孔底设有气流平衡小孔(图中 B)。每环阀片压有若干圆柱形弹簧,它们的尺寸都是相同的。阀座与升程限制器用螺钉或螺栓与螺母紧固成气阀部件,当使用螺钉时,在进气阀中有时螺钉头会疲劳断裂而落入缸内导致事故,螺钉头部设有挡圈(图中 C)。图中俯视图左半边为去年阀座和阀片后的结构,露出了弹簧。高压级环阀为改善阀座的强度和刚度,通常用一圈钻孔代替阀座上的环形通道,但在阀座出口处保留 3~5mm 深的环形通道,以利于气体流动。

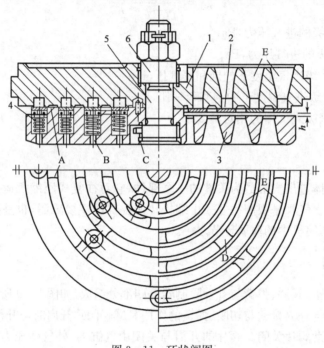

图 3-11 环状阀图

1—阀座;2—阀片;3—升程限制器;4—弹簧;5—螺钉;6—螺母

图 3-12 所示为气垫阀。气垫阀具有缓冲和降低噪声的功能,在石油化工领域中应用广泛。

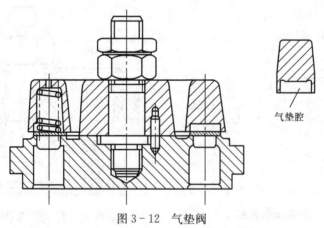

气垫腔

图 3-12 气垫阀

若将环状阀片各工、环片用筋条连成一体成为网状阀。网状阀有三类,如图 3-13 所示。WA 型阀片中心为圆孔,需要中心设导向,一般用在有油润滑压缩机;WB 型阀片中部具有弹性,中心为气阀螺钉紧固,WBⅠ型为单弹性臂,WBⅡ型为双弹性臂,WB 型阀片适合有油润滑或无油润滑压缩机。

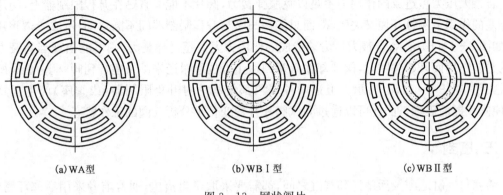

(a)WA型   (b)WB I 型   (c)WB II 型

图 3 - 13   网状阀片

(二)气阀工作原理

进、排气阀的工作原理是相同的。图 3 - 14(a)为进气阀工作过程。当余隙容积膨胀终了时,若气缸工作腔与阀腔之间的压力差 Δp 在阀片上的作用力大于弹簧力及阀片和一部分弹簧质量惯性力,阀片开启,气体进入气缸,阀片在气流推力的作用下,继续上升,直至撞到升程限制器(图中 a-b 阶段)。阀片撞击升程限制器时,会产生反弹力,如果反弹力与弹簧力之和大于气流推力,则阀片会出现反弹现象(图中 b-c 阶段)。在正常情况下,反弹现象是比较轻微的,阀片在气流推力的作用下会再次贴到升程限制器上(图中 c-d 阶段),此时气流推力大于弹簧力,使阀片就停留在升程限制器上(图中 d-e 阶段),直到活塞接近止点位置时,活塞速度降低,气流推力减小,当气流推力不足以克服弹簧力时,阀片开始离开升程限制器,向阀座方向运动(图中 e-f 阶段)。最理想的情况是当活塞到达止点位置时,阀片也恰好落在阀座上,此时阀片完成一次工作。

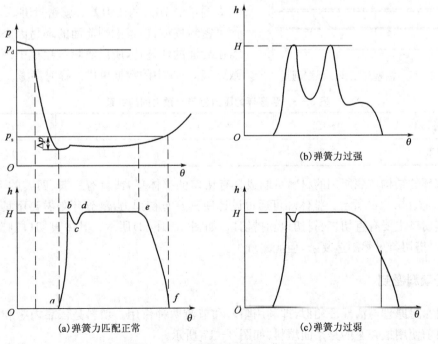

(b)弹簧力过强

(a)弹簧力匹配正常   (c)弹簧力过弱

图 3 - 14   气阀阀片升程变化过程

若最大压力差造成的作用力不足以克服弹簧力,阀片不能一直贴在升程限制器上,阀片在静压差的作用下刚打开便又关闭,故而只能在阀座与升程限制器间不断跳动,造成所谓阀片震颤,如图3-14(b)所示;若最大压力差造成的作用力大大超过弹簧力,则可能出现当弹簧力克服压力差作用而开始关闭时,阀片却在活塞到达止点位置时还来不及座合到阀座上,造成所谓滞后关闭,如图3-14(c)所示。上述两种现象都使阀片对升程限制器(或阀座)产生猛烈撞击,使阀片提前破坏。因此可以通过测试阀片升程变化来分析气阀的工作状态。

五、密封

活塞与气缸之间及活塞杆和气缸之间,都需要采取密封措施,通常前者采用活塞环密封,后者利用填料密封。活塞环和填料的密封原理基本相同,都是利用阻塞和节流的作用以达到密封的目的。

(一)活塞环

活塞环镶嵌于活塞的环槽内。工作时外缘紧贴气缸壁面,背向高压气体一侧的端面紧压在环槽上,如图3-15所示,由此阻塞间隙密封气体;但是,普通的活塞环都有切口,因此气体能通过切口泄漏,此外,气缸和活塞环都可能有不圆度、不柱度,环槽和环的端面有不平度,这些也是造成泄漏的因素。所以活塞环通常不是一道,而是需要两道或更多道同时使用,使气体每经过一道活塞环便产生一次节流作用,进一步达到减少泄漏的目的。

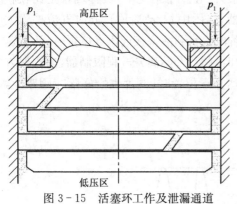

图 3-15　活塞环工作及泄漏通道

关于活塞环的道数,它与所密封的压力差、环的耐磨性等有关,一般第一道环最容易磨损,因为它大约承受70%的压力差。就密封讲,一般3道环便可密封气体,但考虑到前面的环易因磨损而失效需由后面的环替补,所以实际压缩机中环数很不一致。表3-3中的数据可供选择时参考。

表 3-3　活塞环的压力差与环数之间的关系

压力差,MPa	0~1.2	1.2~3.0	3.0~12	12~35
环数	2~3	3~6	6~12	12~24

活塞环的结构按照所用的材料可制成具有切口的整体环,或具有三瓣、四瓣的剖分环,如图3-16(a)、(b)、(c)所示。整体环可通过设计使其具有初弹力,剖分环则需要用具有弹力的衬环。其切口主要有直切口、斜切口和搭切口,如图3-16(d)所示。其中直切口制造简单,但泄漏量大,搭切口虽然制造复杂,但泄漏量少。

(二)填料密封

填料密封原理与活塞环相似,即利用阻塞和节流两种作用。填料是依靠内缘和活塞杆相配合。目前使用最普遍的是平面填料,如图3-17所示。

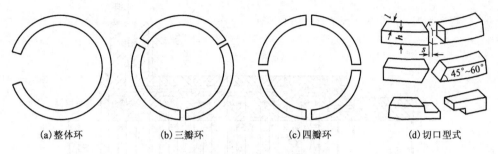

(a)整体环 (b)三瓣环 (c)四瓣环 (d)切口型式

图 3-16 活塞环结构和切口形式

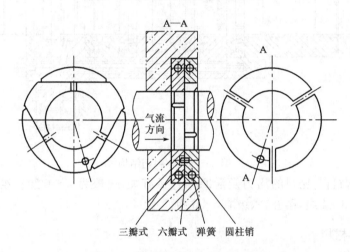

三瓣式　六瓣式　弹簧　圆柱销

图 3-17 具有三瓣和六瓣密封元件的平面填料

由图 3-17 可见,平面填料由两块平面填料构成一组密封元件,最典型的是朝向气缸的一侧由三瓣组成,背离气缸的一块由六瓣组成,每一块外缘绕有螺旋弹簧,起预紧作用。三瓣的作用主要用于挡住六瓣的切口,同时使机器运行时高压气体流入小室,使两块填料都利用高压气体压紧在活塞杆上;此外,把它缚于活塞杆上时两块切口应错开,三瓣的填料从轴向挡住六瓣的径向切口,阻止气体的径向泄漏,所以真正起密封作用的是六瓣填料。

密封高压时也有采用图 3-18 的锥面填料,它由两个梯形截面环与一个 T 形截面环所组成,环的切口互相错开 120°,并置于两个具有相同锥面的钢圈中。这种结构的预紧力靠环本身的弹力及钢圈端面弹簧的弹力。压缩机工作时,依靠钢圈端面的气体压力,通过锥面使环抱紧在活塞杆上。利用改变锥角可以调整压紧在活塞杆上的力。

图 3-19 所示为空气动力用填料函结构图,它有六个小室,其中左边五个用于密封气体,环形槽 C 用来收集通过填料泄漏的气体,右边一个小室的填料用来防止所收集的泄漏的气体外溢,称为前置填料。

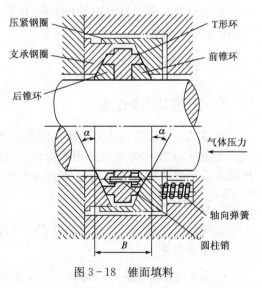

压紧钢圈　　T 形环
支承钢圈　　前锥环
后锥环
气体压力
轴向弹簧
圆柱销

图 3-18 锥面填料

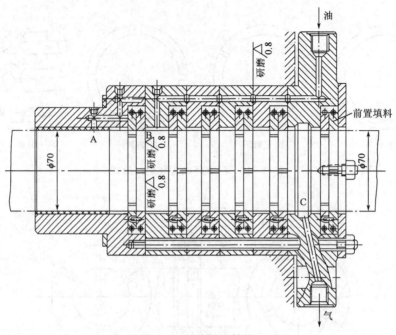

图 3-19 填料函结构

填料小室的数目与密封的压力及活塞杆直径有关,一般为 2~6 组。第一、二级取 2~3 组,第三、四级取 3~4 组,第五、六级取 5~6 组。

(三)密封件材料

密封件材料主要有金属材料、非金属材料和复合材料三类。

金属材料有铸铁、石墨化钢和铜合金等。对于活塞环,低压级和中压级常采用普通灰铸铁,中高压级采用球墨铸铁、合金铸铁和铜合金等材料。

非金属材料有石墨、填充聚四氟乙烯、聚酰胺、环氧树脂等。一般石墨做的活塞的活塞环适合压缩一定温度的气体;环氧树脂的适合压缩干燥的气体;聚酰胺的适合有油润滑;填充聚四氟乙烯的适合无油润滑。

复合材料具有金属和塑料的优点,且强度高,导热性好,又具有自润滑性,适合无油润滑压缩机,但价格较贵。

六、辅助设备

(一)润滑及润滑设备

往复式压缩机的各相对运动零部件表面,除采用自润滑材料外,都需要进行润滑。润滑剂大多为液体,只有少数情况采用润滑脂。液体润滑剂不仅能润滑摩擦表面,减少摩擦和磨损,还能改善气缸的密封作用,带走摩擦热和磨屑,使摩擦表面保持比较低的温度及清洁。

1. 润滑方式

按照润滑油到达工作表面的方式可分为飞溅润滑(图 3-20)、压力润滑和喷雾润滑。

1)飞溅润滑

一般小型压缩机采用飞溅润滑。工作腔的润滑原理是曲轴箱中飞溅的油雾及油滴,在活塞接近上止点时,落在气缸未被活塞遮盖的壁面上,并在活塞下一个循环中进入活塞环槽中,再由活塞环分布到需要润滑的表面。低压的一级,在吸气过程中气缸里能产生真空度,故润滑油很容易被吸入气缸中,并在压缩气体的高温作用下挥发,然后和被压缩气体一起排出压缩机。而运动部分的润滑则靠飞溅的润滑油经过连杆大、小头上的导油孔,将润滑油带到摩擦表面。飞溅润滑结构简单,但耗油不稳定且供油量很难控制,一般用于小型单作用压缩机。

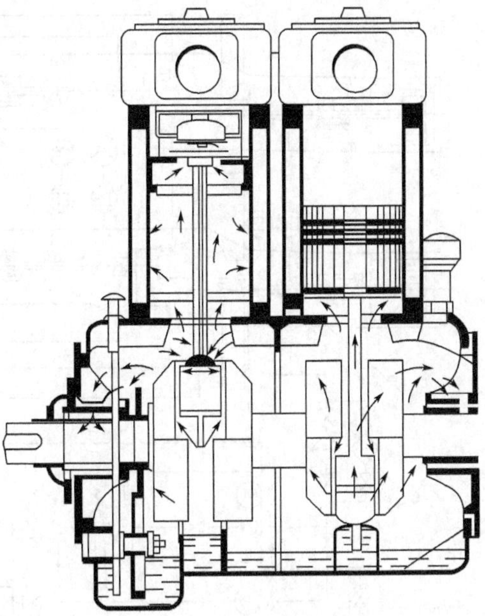

2)喷雾润滑

在机器工作腔进口处,喷入一定量的润滑油,油和工作介质相混合,进入工作腔,然后一部分黏附在工作腔表面进行润滑。喷雾润滑结构简单,但一部分润滑油会和压缩气体一起排出而得不到利用,通常在一些特殊情况时应用。

图 3-20 飞溅润滑的压缩机

3)压力润滑

压力润滑是将润滑油由专门的注油器在一定压力下注入工作腔。而运动部件的润滑则靠油泵将润滑油输送至各个摩擦表面,常用于大型压缩机,注油点和注油量可以控制。图3-21为某大型压缩机润滑系统。油泵、油冷却器、油过滤器等组成油的供给系统(图中虚线内部分)。油液分别供至四列活塞的十字头滑道和曲轴的主轴颈上,连杆小头和大头轴承上和润滑油通过十字头送来,进油路上的三只压力开关 PS,浸没油压过低(LL)时会自动报警。同时,该油路还设有油压报警 PAS、油压变送 PT、数显开关 PIS 和压力表盘显示 PI。在压缩机身上装有油位显示 LG 和油温显示 TI,一般润滑系统的油压保持在 0.2~0.4MPa,高转速压缩机应取较高油压值。

气缸润滑的耗油量,一般按照摩擦表面来估计,对于低、中压压缩机,卧式压缩机每平方米摩擦面积每小时耗油量为 0.025g,立式压缩机每平方米摩擦面积每小时耗油量为 0.02g;终了压力 5~10MPa,油耗量增加 1.5~2.0 倍,终了压力 22~35MPa,油耗量增加 3~4 倍。填料的润滑油耗量,每 100 m² 活塞杆表面为 1~3g,高压级选大值。新压缩机在气缸和活塞跑合期间,润滑油的供给应加倍。

运动部分润滑时的供油量,一般按照润滑油从摩擦表面导走的热量来确定。

$$q_V = \frac{0.3N(1-\eta_m)}{\rho c \Delta t} \times 60 \times 10^3 \tag{3-21}$$

式中　　q_V——供油量,L/min;

　　　　N——压缩机轴功率,W;

　　　　η_m——压缩机机械效率;

　　　　ρ——润滑油密度,kg/m³;

　　　　c——润滑油比热容,$c \approx 1884$J/(kg·℃);

　　　　Δt——润滑油温升,$\Delta t = 15~20$℃,无油冷却器时取较小值,有油冷却时取较大值。

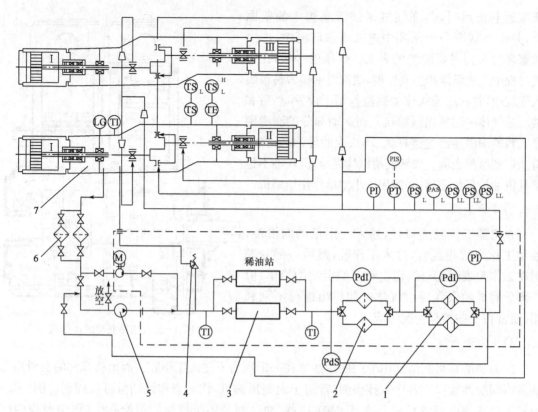

图 3-21　大型压缩机润滑系统

1—精滤器;2,6—粗滤器;3—油冷却器;4—安全阀;5—油泵;7—压缩机

2.润滑油的选择

选择压缩机润滑油时要考虑到压缩机的不同结构参数、性能和被压缩介质,以便满足压缩机性能要求和工作条件。

对于空气压缩机,除了要求润滑油有必要的黏度外,对于容易形成积炭的场合宜用环烷基矿物油,并可加抗积炭的添加剂;为防止气路系统中锈蚀,可加抗氧剂、抗锈剂;气缸壁面容易凝结水的,用乳化油比较好;对于高压压缩机,为形成油膜和防止泄漏,也应用高黏度的石蜡基油。

制冷压缩机(冷冻机),对于以氨为工质的小型冷冻机用 13 号冷冻机油;以氟里昂为工质的冷冻机用 18 号及 25 号冷冻机油。

对高于 35MPa 的空气压缩机及易溶解润滑油的石油气压缩机,用合成润滑剂硅酮油很合适,它不溶于气体和油类,具有独特的化学惰性、低挥发性、高闪点、好的低温流动性,而承载能力及摩擦系数和普通润滑油相仿。

(二)冷却系统

压缩机的气缸一般需要冷却;多级压缩时,被压缩的气体需进行中间冷却;此外,在一些压缩机装置中最后排出的气体还需要进行后冷却,以分离气体所含的水和油。

在大型压缩机装置中,润滑油也需要专门的冷却,以使润滑油有良好的润滑性能,又能对摩擦表面起到冷却作用。

1.风冷系统

风冷系统是利用空气作为冷却剂对机器进行冷却。小型移动式压缩机及中型压缩机在缺水的地区运行时采用风冷系统。风冷的效果较差,并且消耗的动力费用一般较水冷系统大;此外在室外运行时,温度将难以控制。风冷系统包括风扇、冷却器及机器本身的散热装置。大多数风扇采用轴流式,冷却器采用有肋片的列管式或板式冷却器。

2.水冷系统

这里的水冷系统仅指冷却管道的连接方式。在所有冷却器中,中间冷却器的好坏对压缩机性能影响最大,一般要求最冷的水先进中间冷却器。

气缸的冷却通常只能带走摩擦热,使缸壁不致因温度过高而影响润滑油性能,所以要求并不高,甚至压缩湿气体时过度的冷却反而有害。因为湿气体经压缩后水蒸气分压提高,当气缸壁面温度低时,与缸壁接触的那部分气体中的水分便会在缸壁表面凝结,凝结水能使润滑恶化并由此增加气缸的磨损,当水分排不出去时会越积越多,若其容积超过余隙容积便造成水击现象,从而使机器遭到破坏,因此建议冷却水套中的水温不低于 30℃。对于压缩临界温度高的气体,气缸冷却水温应提高到 60~80℃,后冷却一般能将排出的气体冷却至 60℃左右,油冷却器要求出口油温保持为 50~60℃。

压缩机常见的冷却系统有串联式、并联式和混联式三种。

串联式冷却系统如图 3-22 所示,冷却水首先进入中间冷却器,然后通过气缸水套,再进入二级气缸水套,从二级气缸水套出来的水再通入后冷却器。

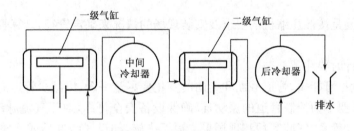

图 3-22　串联式冷却系统

串联式冷却系统最简单,但只适合两级压缩机,级数多时后面各级的冷却较差,且所有冷却水管道尺寸一样大,不仅增加机组重量而且也不经济,特别是当中间冷却器距离主机较远时。此外,发生故障时检查也很不方便。

并联式冷却系统如图 3-23 所示,冷却水分别通过各冷却部位。它适合多级压缩机,因为各中间冷却器都能得到较好的冷却,且可方便地调节各处水量,发生故障检查方便,但并联式配管比较复杂。

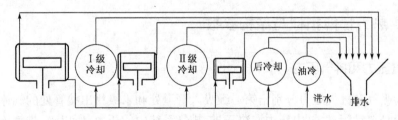

图 3-23　并联式冷却系统

混联式冷却系统冷却水先通入各中间冷却器,然后进入其前各个气缸的冷却水套。混联式级数不受限制,且具有串联和并联的优点。两级压缩机时还可采用冷却水先进入中间冷却器,然后分别通入一、二级气缸水套,最后进入后冷却器的布置,如图3-24所示。

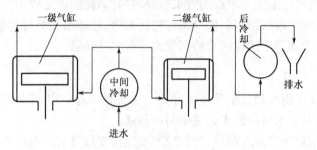

图3-24 两级混联冷却系统

(三)管路系统

管路及管系设备的作用主要是将气体引入压缩机,经过压缩后,再引向使用场所。从压缩机第一级前(工艺流程中为自进气管截止阀开始),到压缩机末级排气管的截止阀为止,其中的管道、阀门、滤清器、缓冲器、冷却器、液气分离器以及储气罐等设备,组成压缩机的主要气体管路。

此外,还有一系列辅助气体管路,如通向安全阀及压力表的气体管路、用来调节气量及放空用的气体管路、接引置换气或保护气的管路、工艺流程所需要的抽气管路及排放油水的排污管路等。

管路设计主要是按照压缩机的要求及安装现场的情况来确定管径,计算管道阻力损失,进行管路布置。

进行管路设计时要注意:

(1)管道布置尽可能短,管道截面和走向的变化要尽量平缓,以减少管道的阻力损失;

(2)管道设计要尽力控制管道的振动,以确保设备安全可靠,对于气流脉动引起的管道振动可通过合理设计管系、气腔容积和现场采取消振措施,如设置缓冲器或调整缓冲器的位置、在管道中的特定位置设置孔板等来解决,由于管道结构发生共振,可采取添加支承和改变支承等方式来消除;

(3)管路的热膨胀要有必要的补偿。

第二节　热力性能及气量调节

一、主要热力性能指标与结构参数

(一)吸气压力和排气压力

压缩机的吸气和排气压力分别指第一级吸入管道处和末级排出接管处的气体压力。因为压缩机采用的是自动阀,气缸内压力取决于进、排气系统中的压力,所以吸、排气压力是可以变更的。压缩机铭牌上的吸、排气压力是指额定值,实际上只要机器强度、排气温度、原动机功率及气阀工作许可,它们是可以在很大范围内变化的。

(二)容积流量和供气量

1. 容积流量

压缩机的容积流量,通常是指单位时间内压缩机最后一级排出的气体,换算到第一级进口状态的压力和温度时的气体容积值,单位是 m^3/min 或 m^3/h。

压缩机的额定容积流量,即压缩机铭牌上标注的容积流量是指特定的进口状态(例如进气压力 0.1MPa,温度 20℃)时的容积流量。

对于实际气体,若是在高压下测得的气体容积,则换算时要考虑到气体可压缩性的影响。

若被压缩的气体含有水蒸气,随着气体压力的提高,水蒸气的分压力也提高,若经过冷却器后,其分压力大于冷却后气体温度所对应的饱和蒸汽压时,便有水蒸气从气体中凝析出来。此外,化工厂中被压缩的多组分气体,有些气体不是化工工艺所需的,因此压缩到一定的压力后要进行洗涤、净化,以便把它们消除掉。计算容积流量时,也要将这些中途分离出去的水分和气体,一起换算到进口状态的容积加进去。反之,若中途有气体添加进来,计算容积流量时要扣除加进来的气体容积。

按照容积流量的定义,利用实际测得的末级容积流量值,可按下式求取容积流量:

$$q_V = q_{V_d} \frac{p_d}{p_{s_i}} \frac{T_{s_1}}{T_d} \frac{Z_{s_i}}{Z_d} + q_{V_\varphi} + q_{V_c} \tag{3-22}$$

其中
$$q_{V_\varphi} = q_{mw} p_{sa_1} / (\rho_{sa_1} p_1)$$

式中
q_{V_d}——末级排出的气体量,m^3/min;

p_d, p_{s_1}——测得 q_{V_d} 时的压力和第 1 级进口状态的压力,MPa;

T_d, T_{s_1}——测得 q_{V_d} 时的温度和第 1 级进口状态的温度,K;

Z_d, Z_{s_1}——测得 q_{V_d} 时的温度和第 1 级进口状态的压缩性系数;

q_{V_φ}——分离的水分换算到第 1 级进口状态的容积流量,m^3/min;

q_{mw}——每分钟分离出的水分,kg/min;

p_{sa_1}——温度 T_{s_1} 下的饱和蒸气压,MPa;

ρ_{sa_1}——温度 T_{s_1} 下的水蒸气的密度,kg/m^3;

q_{V_c}——中途除掉的气体换算到第 1 级进口状态的容积流量(若为中途加入的气体,则应折算后以负值代入),m^3/min。

2. 供气量

容积流量随压缩机的进口状态而变,它不反映压缩机所排气体的物质数量。化工工艺中使用的压缩机,由于工艺计算的需要,需将容积流量折算到标准状态(1.01325×10^5 Pa,0℃)时的干气容积值,此值称为供气量或称标准容积流量(在空气动力计算中标准温度为 15℃)。

供气量 q_{V_N} 与容积流量 q_V 的关系为

$$q_{V_N} = q_V \frac{(p_{s_1} - \varphi p_{sa_1}) T_0}{p_0 T_{s_1}} \tag{3-23}$$

式中
p_0, p_{s_1}——标准状态及压缩机进口状态的压力,MPa;

T_0, T_{s_1}——标准状态及压缩机进口状态的温度,K;

φ——相对湿度；

p_{sa_1}——进气温度 T_{s_1} 时水蒸气的饱和蒸气压，MPa。

(三)排气温度

压缩机的排气温度是指压缩机末级排出气体的温度，它应在末级气缸排气管处测得。多级压缩机末级之前各级的排气温度称为该级的排气温度，在相应级的排气接管处测得。

(四)功率和效率

1. 功与功率

压缩机消耗的功，一部分直接用于压缩气体，另一部分是用于克服机械摩擦。前者称为指示功，后者称为摩擦功。二者之和为主轴需要的总功，称为轴功。

单位时间所消耗的功称为功率。

对理想气体，压缩机的任意 j 级的指示功率的计算公式为

$$N_{ij}=\frac{1}{60}n(1-\delta_{sj})\lambda_{Vj}p_{sj}V_{sj}\frac{m_j}{m_j-1}\{[\varepsilon_j(1+\delta_{0j})]^{\frac{m_j-1}{m_j}}-1\} \tag{3-24}$$

式中　N_{ij}——任意 j 级的指示功率，W；

　　　n——转速，r/min；

　　　δ_{sj}，δ_{0j}——任意 j 级进气相对压力损失和总的相对压力损失；

　　　λ_{Vj}——任意 j 级容积系数；

　　　p_{sj}——任意 j 级进气压力，Pa；

　　　V_{sj}——任意 j 级行程容积，m³；

　　　ε_j——任意 j 级名义压缩比；

　　　m_j——任意 j 级压缩过程指数。

若是实际气体，则

$$N_{ij}=\frac{1}{60}n(1-\delta_{sj})\lambda_{Vj}p_{sj}V_{sj}\frac{m_j}{m_j-1}\{[\varepsilon_j(1+\delta_{0j})]^{(m_j-1)/m}\}\frac{Z_{sj}+Z_{dj}}{2Z_{sj}} \tag{3-25}$$

式中　Z_{sj}，Z_{dj}——任意 j 级进气体压缩性系数和排气压缩性系数。

总的指示功率 N_i 为各级指示功率之和，即

$$N_i=\sum_{j=1}^{z}N_{ij} \tag{3-26}$$

压缩机的比功率是指排气压力相同的机器，单位容积流量所消耗的功率，单位为 kW/(m³/min) 或 kW/(m³/h)。

比功率常用于比较同一类型压缩机的经济性，它很直观，特别是空气功力用压缩常采用比功率来作为经济性评价的指标。

在比较同一类型压缩机的比功率时，要注意除排气压力相同外，冷却水入口温度、水耗量也应相同。

2. 效率

压缩机的机械效率 η_m 是指示功率 N_i 与轴功率 N_z 之比，即

$$\eta_m=\frac{N_i}{N_z} \tag{3-27}$$

实际影响压缩机机械效率的因素很多,通常中、大型压缩机 $\eta_m = 0.90 \sim 0.96$;小型压缩机 $\eta_m = 0.85 \sim 0.92$,微型压缩机 $\eta_m = 0.82 \sim 0.90$。

压缩机等温效率有等温指示效率和等温轴效率之分。等温指示效率 η_{i-is} 是压缩机理论等温循环指示功与实际循环指示功之比。等温轴效率 η_{is} 是按照第一级进气口温度,等温压缩到排气压力时的理论等温循环指示功率与实际循环的轴功率之比,即

$$\eta_{is} = \frac{\sum\limits_{j=1}^{z} N_{i-isj}}{N_z} \tag{3-28}$$

等温轴效率也称全等温效率。通常压缩机的 $\eta_{is} = 0.60 \sim 0.75$,下限属于高速小型移动压缩机,上限属于设计精良的中、大型压缩机。一般所指的等温效率均为等温轴效率,它可以通过理论计算与实测来求得。

压缩机的绝热效率 η_{ad},一般是绝热轴效率,它是压缩机的理论绝热循环功率与实际循环的轴功率之比,即

$$\eta_{ad} = \frac{\sum\limits_{j=1}^{z} N_{i-adj}}{N_z} \tag{3-29}$$

实际压缩机级的压缩过程均趋于绝热,故绝热过程能较好地反映单级或相同级数时,气阀等通流部分阻力损失的影响,但是在多级压缩级数不同时,它不能直接反映机器的功率消耗指标先进与否。其主要范围为:大型压缩机 $\eta_{ad} = 0.80 \sim 0.85$,中型压缩机 $\eta_{ad} = 0.70 \sim 0.80$,小型压缩机 $\eta_{ad} = 0.65 \sim 0.70$。

(五)活塞平均速度

活塞速度是随曲柄转角变化的,而实际应用中常采用活塞平均速度 v_m,即每转活塞所走距离 $2s$ 与该时间 $\frac{60}{n}$ 之比,即

$$v_m = \frac{2s}{\dfrac{60}{n}} = \frac{sn}{30} \tag{3-30}$$

这样,对一个机器讲活塞平均速度是一个定值,故比较客观。

活塞平均速度是联系机器结构尺寸和转速的一个参数,对压缩机的性能有很大影响。

(1)对压缩机摩擦副耐久性的影响。当作用的压力一定时,一些零件取决于活塞平均速度 v_m,它们有活塞、活塞环、填料、十字头滑板,当活塞平均速度高时,这些零件单位时间内受摩擦的距离便长,故磨损也大;另一些零件取决于转速 n,它们是气缸镜面、活塞杆、十字头导轨以及各轴颈和轴承,这些零件转速高时单位时间内摩擦的次数增加,故磨损增大。

(2)对气阀的影响。活塞平均速度对气阀的影响不是直接的,只是 v_m 大时使低压级气阀布置较困难。

一般,采用环状阀及网状阀的中、大型压缩机,取 $v_m = 3.5 \sim 4.5 \text{m/s}$,大型压缩机取下限值;采用直流阀压缩机,可达 $v_m = 5 \sim 6 \text{m/s}$;微型压缩机由于行程的绝对值小,故虽然转速高也仅 $v_m = 1.0 \sim 2.5 \text{m/s}$;迷宫式压缩机 $v_m \geqslant 4 \sim 5 \text{m/s}$ 以减少泄漏量;聚四氟乙烯密封环压缩机 $v_m \leqslant 3.5 \text{m/s}$;超高压压缩机 $v_m \leqslant 2.5 \text{m/s}$,以保证摩擦件的耐久性;乙炔气体压缩机,考虑到乙炔具有爆炸性,为安全计,取 $v_m \approx 1 \text{m/s}$。

(六)转速

转速的选择不能只着眼于压缩机的重量和尺寸,还必须考虑到机器的耐久性和经济性。若忽略活塞杆的影响,容积流量 q_V 可表示为

$$q_V = \frac{\pi}{4} D_1^2 s n i z_1 \eta_V \qquad (3-31)$$

式中 D_1——第一级气缸直径,m;

　　s——行程,m;

　　n——转速,r/min;

　　i——单作用 $i=1$,双作用 $i=2$;

　　z_1——第 1 级气缸数;

　　η_V——容积效率。

令 $\psi = s/D_1$,式(3-31)可化为

$$q_V = 21200 \frac{v_m^3}{(n\psi)^2} i z_1 \eta_V \qquad (3-32)$$

或

$$n = 145 \frac{1}{\psi} \sqrt{\frac{v_m^3 i z_1 \eta_V}{q_V}} \qquad (3-33)$$

式(3-33)表明在结构相似的情况下,不同容积流量时转速亦不同;同时也说明活塞式压缩机高转速的含义是不相同的,不同气量时有不同的高转速值。例如 $q_V = 10 m^3/min$ 时,$n=990 r/min$ 属高速压缩机的话,则 $q_V = 40 m^3/min$ 的压缩机 $n=500 r/min$ 便属高速压缩机了。事实上大型压缩机为减轻重量和尺寸。v_m 之值常取得大一些。因此实际的转速将较式(3-33)为高。压缩机设计时,根据确定的结构方案、容积流量及第一级的排气系数,再参考类似的机器选取合适 v_m、ψ。通常 ψ 的取值范围为:压缩机转速为 100~500r/min 时,$\psi=0.50~0.95$;压缩机转速为 500~1000r/min 时,$\psi=0.45~0.75$;压缩机转速>1000r/min 时,$\psi=0.40~0.55$。

(七)行程

压缩机转速 n 和活塞平均速度 v_m 确定后,活塞行程 s 也随之而定,由式(3-30)得

$$s = 30 \frac{v_m}{n} \qquad (3-34)$$

当活塞力大于 $2\times10^4 N$ 时,行程长度应取成中国的行程系列值,并反过来修正活塞平均速度,有时甚至修正转速。

(八)气缸直径

当确定行程 s 后,便可求取气缸直径 D。

$$D = 1.13 \sqrt{\frac{V_s}{z_i s}} \qquad (3-35)$$

式中 V_s——行程容积,m^3;

　　z_i——气缸个数。

对于双作用式气缸,因为具有活塞杆并设其直径为 d,则

$$D=\sqrt{\frac{2V_s}{\pi z_i s}+\frac{d^2}{2}}$$ (3-36)

对于级差式气缸直径,可参照上述计算方法。

计算所得气缸直径,均应圆整整个气缸系列的标准直径。圆整后各级的行程容积便有所改变,由此将造成压缩比的分配相应的变化。若压缩比变化不大一般就予以承认,若变化较大时,则可用高速某级相对余隙容积值的办法来改变容积系数,供以调整某级吸气量,从而使压缩比维持不变。

二、气量调节方式及其控制

(一)气量的调节方式

用气部门的耗气量可能是变化的,当耗气量小于压缩机容积流量时,就要对压缩机进行流量调节,以使压缩机的容积流量适应耗气量的需求。

对调节的要求如下:(1)容积流量随时和耗气量相等,即所谓连续调节,事实上不是任何情况下都能实现连续调节的,当不能连续调节时可采用分级调节,例如把气量分成100%、75%、50%、25%、0,最简单的情况下压缩机只有排气和不排气两种工作状况,称为间断调节;(2)调节工况经济性好,即调节时单位容积流量耗功小;(3)调节系统结构简单,安全可靠,并且操作维修方便。

关于气量调节问题,其理论基础是容积流量公式 $q_V=V_s\lambda_s\lambda_p\lambda_T\lambda_L n$,只要改变式中任何一个量,容积流量即可改变。但是,气缸直径无法改变;在曲柄连杆驱动的压缩机中,行程也不能变;所以,实际上只有各系数和转速可以改变,并且除温度系数因经济性差不采用外,其他都用来进行气量调节的。下面讨论各种气量调节的方法、方式、经济性及调节器等。

1. 转速调节

内燃机、蒸汽机以及可变转速电动机驱动的压缩机,可比较方便地实现连续的气量调节。这种调节的优点除气量连续外,还有调节工况比功率消耗小,压缩机各级压缩比保持不变,压缩机上不需设专门的调节机构等;缺点是原动机本身性能的限制,如内燃机只能在60%~100%转速范围内变化;采用变频电动机驱动时,频率变化范围为30~120Hz,再低便需采取其他措施,而且低于额定转速时,经济性降低。此外,转速低时由于压缩机进气速度降低,压缩机气阀工作可能会出现不正常。

2. 管路调节

(1)进气节流。在管路方面增加适当阻力使压力系数减少,由此使气量减少。因为节流进气可使进气压力连续地变化,故可得到连续的气量调节。进气节流手动调节时结构简单,常被用于小范围(80%~100%)调节,或偶尔调节的中、大型压缩机装置中。

(2)切断进气。这种调节利用阀门关闭进气管路,由此使容积流量为零,属间断调节。切断进气后压缩机为空运行,其压力指示图如图3-25所示,此时的功率消耗约为额定功率的2%~3%。切断进气调节,机构也很简单,适用于

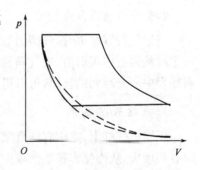

图3-25 切断进气调节指示图

中、小压缩机,特别是空气动力用的压缩机。这种调节的缺点是切断进气后使末级压缩比增加,能使排气温度出现短暂的升高;进气压力的降低,使作用在活塞上的压力差增加,气体力增加,形成转矩的高峰,造成起动困难。

（3）进、排气管连通。排气管经由旁通管路和旁通阀门与进气管相连接。调节时只要打开旁路阀,排出的气体便又回入进气管路中连通调节是将旁通阀完全打开,使压缩机排出的气体可自由地(仅克服旁通管路及旁通阀阻力)流入进气管路。这种系统中,为防止管系中原有的高压气体倒流入进气管,故在旁通管路之后的排气管段上应装设逆止阀。这种连通只能得到间断地调节,调节机构也很简单,且调节的紧急性较好,它常用于大型高压压缩机启动释荷。但是需要指出的是,若排气管段本来就需要设置逆止阀时,采用自由连通很合适,不然需要专门装设逆止阀,在经常的运行中,它要增加阻力损失。

3. **压开进气阀调节**

利用一个压开装置,把进气阀强制地压开,使进气阀全部地或部分地丧失正常工作能力,也即使压缩机吸进的气体,因进气阀片不能自动关闭而在压缩和排气行程中仍回入进气管,借以达到调节气量的目的。

1)全行程压开进气阀

调节时,在全部行程中气阀始终处于强制压开状态,吸进的气体将全部自进气阀回出,故容积流量为零,属间断调节。压开进气阀时,压缩机属空运行状态,其指示图如图3-26所示,

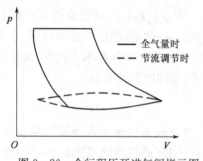

图3-26 全行程压开进气阀指示图

因为仅需克服进气阀阻力造成的功耗,故调节的经济性较好。

压开进气阀的驱动结构称为伺服器,有活塞式伺服器和隔膜式伺服器两种。现在常采用隔膜式伺服器,并置于气缸外部。

图3-27(a)所示为活塞式伺服器。调节时,高压气体通过调节器进入进气阀盖5,推动小活塞4,使压开叉2压开阀片。当需恢复正常工作时,活塞上部的气源放空,压开叉靠弹簧3复位,阀片恢复到关闭状态。这种结构小活塞难免要泄漏气体,而隔膜式伺服器[图3-27(b)]可克服此缺点。

多级压缩机应用压开进气阀调节时,各级均需设置压开叉,调节时各级进气阀应同时压开。

2)部分行程压开进气阀

当进气行程结束时,气阀仍被强制顶开,气体进入压缩行程后从气缸中回入进气管,但到一定时候强制作用取消,进气阀关闭,在剩余的行程中气体受到压缩并排出。按照进气阀在压缩行程中压开时间的长短,可以得到连续的调节。这种调节适合于转速较低的压缩机。

4. **连通补助容积**

压缩机气缸上,除固有的余隙容积外,另外设有一定的空腔,调节时接入气缸工作腔,使余隙容积增大,从而使容积系数减少、容积流量降低,这些空腔称为补助容积。补助容积接入的方式可以是连续的、分级的和间断的。而补助容积可以是固定的或变化的。

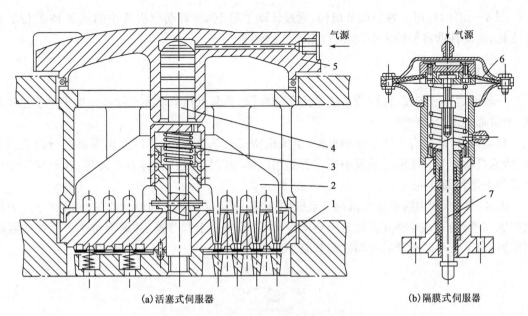

(a)活塞式伺服器　　　　　　(b)隔膜式伺服器

图 3-27　活塞式伺服器和隔膜式伺服器
1—阀座；2—压开叉；3—弹簧；4—小活塞；5—阀盖；6—隔膜；7—顶杆

图 3-28(a)是连通固定补助容积的调节结构。在正常工况下，高压气体经高压接头 1 进入腔 A，在高压气体压力的作用下，阀芯 6 坐落在补助容积 B 的密封面 C 上，压缩机的气缸具有正常的余隙容积；需要调节流量时，高压气体不进入腔 A，阀芯 6 在压缩气体的作用下被推向上方，使气缸工作腔与补助容积 B 连通，压缩机进入膨胀过程时，补助容积 B 中的气体参与膨胀返回气缸，造成容积流量减少。

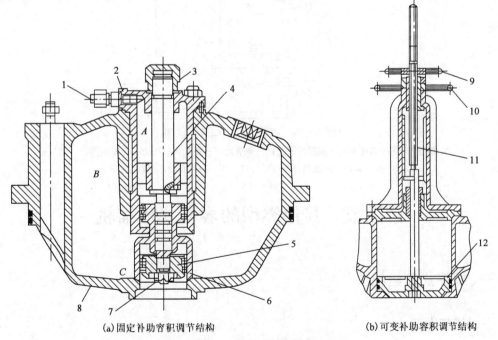

(a)固定补助容积调节结构　　　　(b)可变补助容积调节结构

图 3-28　连通补助容积调节结构
1—高压接头；2—高压腔；3—螺帽；4—连接杆；5—小活塞；6—阀芯；7—螺母；
8—补助容积；9—微调手轮；10—调节手轮；11—丝杠；12—活塞

图 3-28(b)是可变容积调节机构,通过转动手轮10,使补助容积A中的活塞12的位置发生变化,改变补助容积的大小,就可以实现连续调节。

(二)调节系统

一般不常调节的场合,调节系统常用手动操作,调节机构依靠人来控制。如果调节比较频繁,通常都采用自动调节。

自动调节,需要有下述职能的机构:指挥机构——调节器,它适时发出需要进行调节的命令;传递机构——在压缩机装置中通常都利用气体,有时也利用液体和电磁等;执行机构——包括伺服器和调节机构。

图 3-29 所示为两级压缩机调节系统图,容积流量可以调节到设计流量的50%。压力控制器感知吸气压力,并将其转化为压力信号,该信号作用于调节器,并通至位于进气阀的隔膜伺服器,通过压开叉压开进气阀片调节流量。

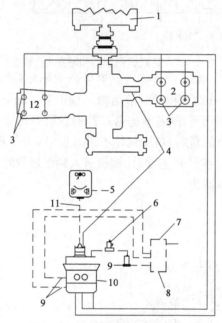

图 3-29　两级压缩机调节系统图

1—电动机;2—第一级压缩;3—隔膜伺服器;4—调节器;5—氨气入口压力;6—安全阀;7—储气罐;
8—排气管;9—过滤器;10—排气;11—压力控制器;12—第二级压缩

第三节　其他类型的容积式压缩机

一、螺杆式压缩机

(一)工作原理

螺杆式压缩机的结构如图 3-30 所示。在"∞"字形气缸中平行放置两个高速回转并按一定传动比相互啮合的螺旋形转子。通常对节圆外具有凸齿的转子称为阳转子(主动转子);在节圆内具有凹齿的转子称为阴转子(从动转子)。阴、阳转子上的螺旋形体分别称为阴螺杆和阳螺杆。一般阳转子(或经增速齿轮组)与驱动机连接,并由此输入功率;由阳转子(或经同步齿轮组)带动阴转子转动。螺杆式压缩机的主要零件有一对转子、机体、轴承、同步齿轮(有时还有增速齿轮),以及密封组件等。

按运行方式和用途的不同,螺杆压缩机可分为以下类型:

无油螺杆中,阳转子靠同步齿轮带动阴转子。转子啮合过程互不接触。

喷油螺杆中,阳转子直接驱动阴转子,不设同步齿轮,结构简单。喷入机体的大量的润滑油起着润滑、密封、冷却和降低噪声的作用。

螺杆式压缩机基元容积(一对齿槽)的工作过程如图3-31所示。

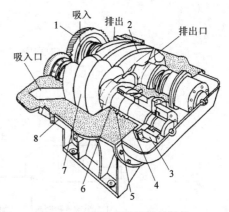

图3-30 螺杆式压缩机的结构
1—同步齿轮;2—阴转子;3—推力轴承;4—轴承;5—挡油环;6—轴封;7—阳转子;8—气缸

  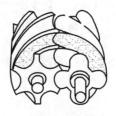 

(a)进气过程　　　(b)进气过程结束,　　(c)压缩过程结束,　　(d)排气过程
　　　　　　　　　　压缩过程开始　　　　排气过程开始

图3-31 螺杆压缩机的工作过程

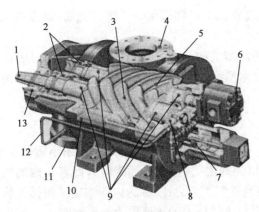

图3-32 喷油螺杆式压缩机结构示意图
1—驱动轴;2—角接触轴向轴承;3—阳螺杆;4—进气法兰;5—阴螺杆;6—螺杆油泵;7—滑阀控制活塞;8—轴向负载平衡活塞;9—液体动力径向轴承;10—滑阀;11—排气法兰;12—轴向负载平衡管线;13—机械密封

螺杆式压缩机系容积型压缩机械,其运转过程从进气过程开始,然后气体在密封的齿槽容积中经历压缩,最后移至排气过程。在压缩机气缸的两端,分别开设一定形状和大小的孔口。一个供进气用,称作进气孔口;一个供排气用,称作排气孔口。

图3-32是一台典型的无油螺杆压缩机的剖面图。驱动机与阳转子相连接,后者借同步齿轮带到阴转子按定传动比传动。

图3-32是一台喷油螺杆式压缩机的剖面图。在结构上不同于无油螺杆式压缩机,没有同步齿轮,而设有滑阀,借油压或手动方式驱动滑阀以控制排气量作能量调节之用。图3-33为典型的喷油螺杆式压缩机润滑油系统图。

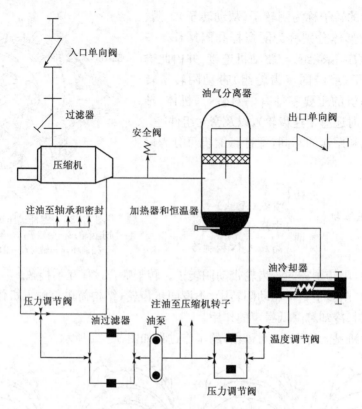

图 3-33　典型喷油螺杆压缩机润滑油系统图

(二)齿形和内外压力

1. 齿形

转子的扭曲螺旋齿面称为型面。垂直于转子轴线的平面(如端平面)与型面的交线称为转子型线。

转子的典型型线有三种:对称圆弧型线;单边修正不对称摆线——圆弧型线;双边修正不对称摆线——包络圆弧型线。

不对称型线,由于内泄漏的减少,比对称圆弧型线的功率消耗低 10% 左右,同时噪声较低。目前新设计的螺杆式压缩机大多采用不对称型线,只在某些特殊场合下,沿用对称圆弧型线。

2. 内外压力

在螺杆式压缩机的转子每个运动周期内,某一个工作容积中的气体因容积缩小而被压缩,并达到一定的压力。在这个工作容积与排气孔口连通之前(包括连通瞬时),此容积内的气体压力 p_i 称为内压缩终了压力。内压缩终了压力与进气压力之比,称为内压缩比。而排气管内的气体压力(背压力)p_d 称为外压力或背压力,它与进气压力的比值称为外压缩比。

进、排气孔口的位置和形状决定了内压缩比。运行工况或工艺流程中所要求的进、排气压力,决定了外压缩比。与一般活塞式压缩机不同,螺杆式压缩机的内、外压缩比彼此可以不相等。

当内、外压力不相等时,将引起附加能量的损失,同时伴随着强烈的周期性排气噪声。

(三)主要特点

就压缩气体的原理而言,螺杆式压缩机与活塞式压缩机一样,同属于容积型压缩机械。就其运动形式而言,压缩机的转子与动力型机械一样,作高速旋转运动,所以,螺杆式压缩机兼有二者的特点。

螺杆式压缩机具有较高的齿顶线速度,转速可高达每分钟万转以上,故常可与高速驱动机直联。因此,它的单位排气量的体积、质量、占地面积以及排气脉动均远比活塞式压缩机的小。

螺杆式压缩机没有如活塞式压缩机那样的气阀、活塞环等易损件,因而它运动可靠、寿命长,易于实现远距离控制。此外,由于没有往复运动零部件,不存在不平衡惯性力(矩),所以螺杆式压缩机基础小,甚至可实现无基础运转。

无油螺杆式压缩机,可保持气体洁净(不含油),又由于阴、阳螺杆齿面间实际上留有间隙,因而能耐液体冲击,可压送含液气体、脏气体(含液体、粉尘气体及易聚合气体等)。此外,喷油螺杆式压缩机可获得很高的单级压缩比(最高达 20～30)以及低的排气温度。

螺杆式压缩机具有强制输气的特点,即排气量几乎不受排气压力的影响,不同于动力型压缩机,其内压比与转速、气体密度无关。

螺杆式压缩机在宽广的工况范围内,仍能保持较高的效率,没有动力型压缩机在小排气量时出现的喘振现象。

螺杆式压缩机尚有以下缺陷:首先,由于基元容积周期性地与进、排气孔口连通,以及气体通过间隙的泄漏等原因,致使螺杆式压缩机产生很强的中、高频噪声,故必须采取消音、减噪措施。其次,由于螺杆齿面是一空间齿面,且加工精度要求又高,故需特制的刀具在专用设备上进行加工。最后,由于机器是依靠间隙密封气体,以及转子刚度等方面的限制,螺杆式压缩机只适用于中、低压范围。其常用范围见表3－4。

表 3－4 螺杆式压缩机常用范围

机型	转速,r/min	排气量,m^3/min	排气压力,MPa
干式	1800～22000	3～1000	<1
喷油	1000～3000	5～100	<1.7

注:排气量大于 20 m^3/min 多采用两级压缩。

基于以上特点,螺杆式压缩机在各个工业部门正日益得到广泛的应用,是压缩机械中比较年轻的、有发展前途的机型。

(四)国产螺杆式压缩机的型号

国产螺杆式压缩机的型号表示如下:

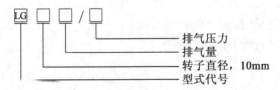

例如:LG25－30/－0.4～3.5 负压石油气螺杆式压缩机,代表转子直径为 250mm,进气压力为－0.4×10^5Pa,排气压力为 3.5×10^5Pa,进气状态下的排气量为 30m^3/min。

我国规定螺杆直径系列为：（63mm）、（80mm）、（100mm）、125mm、160mm、200mm、250mm、315mm、400mm、500mm、630mm、（800mm）。带括号的直径，只适用不对称型线，其中以 160mm、200mm、250mm 和 315mm 最为常用。

(五)特性参数计算

1.指示功率

1)内压缩比和外压缩比相等时的指示功率

对于干式螺杆压缩机(压力单位为 kPa)，其指示功率为：

$$N=0.0167\frac{p_sV_s}{\lambda}\left[\frac{m_1}{m_1-1}(\varepsilon^{\frac{m_1-1}{m_1}}-1)+\left(\frac{k}{k-1}-\frac{m_1}{m_1-1}\right)(\varepsilon^{\frac{m_1-1}{m_1}}-1)\right] \tag{3-37}$$

式中　N——指标功率，kW；

$\quad\quad m_1$——多变指数，$m_1>k$，对于空气 $m_1=1.5\sim1.6$；

$\quad\quad \lambda$——排气系数，对于对称圆弧型线 $\lambda=0.65\sim0.90$，单边不对称型线 $\lambda=0.7\sim0.95$；

$\quad\quad \varepsilon$——外压缩比。

对于喷油螺杆压缩机(压力单位为 kPa)：

$$N=0.0167\frac{p_sV_s}{\lambda}\left[\frac{m_2}{m_2-1}(\varepsilon^{\frac{m_2-1}{m_2}}-1)+\left(\frac{k}{k-1}-\frac{m_2}{m_2-1}\right)(\varepsilon^{\frac{m_2-1}{m_2}}-1)\right] \tag{3-38}$$

式中　λ——排气系数，对于对称圆弧型线 $\lambda=0.75\sim0.9$，单边不对称型线 $\lambda=0.8\sim0.95$；

$\quad\quad m_2$——喷油冷却的多变指数，$m_2<k$，对于空气 $m_2=1.05-1.1$。

2)内压缩比和外缩比不相等的指示功率

对子喷油螺杆压缩机(压力单位为 kPa)：

$$N=0.0167\frac{p_sV_s}{\lambda}\{p_s\varPhi+\varepsilon_{in}^{\frac{1}{m_2}}(p_d-p_{in})\}$$

$$\varPhi=\left[\frac{m_2}{m_2-1}(\varepsilon_{in}^{\frac{m_2-1}{m_2}}-1)+\left(\frac{k}{k-1}-\frac{m_1}{m_1-1}\right)(\varepsilon_{in}^{\frac{m_1-1}{m_1}}-1)\right] \tag{3-39}$$

式中　ε_{in}——内压缩比。

2.绝热功率和绝热效率

绝热功率与活塞式压缩机的相同，即

$$N_{ad}=0.0167p_sV_s\frac{k}{k-1}(\varepsilon^{\frac{k-1}{k}}-1) \tag{3-40}$$

绝热效率为

$$\eta_{ad}=\frac{N_{ad}}{N_s} \tag{3-41}$$

低压缩比、大中排气量时，$\eta_{ad}=0.7\sim0.75$；

高压缩比、中小排气量时，$\eta_{ad}=0.6\sim0.7$。

3.排气温度

1)干式螺杆压缩机

$$T_d=T_s\varepsilon^{\frac{m-1}{m}} \tag{3-42}$$

其中
$$\varepsilon = \frac{p_d}{p_s}$$

式中　T_d——排气温度,K;

　　　m——多变指数;

　　　T_s——进气温度,K。

2)喷油螺杆压缩机

对无油型一般不超过 200℃,对喷油型排气温度常控制在 70～110℃之间,适宜的排气温度应依气体性质及使用要求等因素综合考虑。

喷油螺杆压缩机的排气温度由压缩机的热平衡决定。它与喷油温度、喷油量、进气温度、排气量以及压缩机消耗的轴功率有关。根据能量守恒关系,并在一定条件下可得如下公式:

$$N_s \times 10^3 = Gc_p(T_d - T_{sg}) + G_o c_{po}(T_d - T_{so}) \tag{3-43}$$

式中　N_s——压缩机的轴功率,kW;

　　　G——排气质量流量,kg/s;

　　　G_o——喷油质量流量,kg/s;

　　　c_p——气体的比热容,J/(kg·K);

　　　c_{po}——油的比热容,J/(kg·K);

　　　T_d——排气(油)温度,K;

　　　T_{sg}——气体的进气温度,K;

　　　T_{so}——油的进口温度,K。

(六)排气量调节

在使用过程中,因种种原因要求改变压缩机的排气量,使压缩机的排气量与实际耗气量达到平衡,而且还要求这种调节经济和方便。

螺杆压缩机的排气量调节方法有:变转速调节;停转调节;控制进气调节;进、排气管连通调节;空转调节;滑阀调节等。

1.变转速调节

螺杆压缩机的排气量和转速成正比关系。变转速调节主要优点是整个压缩机组的结构不需作任何变动,而且在调节工况下,气体在压缩机中的工作过程基本相同。如果不考虑相对泄漏量(喷油螺杆还有相对击油损失)的变化,压缩机的功率 F 下降是与排气量的减少成正比例的,因此,这种方法经济性好。

由于螺杆压缩机有其自身的最佳转速,过分低于最佳转速时,运行效率将大大降低,所以,通常调速范围是额定转速的 60%～100%。

2.滑阀调节

滑阀调节与活塞式压缩机的部分行程进气阀调节的基本原理相同,它是使基元容积在接触线从进气端向排气端移动的前一段时间内仍与进气孔口相通,并使这部分回流到进气孔口。也就是说,减短了螺杆的有效轴向长度,以达到调节排气量之目的。这种调节方法是在喷油螺杆压缩机机体上装一滑动调节阀(简称滑阀),它位于排气一侧机体两内圆的交点外,且能在气缸轴线平衡方向上来回移动。滑阀的运动是由与它连成一体的油压活塞推动进行连续无级调节。滑阀调节特性如图 3-34 所示。

滑阀调节具有以下特点：

(1)调节范围广,可在10%～100%的排气范围内进行无级自动调节。

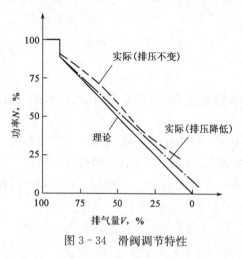

图 3 - 34　滑阀调节特性

(2)调节方便,适用于工况变动频繁的场合,目前广泛用于制冷、空调螺杆压缩机组中,油田气压缩机组中也开始使用。

(3)调节的经济性好,在50%～100%的排气量调节范围内,驱动机消耗的功率几乎与压缩机排气量的减少成正比例下降。

(七)驱动方式

螺杆式压缩机分无油和喷油两大类,它们的转速、排气量以及消耗功率均在宽广的范围内变化。因此,为适合这一情况,充分发挥各自的特点,在驱动机方面,除常用的电动机驱动外,还有用天然气发动机、蒸汽轮机、燃气轮机以及特种电动机驱动的。在传动方式上,有直接传动、经增速齿轮传动及螺杆式压缩机所特有的所谓"阴拖阳"(特殊型)的传动方式。

1.无油螺杆压缩机

无油螺杆压缩机的最佳圆周速度高,在55～120m/s之间,视型线是否对称而有所不同。

采用电动机驱动时,因电频率为50Hz时,电动机的最高转速为3000r/min,往往不能满足螺杆压缩机最佳线速度的要求,故其中间需增设增速齿轮。对于大型螺杆压缩机适用于蒸汽轮机或燃气轮机驱动。

2.喷油螺杆压缩机

喷油螺杆压缩机的最佳圆周速度较低,在20～45m/s之间,视型线是否对称而有所不同,因而阳转子转速一般不高于3000r/min。此外,喷油螺杆中无同步齿轮,螺杆本身起着同步齿轮的作用。一级喷油螺杆压缩机用电动机驱动时,常采用直接传动方式。

二、单螺杆压缩机

单螺杆压缩机系法国人辛麦恩(B. Zimmern)1960年发明,经研究改进,约于20世纪70年代开始正式投产。目前,荷兰格拉索(Grasso)公司、日本三井精机工业公司、美国芝加哥风动工具公司等都成批生产单螺杆压缩机、制冷机。我国北京第一通用机械厂也于1976年试制出OG-9/7型单螺杆压缩机,并引进了芝加哥风动工具公司生产技术。

(一)工作原理与基本结构

图3-35为单螺杆压缩机简图。在单螺杆1两侧的同一水平内对称地配置两个与螺杆齿槽相啮合的星轮2。螺杆1、星轮2分别在气缸5、机壳3内作旋转运动。螺杆轴与星轮轴是空间相互垂直的。气体由吸气腔9进入螺杆齿槽空间,经压缩后,由开设在气缸上的排气孔口7引出。在排气端,螺杆主轴4外伸端通过弹性联轴节与驱动机相连(图中未画出)。

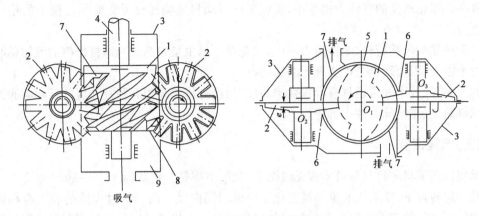

图 3-35 单螺杆压缩机简图

1—单螺杆转子;2—星轮;3—机壳;4—主轴;5—气缸;6—孔槽;7—排气孔口;8—转子吸气端;9—吸气腔

螺杆在高压端留有一段整圆柱段,上有螺纹齿,以密封螺杆齿槽内的高压气体。流经该圆柱段与气缸之间的泄漏气体,能通过气缸上适当位置处的一些通道引回吸气腔。这就使作用在螺杆两端的气体轴向力得以平衡。

这种压缩机都是喷液的,以喷油为最多。通常,在气缸上钻有喷油孔,将油喷入压缩腔,以起密封、冷却气体及润滑螺杆、星轮摩擦副的作用。

单螺杆压缩机的工作原理和其他容积型压缩机相仿,其基元容积是由螺杆齿槽、气缸以及星轮所构成。随着螺杆的旋转,基元容积作周期性地扩大与缩小,配以相应的吸气腔、排气孔口以及相应的螺杆与星轮凸齿的啮合运动,就能实现压缩气体的基本过程——吸气、压缩和排气过程。可把螺杆齿槽看成为活塞式压缩机的气缸,星轮凸齿看成活塞,故星轮凸齿与螺杆齿槽相啮合运动时,相当于活塞沿气缸作推进运动。

图 3-35 中,螺杆有 6 个齿槽,配置有两个星轮。星轮将螺杆沿水平面分成上、下两个工作空间,各自都能实现吸气、压缩及排气过程。所以,该压缩机相当于一台六缸双作用活塞式压缩机。

(二)主要特点

(1)结构合理,具有理想的力平衡性。

许多回转式压缩机,如滑片式或螺杆式压缩机都具有较大的不平衡负荷。当压缩比(或压差)较大时,更为严重,往往是限制压缩比(或压差)的主要因素。而单螺杆压缩机,因其结构合理,实现了力的完全平衡。

显然,作用于螺杆齿槽内的气体轴向载荷互相抵消,作用于螺杆上的气体径向力也互相抵消,即螺杆不承受任何径向或轴向气体力。

只有星轮凸齿上承受气体力,但其值很小,只有活塞式压缩机、螺杆式压缩机的 1/30 左右。基于上述特点,可选用普通滚动轴承,寿命较长。

(2)结构简单,制造方便。

单螺杆压缩机系容积型压缩机械,同时又具有回转机械的一系列特点,如重量轻、零部件少(特别是没有气阀组件)等。例如,与同类型活塞式压缩机相比,OG-9/7 型单螺杆压缩机,质量约为活塞式的 1/5,零件数由活塞式的 448 件减至 25 件。

(3)摩擦和磨损少。

如上所述,在单螺杆压缩机中,良好的力平衡性质使轴承负荷小,致使摩擦效率损失及磨损均很小。星轮承受的气体力也很小,所以螺杆带动星轮旋转仅需克服其值很小的星轮轴承摩擦阻力。

由于星轮轴承载荷轻,摩擦阻力不大,它完全可以由星轮凸齿与螺杆齿槽的液体(润滑油)摩擦力来带动,因而理论上可实现无磨损运行。

此外,单螺杆压缩机还具有容积效率高(因为没有排气余隙容积及相应的反向膨胀过程)、操作维修简便、排气脉动性小等特点。

(三)气量调节

单螺杆压缩机的排气量可实现无级调节,调节范围是全负荷的 25%～100%。

在一定转速下,压缩机的排气量正比于单位时间内星轮凸齿扫过齿槽的吸入容积值。设法减少吸入容积值就能达到调节排气量的目的。吸入容积值是通过气量调节器或气量调节圆环块来实现。

由于单螺杆压缩机力平衡性好,轴承负荷小,当设计与运行得当时,星轮与螺杆的啮合实际上不相接触,所以磨损极微,寿命很长。在排气量为 $5～40m^3/min$,其体积、质量、效率和噪声水平诸方面都接近甚至超过同类参数的其他型式压缩机。目前,单螺杆压缩机应用于固定式或移动式压缩空气装置中。由于单螺杆制冷机的单机制冷能力比活塞式压缩机大,所以在大型冷库、冷藏库、冷藏船、低压空调中心及热泵装置系统中,常采用单螺杆压缩机作为系统的主机。

单螺杆压缩机用于压缩天然气,国内还未用过,但是根据喷油螺杆压缩机已应用于天然气的压缩,单螺杆压缩机也应进行试验。

单螺杆压缩机的压缩比一般可达 10,有可能获得高达 10～16 的压缩比。

三、滑片式压缩机

滑片式压缩机的主要机件由气缸、转子及滑片三部分组成,如图 3-36 所示。

滑片式压缩机的转子偏心配置在气缸内,转子上开有若干纵向凹槽,在凹槽中装有能沿径向自由滑动的滑片。

由于转子在气缸内偏心配置,气缸内壁与转子外表面间构成一个月牙形空间。转子旋转时,滑片受离心力的作用从槽中甩出,其端部紧贴在气缸内壁上,月牙形的空间被滑片分隔成若干扇形的小室,即基元容积。

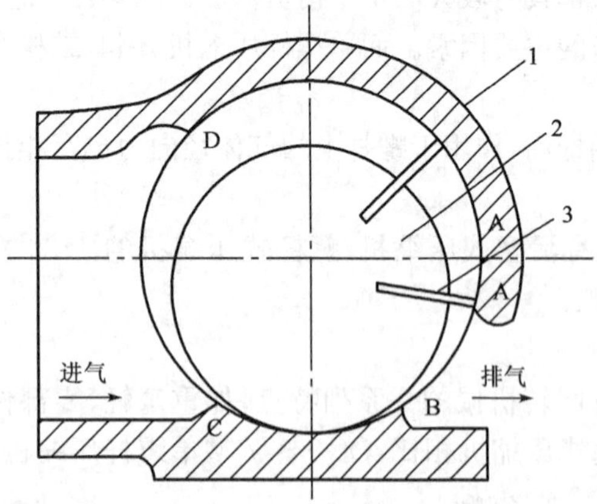

在转子旋转一周之内,每一基元容积将由最小值逐渐变大,直到最大值;再由最大值逐渐变小,变到最小值。随着转子的连续旋转,基元容积遵循上述规律周而复始变化。

如图 3-36 所示,在气缸上开设有进气孔口和排气孔口。

基元容积逐渐增大时,在左面与进气孔口相通,开始进入气体,直到基元容积达到最大,组成该基元容积的后一滑片(相对于旋转方向)越过进气孔口的上边缘时进气终止。以后,基元容积开始缩小,气体在其内被压缩。当组成该基元容积的前一滑片达到排气孔口的上边缘时,基元容积

图 3-36 滑片式压缩机的结构
1—气缸;2—转子;3—滑片

开始和排气孔口相通,则压缩过程结束,排气开始。而在基元容积的后一滑片越过排气孔口的下边缘时,排气终止。之后,基元容积达最小值。转子继续旋转,基元容积又开始增大。由此,余留在该最小容积中的压缩气体进行膨胀。当基元容积的前一滑片达到进气孔口的下边缘后,该正在扩大的基元容积又和进气孔口相通,重新开始进入气体。如果滑片数为 z,则在转子每旋转一周之中,依次有 z 个基元容积分别进行进气、压缩、排气及膨胀过程。

按滑片与转子、气缸之间的不同润滑方式(它主要取决于滑片材料),滑片式压缩机可分为三种:

(1)滴油滑片式压缩机。采用钢质滑片,气缸中滴油润滑(通常采用注油器或油杯向气缸内注入少量的润滑油),注入气缸中的少量润滑油随压缩气体带走,不进行分离回收。

(2)喷油滑片式压缩机。采用酚醛树脂纤维层压板或合金铸铁滑片,气缸中喷油润滑(兼作冷却、密封),即借助油泵或气体压力将润滑油大量喷入气缸,与被压缩的气体混合,在排出管道之后再将油分离出来,并循环使用。这种滑片式压缩机必须附带一套润滑油循环系统(油泵、滤油器、油冷却器、油气分离器等)。

(3)无油滑片式压缩机。滑片采用石墨及有机合成材料等自润滑材料,故气缸内无需再添加任何润滑剂。这种机器多用于压缩不允许被油污染的气体。

滑片式压缩机结构简单、制造容易,操作和维修保养方便。它几乎完全平衡,无振动,所以要求的基础小。此外,在旋转一周之中有多个基元容积与进、排气管接通,因此进排气压力脉动较小,不需安装很大的储气器。

滑片式压缩机的主要缺点是滑片与转子、气缸之间有很大的机械摩擦,产生较大的能量损失,因此效率较低。以排气量 $10m^3/min$、排气压力 $0.69MPa$ 的移动式空压机为例,其效率要比同参数的螺杆式压缩机约低 10%,比同参数的活塞式压缩机约低 20%。此外,虽然滑片的寿命现在已能突破 8000h,但要取决于材质、加工精度及运行条件,故它仍是影响滑片式压缩机运转周期的一个重要因素。

滑片式压缩机广泛运用于各种中、小型压缩空气装置和小型空调制冷装置中。在化学工业和食品工业中,无油机器可用来输送或加压各种气体。滑片式机械还可作为真空泵使用,单级可获 $4\sim5kPa$(真空度 95%~96%),双级可获 $1.0\sim1.5kPa$(真空度 98.5%~99%)。

滑片式压缩机多为单级或双级的,三级以上的很少见到。其转速为 $300\sim3000r/min$,压力及排气量见表 3-5。

表 3-5 滑片式压缩机的压力及排气量范围

类型	一级达到的压缩比	排气量,m^3/min
喷油	<10	<20
滴油	<4	<150
无油	<2.5	<10

喷油滑片压缩机,大庆油田曾用来增压油田气,由于当时国产机组耗油量大、寿命短,所以早已停用。今后,随着制造水平的提高,喷油滑片压缩机作为小型撬装油田气增压压缩机,也是一种可取的方案。

四、容积式压缩机的可靠性

可靠性是指压缩机能连续完成任务所规定的性能参数的能力,并用可靠度来表示。例如工艺流程用压缩机要求每年运行 8000h,如果能达到该指标,可靠度便为 100%,若只运行了 6000h,则可靠度为 80%。连续完成规定任务并不等于中间不维修或更换零部件。压缩机或零部件如果因为长期工作而不能全部或部分达到规定任务而必须报废时称此压缩机或零部件已经"失效";若只要更换某一零部件恢复性能,继续工作,则称压缩机出现了"故障",也即可恢复的失效。

一般流程用压缩机要求使用寿命为 15 年,持续无故障运行时间为 8000h。易损零部件,如气阀与活塞环,低压级为 8000h,中压级为 6000h,高压级为 4000h。压缩机进行预维修是正常的,例如更换气阀等,该部分工作不影响压缩机的可靠性,并且这部分时间应不计入 8000h 中,因此广义的可靠性包括可维修性。

压缩机的可靠性是由零部件的可靠性组成的。压缩机零部件可靠性可分以下四类:

(1)结构设计可靠性。合理的结构、合理的形位公差是结构设计可靠性主要内容,是各种可靠性的前提。

(2)强度可靠性。在往复式压缩机中,除连杆螺栓外,安全系数都很大,实际上强度方面几乎都是无限寿命零件。

(3)刚性可靠性。机身、曲轴、连杆、气缸等零部件要求有很高的刚性,故实际设计中许用应力取得很低,或者安全系数取得很大(如有的取安全系数 $n > 10$)。

(4)磨损可靠性,即要求正常的磨损期长,通常用 pv 来限制,当运转速度不能降低时,密封比压应该取得低。对活塞环来讲,其密封比压取决于各级压力,故不易改变,活塞环速度取决于活塞平均速度 v_m,$v_m = sn/30(m/s)$,其中 s 为行程,n 为转速,所以要考虑如何选择行程与转速,但两者又影响机器尺寸和重量,所以不能简单而定。活塞杆与气缸的磨损取决于磨损的次数与比压,在相同工况下,高转速压缩机比低转速压缩机磨损快,高压级比低压级磨损快。气阀的失效与弹簧力的匹配有密切关系。匹配合适的气阀,最终的失效由阀片密封面的磨损决定,而密封面的磨损取决于阀片与阀座产生撞击力,并与气体是否清洁有关。当然气阀弹簧必须进行强度可靠性计算并且可靠度达到 100%。

压缩机中常发生带螺纹的活塞杆断裂并酿成事故。活塞杆的断裂有下列三种可能的原因:

(1)材料或制造的缺陷。这是有形的,可从损坏的零件中分析、检验而知。

(2)螺母的预紧力未达到设计要求。这是安装中的疏忽,活塞杆断裂后已无法检查。

(3)活塞杆严重倾斜。这是运行管理中的问题,如气缸与活塞承压面过度磨损,致使该端下沉,使活塞杆与十字头结合处的螺纹受到弯矩(这可能使螺纹应力增加 8 倍以上)。由于强度不够而发生断裂。

因此,一个机器的可靠性包括:可靠性设计、可靠性制造、可靠性运行管理与可靠性维修。在压缩机运转过程中润滑油油量、油温、冷却水量与水温的控制属于运行管理的可靠性。

◇◇ 思 考 题 ◇◇

1. 往复式压缩机的理论循环与实际循环的是什么?
2. 写出容积系数 λ_V 的表达式,并解释各字母的意义。
3. 比较飞溅与压力润滑的优缺点。

4.多级压缩的好处是什么？

5.分析活塞环的密封原理。

6.动力空气压缩机常采用切断进气的调节方法,以两级压缩机为例,分析一级切断进气,对机器排气温度、压缩比等的影响。

7.分析压缩机在高海拔地区运动气量的变化规律,并解释其原因。

8.一台压缩机的设计转速为200r/min,如果将转速提高到400r/min,分析其工作情况。

9.设计一台往复式天然气压缩机,结构如图3-37所示。已知数据:吸气压力0.3MPa,排气压力25MPa,行程65mm,转速980r/min,排气量1.5m³/min,并要求一级气缸直径175mm,活塞杆直径$d=35$mm。一级进气温度为25℃,若用户要求排气压力为31MPa,各级压力如何变化?

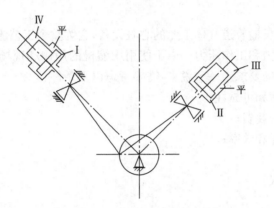

图3-37 往复式天然气压缩机结构

参考文献

[1] 郁永章. 活塞压缩机[M]. 北京:机械工业出版社,1982.

[2] 林海. 活塞压缩机原理[M]. 北京:机械工业出版社,1987.

[3] 余国琮. 化工机器[M]. 天津:天津大学出版社,1987.

[4] 姜培正. 流体机械[M]. 北京:化学工业出版社,1989.

[5] 高慎琴,等. 化工机器[M]. 北京:化学工业出版社,1992.

[6] 成大先. 机械设计手册[M]. 北京:机械工业出版社,1998.

[7] 郁永章. 容积式压缩机技术手册[M]. 5版. 北京:机械工业出版社,2010.

第四章
压缩机的选用

第一节 概　述

压缩机是油气田及长输管道气体工业的心脏设备,它为整个工艺流程的气体输送、处理及加工提供必不可少的动力和工作压力。由于使用压缩机的用途和现场安装条件等不同,因此对压缩机的选择有不同的要求。一般说来,需要考虑以下条件:

(1)压缩机的适用性和可靠性;

(2)原始基建费和安装费;

(3)燃料或动力消耗和效率;

(4)维修费;

(5)重量和空间界限;

(6)停机维修周期;

(7)搬迁的便利性;

(8)遥控操作的适宜性。

上述各项并非按重要性排列,也并非一定要全部满足上述条件,关键决定于压缩机的用途和经济性。但是,压缩机的最佳选择,必然会最大限度满足上述条件。

在选用压缩机时,首先应满足工艺要求,主要有:

(1)被压缩介质(天然气、氮气、氢气、空气等)对压缩机提出的要求;

(2)压缩机的排气量;

(3)压缩机的进、排气压力和温度。

在满足上述工艺要求的前提下,如果有几种类型的压缩机可供选择,则应再进一步对各种压缩机作选型比较。

压缩机的选型工作对于油气生产和加工等生产流程可以归纳为两方面的内容。一是压缩机的技术参数的选择,即选型计算,包括考核技术参数对工艺流程的适应性和技术参数本身的先进性。二是压缩机的结构性能的选择,包括压缩机的结构型式、使用性能以及变工况适应性等方面的选择比较,前者将决定压缩机在流程中的适用性,后者则影响压缩机在流程中的经济性。对于用户来说,自然是要求所选用的压缩机,既适用又经济,故上述两方面的工作必须同时进行。

对于油气田上的其他生产装置,选择时还必须考虑现场的特殊条件,如水、电供应和油气成分等。

压缩机的技术参数的选择是根据流程的工艺参数对压缩机进行工艺计算,然后把计算结果与压缩机样本所提供的热力参数进行比较,以判断压缩机对流程实际工况的适用性。

压缩机的结构性能的选择是在技术参数适用的基础上,对可供选择的各类压缩机,根据生产特点和现场条件等具体要求,进行结构方案、使用性能等方面的比较。压缩机的使用性能包括了上述条件中的燃料或动力消耗、工作效率、运转率和检修周期,对工作环境要求以及操作维修难易程度等。这些将直接影响产品的数量和成本。压缩机的结构方案则将影响厂房结构、配管方案等的投资费用。

不论是技术参数的选择还是结构性能的选择,首先要掌握工艺流程的特点以及对压缩机的要求,其次要掌握压缩机的各种特点及其适用范围,然后根据具体要求来选择合适的压缩机。

由于结构性能的选择,必须在技术参数选择之后进行,而且结构性能的选择工作,不但和压缩机本身的特点有关,常常还取决于使用厂(站)的规模、方案、环境条件、操作维修技术状况等因素,甚至和使用单位的使用习惯和偏好也有关系。也就是说,结构性能的选择不但有技术考核方面的工作,而且更多的是属于全厂(站)经济核算方面的内容,是一项变化较多且比较复杂的工作,因此,对于结构性能的选择,这里只能综合常用工艺流程对压缩机的普遍要求,并指出各项要求的实际意义,根据经验提出各类压缩机的适应范围。具体选择时,可结合第一章介绍过的各类压缩机的结构及性能特点和厂(站)的具体要求,对可供选择的各类压缩机(结构驱动机的选择)挑选出其中最为理想的机组。

与压缩机配套的驱动机首先要将压缩机由静止状态启动起来,加速到全速,然后保持压缩机在额定条件下连续运转。因此,选择与压缩机相适应的驱动机,对于保证压缩机可靠运转十分重要。油气田及长输管道气体工业所用压缩机与驱动机是由压缩机制造厂或有经验的成套厂商成套供应,用户只需提供成套要求。

第二节　天然气生产对压缩机的要求

一、天然气性质方面的要求

(一)安全问题

油气田及长输管道气体工业用压缩机压缩的介质为天然气。根据矿场类型和特点,天然气可分为油田气和非油田气。非油田气又可分为纯气田气和凝析气田气。从气体组成上划分可分为干气、湿气、贫气和富气,也可分为酸性天然气和洁气等。但是,从分子组成看,天然气是烃类气体混合物。因此,压缩天然气时安全问题就是一个突出的问题。天然气的主要组分在大气压力下在空气中的爆炸极限,见表4-1。

表4-1　天然气主要组分的爆炸极限(体积分数)

组 分		CH_4	C_2H_6	C_3H_8	C_4H_{10}	C_5H_{12}	H_2S	H_2
爆炸极限,%	上限	15.0	12.45	9.5	8.41	7.8	45.5	74.2
	下限	5.0	3.22	2.37	1.86	1.4	4.3	4.1

天然气所处压力、温度越高,则可能发生爆炸的范围越大,特别是压力影响很显著,随压力的增高,爆炸下限差不多保持不变,而上限却大大增加。以甲烷为例,不同工况下的爆炸极限见表4-2、表4-3。

表 4-2 不同压力下甲烷爆炸极限(体积分数)

压力,MPa	爆炸极限,%	
	下限	上限
0.1	4.50	14.20
3.20	4.45	44.20
6.40	4.00	52.90
12.80	3.60	59.00
19.20	3.15	60.00

表 4-3 不同温度下甲烷爆炸极限(体积分数)

温度,℃	爆炸极限,%	
	下限	上限
20	6.00	13.40
100	5.45	13.50
200	5.05	13.55
300	4.40	14.25
400	4.00	14.70
500	3.65	15.35
600	3.35	16.40
700	3.25	16.75

这些气体一旦泄漏到表 4-1 的程度,就有在厂房内引起爆炸事故的可能。因此,所选用的压缩机应有好的密封措施,如选活塞式压缩机要设置前置填料函,其他如润滑设备、驱动机的防爆性能以及车间的通风、安全、防爆、防雷、防静电、消防设施等,都应十分重视。

防止压缩机或管道内形成爆炸性混合物的措施是配管时避免产生死角,压缩机开车前需进行置换。死角处的置换将会不够充分,有可能在局部形成爆炸性混合物,这个问题要注意。

(二)气体性质的变化

在一个装置的生产过程中,气体的组成和性质往往会发生变化。不同的油气田所产的气体组成不同。同一个油气田,由于开采层位不同,气体组成会不同;同一个油气田的同一层位,由于开采方式和油气分离方式不同,所分出的气体组成也会不同。油气田开发是动态变化过程,因此,所选机组对气体组成应有较大的适应能力。一般应给一定的气体组成变化范围,选用离心式压缩机时更应注意,否则将因气体相对分子质量和绝热指数等参数的显著变化,会对压缩机的出力产生严重影响。

(三)压缩过程中的液化

天然气在压缩过程中可能会有液化发生,因此应注意凝液的分离和排除。对于活塞式压缩机,为了避免撞缸事故,压缩机的各级气缸余隙容积都应略大一些,凝液多的其出口气阀应放在气缸下部,防止凝液积聚,同时曲轴箱应注意适当的密封,以防液化后的气体渗漏到曲轴箱内,降低润滑油的闪点和黏度。

对于喷油螺杆压缩机或滑片压缩机,应根据气体组成规定最低的进排气温度,以免有气体液化而稀释润滑油。一旦润滑油被稀释,应有重新恢复润滑油性质的再生措施。

选用离心式压缩机时,轴密封油中可能漏入气体而被稀释,为此可按 API 614—2008《润滑、轴密封和控油系统及辅助设备》规定,应带脱气器。为提高脱气效率,脱气器上应配备电的、蒸汽的加热器以及搅拌抽气措施。

(四)排气温度限制

天然气组成主要是烷烃,因此对排气温度的限制不像石油炼厂气那样严格,但是如果排气温度过高也会出现黑色胶状物,排气温度应在 150℃ 以下。对于活塞式压缩机在较高的排出压力下,排气温度在 125~135℃,可能是实际使用的界限。

大庆油田从国外引进的 500 号工厂离心式压缩机设计排气温度为 165℃,运转过程发现有黑色胶状物出现,说明排气温度高。

二、生产过程连续性方面的要求

油气田及长输管道气体工业的生产要求具有高度的连续性,除必要的计划检修时间外,压缩机必须不间断地正常运转。这是由于压缩机的非计划停车将直接导致装置停产或减产的巨大经济损失。另外,压缩机是一种比较复杂的机械,加工精度要求高、零部件数量多。一旦出现故障,检修比较困难,有些机械故障的修复,还不是使用现场所能胜任的,且检修的时间长,费用大。

为了保证装置的正常稳定生产,必须对压缩机的安全可靠以及运转率提出更高的要求,所选机组应为经过长期运行有实践经验的机组。

三、装置工艺特点方面的要求

由于油气田及长输管道气体工业装置和单元受多种因素的影响,因此对压缩机一般有如下要求:

(1)适应进气压力的波动。集气系统中天然气压力受地层压力下降、自喷井集油压力的限制以及气量大小的影响,来气压力往往波动,输气压缩机也有类似情况。因此,所选压缩机组的进气压力应允许在一定范围内浮动,以最大限度地利用气源能量,减少集输气系统的动力消耗。

(2)给定进气温度的变化范围。压缩机的进气温度可能随操作条件或气象条件的变化而变化,故需要给定进气温度的变化范围。

(3)适应气量不稳定的变化。油气田气体业装置的生产不同于石油化工生产,绝大部分工艺装置因受油气田的开发变化的影响,处理气量处于动态变化过程。从长远看所处理气量不是固定不变的,需要采取机组调节或机组本身带气量调节以适应这种变化。

(4)方便现场组装。油气田上的装置多数为中、小型,为了缩短施工周期或便于拆迁,一般要求机组橇装,并希望压缩机组的冷却系统由机组提供,以简化工艺流程。

第三节 压缩机的选型

一、压缩机的使用范围

油气田及长输管道气体工业使用的主要压缩机类型是:活塞式压缩机、螺杆式压缩机和离心式压缩机。另外,轴流式压缩机和滑片式压缩机用于某些特殊的场合。这几种压缩机的一般使用范围如图4-1所示。

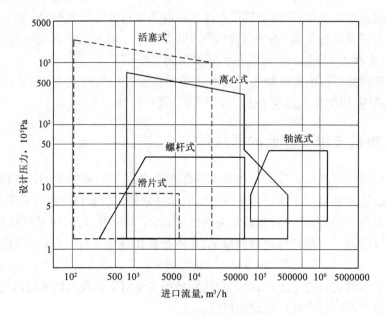

图4-1 压缩机的使用范围

(一)活塞式压缩机的使用范围

活塞式压缩机用于进气流量约为 $300m^3/min$ 或 $18000m^3/h$ 以下,特别适用于小流量、高压力的场合。

通常每级最大压缩比为3:1到4:1。高的压缩比能引起容积效率和机械效率的下降,以及较大的机械应力。压缩机的排气温度也限制了压缩比的提高,因机械方面的原因,通常限制温度在176.6℃以下,由于被压缩气体性质影响,还可能要求限制排气温度。天然气压缩机对排气温度有要求,所选压缩机的每级压缩比一般不大于4:1。

(二)离心式压缩机的使用范围

离心式压缩机用于进气流量约为 $14.16\sim6660m^3/min$ 或 $849.6\sim399600m^3/h$ 的场合。

离心式压缩机壳体分水平和垂直剖分两种型式,选择可结合图4-2进行。使用该图时应注意,图中所示使用范围对各制造厂所生产的压缩机会有所不同,如美国索拉透平公司生产的离心式压缩机的最小流量为 $4.25m^3/min$。

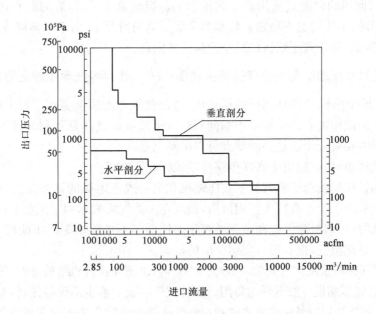

图 4-2 离心式压缩机的压力—排量范围图

图 4-2 中水平剖分型表示双进口时的排量范围,单进口时排量为 5094.0m³/min。对于小流量的压缩机,水平剖分型可应用压力 5.52MPa(800psi)到 6.89MPa(1000psi)。图中垂直剖分型应用压力范围比水平剖分型高。压力 72.39MPa(10500psi)可应用于注气,压力 13.79MPa(2000psi)到 34.47MPa(5000psi)可应用于合成氨和甲醇生产等。

(三)螺杆式压缩机的使用范围

螺杆式压缩机分为无油和喷油螺杆式压缩机。喷油螺杆式压缩机最高排出压力可达 5MPa。

(四)轴流式压缩机的使用范围

轴流式压缩机用于进气流量约为 1500m³/min 或 9000m³/h 以上的场合。轴流式用于压缩空气,国内目前尚未用于压缩天然气。

(五)滑片式压缩机的使用范围

滑片式压缩机特别适用于对振动、噪声和压缩空气品质有较严要求的场合,如医药、食品、轻纺、仪表、电子、化工、石油、轨道交通等行业。

二、压缩机的选型原则

在满足工艺要求前提下,对压缩机作选型比较时,一般可参考以下原则:

(1)高压和超高压压缩时,一般都采用活塞式压缩机。但是随着工业装置向大型化发展,压缩机的排气量越来越大,采用离心式压缩机的优点逐渐凸显。

(2)离心式压缩机具有输气量大而连续、运转平稳、机组外形尺寸小、重量轻、占地面积小、设备的易损部件少、使用期限长、维修工作量小等优点。对于气量较大且气量波动幅度不大,排气压力为中、低压的情况宜选用离心式压缩机。当流量小时,相应的离心式压缩机的叶轮窄,加工制造困难,工作情况不稳定。特别是多级压缩的情况下,由于气体被压缩,后几级叶轮的流量更小。因此,离心式压缩机的最小流量受到限制。

(3)由于速度型压缩机是先使气体得到动能$\left(\dfrac{u^2\rho}{2g}\right)$,然后再把动能转化为压力能。因此,相对空气密度小的气体,要得到同样的压缩比,必须使气体的速度更高才行。但这样,摩擦损耗等又会增加,因此用离心式压缩机压缩低相对分子质量的气体是不利的,但在高压下,由于气体的密度增加,相对分子质量小的缺点可以得到克服。

(4)当流量较小时,应选用活塞式压缩机或螺杆式压缩机。

(5)喷油螺杆压缩机由于兼有活塞式压缩机和离心式压缩机的许多优点,可调范围宽,操作平稳,不但在制冷工业上有很大实用价值,而且在天然气集输和加工工业上也逐步得到广泛的应用。干式螺杆压缩机除气量调节和单级压缩比低等不如喷油螺杆压缩机外,也具有上述优点,而且可以处理湿气,也是很有实用价值的机型。

(6)活塞式压缩机采用多台安装,一般为3～4台,以便在某台机组检修时,不致严重影响装置的生产。离心式压缩机一般不考虑备用。螺杆式压缩机一般也不设备用,但是目前国内产品质量还不过硬,而当选用国外机组时考虑到对机组可靠性的要求,有时也考虑设备用机组。

压缩机是价格很贵的设备,特别是离心式压缩机使用期限长、运转可靠,设置备用机组在经济上是不合理的。此外,选用一台大的离心式压缩机比用两台小的更经济,两台50％能力的小的离心式压缩机比一台100％能力的大的压缩机贵30％～50％,而且两台压缩机并车操作也比较困难,因此在长输管道以外的装置设计上应采用一台大的离心式压缩机而不采用两台小的。

油气田及长输管道气体工业所需压缩机的用途和要求是多种多样的,表4-4所列优缺点对比标准是适用于一般典型应用条件下的工程特征。

表4-4 各种压缩机的优缺点比较

压缩机类型	可靠性	原始基建费	安装费	效率	维修费	重量与空间	运转周期	搬迁的便利性	遥控的适宜性	对条件改变的适应性
低压螺杆式压缩机	优	优	优	良	优	优	优	优	优	良
低压滑片式压缩机	良—劣	优	优	良	中	优	中	优	优	良
高速天然气发动机驱动活塞式压缩机(分离式)	良	优	优	良	优	优	良	优	良	优
低速天然气发动机驱动活塞式压缩机(分离式)	优	良—劣	良—劣	优	中	良	良	劣	良	良
天然气发动机驱动大型活塞式压缩机(组合式)	优	良—劣	良—劣	优	中	优	良	良—劣	良	良
天然气发动机驱动小型活塞式压缩机(组合式)	优	良—劣	良—劣	良	优	优	良	良—劣	优	良
离心式压缩机	优	优—中	优	优—良	优	优	优	良—劣	优	中—劣

三、压缩机的选型计算

压缩机的选型计算除计算和流程有关的热力参数(如排气量、排气压力、排气温度、轴功率及驱动机功率)外,有时还需要计算压缩机的冷却水、润滑油耗量。

对于新建厂、站的选型计算,压缩机的各原始计算数据和所要求的热力参数值,可以流程说明的规定为准。而对于扩建技术改造厂(站)的选型计算,除排气量之外,其他参数则必须按原有压缩机稳定运转时的实际指标为准。当确定了原始计算数据和所要求的热力参数值之后,两种情况的计算方法类似。

压缩机的选型计算可分为详细计算和估算。详细计算需要有压缩机的具体而完整的资料数据,而这些数据往往难以获得,为此只能进行估算。

压缩机的选型计算在前述各章中已作了介绍,这里将压缩机选择与工艺流程有关的资料数据作简单说明。

(一)明确流程的原始计算数据

(1)气体性质和进气状态。用户一般应提供气体组成,而且应考虑到组成变化分为上、下限组成,或者是上、下限和设计值组成。计算时需要根据各组分物性确定出混合气体的物性。气体的进气状态参数包括进气压力 p_s、进气温度 T_s,这些数据一般也分为上、下限值。

(2)生产规模或流程需要的供气量一般按每天或每小时需标准状态体积计算。1954 年第十届国际计量大会(CGPM)协议的标准状态是:温度 273.15K(0℃),压强 101.325kPa。我国国家标准 GB/T 21446-2008《用标准孔板流量计测量天然气流量》以温度 293.15K(20℃)、压强 101.325kPa 作为计量气体体积流量的标准状态。上述两种标准状态条件在工程设计中均有采用。由于两种状态标准条件计量出的气体体积相差 7% 以上,因此使用时必须注明。知道工艺流程需要的供气量后,可以换算成压缩机的排气量。

(3)工艺流程需要的排气压力包括压缩机终压、各中间压力及中间压力损失。这个压力损失只考虑流程工序中的流动阻力损失以及抽气、处理的压力损失,不计入压缩机本身的进排气阀和管道的压力损失。油气田压缩机大部分用户所选压缩机中间无抽气和处理过程,无此要求时可以不考虑。

(4)排气温度的要求。如果流程或被压缩气体对排气温度有特别限制或加以利用时,应指出并给出具体的指标。

(二)计算单机排气量

需要的总供气量,可以由单台压缩机也可以采用多台压缩机并联使用来满足。选型计算前需要确定由多少台压缩机才能满足,机组台数确定后方可进行选型计算。有时也可确定单机后,反算台数,这一般用于选用活塞式压缩机。

第四节 压缩机的应用场合

油(气)田及长输管道气体工业用压缩机,按使用场合可分为集气、原油稳定、油罐烃蒸气回收、气体处理和加工、气体回注及地下储存、输气、轻油储存和向燃气轮机供气等。由于使用条件不同,所需机组的排气量和压力是多种多样的。

一、集气

油田气收集的主要压力能源是油气分离器的压力。由于油气分离器压力受自喷井集油压力的限制,在我国油田油气分离压力一般为 250～400kPa,要提高集气压力必须靠压缩机增压。

在气田上,当地层压力降至天然气不能进入管道系统时,需要装压缩机采气。如果采用压缩机采气,气井废弃压力可以降得很低。

在上述两种情况下,通常第一步先分散安装天然气发动机或电动机驱动的活塞式压缩机或滑片式压缩机作为集气机组。第二步,集中建立大、中型气体处理、加工厂(站)。

集气压缩机在油气田上使用数量最大,规格型号也多。集气压缩机组是单机排量范围一般为 10～300m³/min,进气压力 0～2.0MPa,排气压力为 0.3～6.4MPa,压缩比为 4：1 以下的单级压缩机,并分为抗硫或不抗硫两种。

二、原油稳定

用于原油稳定时,压缩机的介质是重组分较多的易冷凝的富气。进气压力分负压或微正压两种,进气温度也较高。一般宜选用螺杆式压缩机,螺杆式压缩机允许带液,进口可不设分液器,也不需要与之配套的凝液抽吸泵,从而可简化工艺流程。进气温度高时可选用喷液螺杆式压缩机。排气量大时,也可选用离心式压缩机,选用离心式压缩机时的流程如图 4-3 所示。

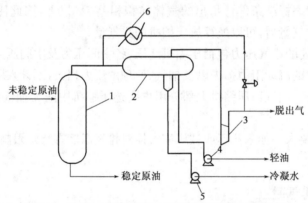

图 4-3　离心式压缩机用于负压原油稳定装置流程图

1—稳定器;2—三相分离器;3—离心式压缩机;4—轻油泵;5—冷凝水泵;6—换热器

三、油罐烃蒸气回收

经过油气分离器在压力下分出的原油,如果不进行稳定处理,则会由于油中含气,当进入常压油罐时,油中的溶解气大量挥发,同时还携带出很多沸点较高的重组分。油罐烃蒸气回收装置安装在常压油罐处,用以回收这部分气体,以减少原油的蒸发损失。从油罐抽出的气体送往气体加工装置进行处理。

从油罐中抽出的气量随油气分离压力、温度、进油量和出油量、气温的变化等因素影响而变化。因此,要求压缩机根据油罐中抽出气量和抽气压力的变化能自动启停,并有回流调节和补气系统,其流程如图 4-4 所示。

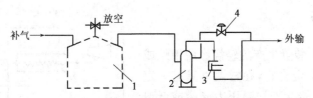

图 4-4 烃蒸气回收装置气体流程示意图

1—储油罐；2—洗涤器；3—压缩机；4—循环阀

烃蒸气压缩机是该装置的核心设备。压缩机单机排气量范围一般为 $20m^3/min$，进气压力为 490Pa，排气压力为 $250\sim400kPa$。

四、气体处理和加工

气体处理又称气体净化，是指为了满足气体质量所涉及的工艺流程，主要包括气体脱水以防止水冷凝；控制烃露点以防止烃类冷凝；脱硫化物和二氧化碳等。

气体加工又称轻油回收，是指从气体中回收符合一定质量要求的液态烃产品相关的工艺设施，但从压缩机选用看，两者是相同的。

气体处理和加工装置用压缩机，目前国内油田上使用的有活塞式压缩机和离心式压缩机，离心式压缩机绝大部分为国外引进机组。

五、气体回注及地下储存

气体回注主要用于三次采油以提高原油的采收率，回注介质为天然气、空气、氮气或二氧化碳等。回注天然气还用于凝析气田开发，回注回收凝析油以后的干气，循环注气保持地层压力开采，以便最大限度地采出凝析油。地下储存主要解决天然气产耗不平衡的问题。另外，气举采油也需要高压压缩机。

六、输气

输气压缩机装于首站或中间站，其站间布置如图 4-5 所示。

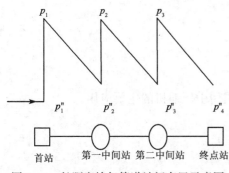

图 4-5 长距离输气管道站间布置示意图

输气首站一般与气体处理和加工装置统一建设，气体处理和加工工艺为甘醇脱水、浅冷或深冷分离等。压缩机选择既要满足输送又要满足气体处理或加工工艺的要求。

长距离输气管道需设中间站（增压站），中间站的压缩机除进气压力、气量和气体组成可能有变化外，其他与输气首站压缩机选择类同。目前，国内输气管道主要采用的美国通用电气公司（GE）的离心式压缩机。

离心式压缩机更适于输气量大、工况相对稳定的场合，按照目前国内外新建长输天然气管道的高压、大口径（目前建设的管道管径基本是1016mm 和 1219mm）、大流量的发展趋势，离心式压缩机将得到更广泛的应用。随着管线增加，压缩机组的数量也大幅度增加。

七、轻油储存

轻油是油气加工装置生产的轻烃经脱甲烷或乙烷以后的液态烃类混合物,在常温下具有一定的蒸气压,需要密闭储存于常温压力储罐或低温常压储罐内。

在常温压力罐储存时,根据流程的需要也常设置压缩机,目前液化石油气压缩机通常使用无油润滑活塞式压缩机或螺杆式压缩机。在低温常压储罐内储存时,为了制冷和维持储罐内温度,需要有压缩机。该机可以选用螺杆式压缩机,其流程如图4-6所示。

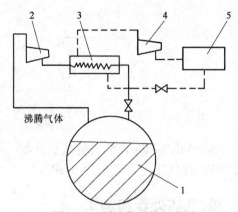

图4-6 再液化系统示意图
1—液化气体(轻油)储罐;2—无油螺杆式压缩机;
3—串级换热器;4—喷油螺杆式压缩机;5—冷凝器

八、向燃气轮机供气

燃气轮机的燃料气要求一定的压力,当天然气系统压力不能满足燃气轮机组要求时,需要在机组处设置增压压缩机。燃料气增压压缩机可以选用离心式压缩机、螺杆式压缩机或活塞式压缩机。

大庆油田从美国通用电气公司(GE)引进的 MS6001 燃气轮机所配燃料气增压压缩机为离心式压缩机,其型号 BCL257-6;从英国罗—罗(R-R)公司引进的 SK15HE 燃气轮机所配增压压缩机为喷油螺杆压缩机,其型号为 WRVH255/11021,由英国豪登公司(HOWDEN)生产;从德国林德公司引进的日处理油田气 $60 \times 10^4 m^3/d$ 的深冷分离装置中,压缩机的驱动机 TORNADO 燃气轮机,燃料气增压压缩机为无油润滑活塞式压缩机。

辽河油田从国外引进的 $120 \times 10^4 m^3/d$ 油田气深冷分离装置,和中原油田引进的 $100 \times 10^4 m^3/d$ 油田气深冷分离装置中,燃气轮机的燃料气增压压缩机均为活塞式压缩机。燃料气增压压缩机一般认为宜选用喷油螺杆式压缩机,因其排量易于调节,但需考虑润滑油稀释问题。

◇◇ 思 考 题 ◇◇

1. 压缩机选型和应用中,主要考虑的因素有哪些?
2. 简述压缩机的选型的主要内容。
3. 简述天然气性质对压缩机的特殊要求。
4. 结合各类型压缩机的特点,简述天然气生产和应用中压缩机的主要应用。
5. 简述压缩机选型计算的主要步骤。

参考文献

[1] 万邦烈,李继志.石油矿场水力机械[M].北京:石油工业出版社,1990.
[2] 钱锡俊,陈弘.泵和压缩机[M].东营:石油大学出版社,1989.
[3] 张建杰.压缩机和驱动机选用手册[M].北京:石油工业出版社,1990.
[4] 姬忠礼,邓志安,赵会军.泵和压缩机[M].北京:石油工业出版社,2008.
[5] 《燃气轮机与压缩机组操作维护手册》编委会.燃气轮机与压缩机组操作维护手册[M].北京:石油工业出版社,2009.

第五章

泵

第一节 泵的分类及用途

一、泵的分类

泵是把机械能转换成液体的能量,用来增压输送液体的机械。

泵的种类很多,其分类方法也多,这里根据泵的工作原理和结构型式,把泵分类如下:

$$
泵
\begin{cases}
叶片式泵(透平式泵)
\begin{cases}
离心泵 \\
轴流泵 \\
混流泵 \\
旋涡泵
\end{cases} \\[2mm]
容积式泵
\begin{cases}
往复泵:活塞泵、柱塞泵、隔膜泵 \\
回转泵:齿轮泵、螺杆泵、滑片泵
\end{cases} \\[2mm]
其他类型泵:喷射泵、水锤泵、真空泵
\end{cases}
$$

在特殊情况下,泵的能量转换是在流体之间进行,如把流体 A 的能量传递给流体 B,使流体 B 的能量增加,两者混合流出,例如喷射泵;还有把一股液流中的能量集中到部分液流之中,使部分液流的能量增加,例如水锤泵。泵输送的介质也可能是气液、固液两相介质,或气固液多相介质,而真空泵实际上是形成负压环境的抽气机。

另外,泵也常按其形成的流体压力分成低压泵、中压泵和高压泵三类,常将压力低于 2MPa 的泵称为低压泵,压力在 $2\sim6$MPa 之间的泵称为中压泵,压力高于 6MPa 的泵称为高压泵。

二、泵的用途

泵属于通用机械,在国民经济各部门中用来输送液体的泵种类繁多,用途很广,如水利工程、农田灌溉、化工、石油、采矿、造船、城市给排水和环境工程等。另外,泵在火箭燃料供给等高科技领域也得到应用。为了满足各种工作的不同需要,就要求有不同型式的泵。应当着重指出,化工生产用泵不仅数量大、种类多,而且因其输送的介质往往具有腐蚀性,或其工作条件要求高压、高温等,对泵有一些特殊的要求,这些泵往往比一般的水泵复杂一些。

在各种泵中,尤以离心泵应用最为广泛,因为它的流量、扬程及性能范围均较大,并具有结构简单、体积小、重量轻、操作平衡、维修方便等优点,所以本章以离心泵为主,着重讨论离心泵的工作原理、汽蚀、性能、调节和造型应用等,对其他的泵仅作简要的概述。

第二节　离心泵的典型结构与工作原理

一、离心泵的典型结构、分类及命名方式

(一)离心泵的典型结构

离心泵的主要部件有叶轮、转轴、吸入室、蜗壳、轴承箱和填料密封等,如图 5-1 所示。

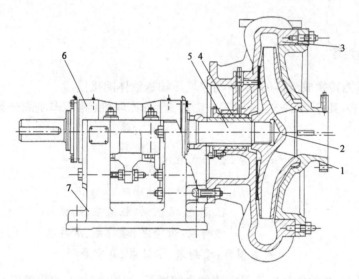

图 5-1　离心泵基本构件

1—吸入室(泵盖);2—叶轮;3—蜗壳(泵体);4—填料密封;5—轴;6—轴承箱;7—托架

离心泵的过流部件是吸入室、叶轮和蜗壳,它们的作用如下:

(1)吸入室:位于叶轮进口前,它把液体从吸入管吸入叶轮。要求液体经过吸入室的流动损失较小,液体流入叶轮时速度分布均匀。

(2)叶轮:旋转叶轮吸入液体转换能量,使液体获得压力能和动能。要求叶轮在流动损失最小的情况下使液体获得较多的能量。

(3)蜗壳:也称压出室,位于叶轮之后,它把从叶轮流出的液体收集起来以便送入排出管。由于流出叶轮的液体速度往往较大,为减少后面的管路损失,要求液体在蜗壳中减速增压,同时尽量减少流动损失。

(二)离心泵的分类

离心泵的类型很多,可按使用目的、介质种类、结构型式等进行分类。这里主要介绍按结构型式的分类。

1.按流体吸入叶轮的方式分类

(1)单吸式泵,如图 5-1 所示。

（2）双吸式泵，液体由两侧进入叶轮，其流量较单吸式增加一倍，轴上承受的轴向推力基本平衡。

2．按级数分类

（1）单级泵，如图5-1所示。

（2）多级泵，如图5-2所示，共八级，轴上装有八个叶轮，扬程较高。泵体采用双层结构，外壳用以保证高压下的强度和密封，内壳由垂直分段的导轮和前盖板组成。末级后装有平衡盘。第一级前装有诱导轮以提高吸入性能。为防止泵体在高温下热胀变形，还要通水冷却。

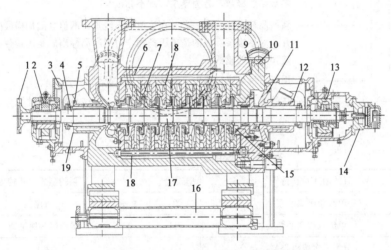

图5-2　节段式多级高压热油泵

1—联轴器；2—前径向轴承；3—填料箱的带法兰冷却室；4—泵轴；5,19—前填料函；6—泵外壳；7—叶轮；8—导轮；
9—圆垫片；10—排出端盖；11—后填料箱体；12—后填料函；13—止推轴承；14—润滑油泵；
15—排油入轴向力平衡系统；16—泵支架；17—转子；18—泵内壳

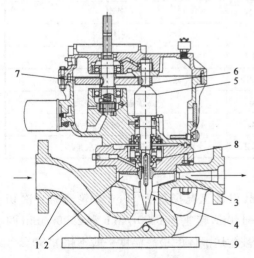

图5-3　调整部分流泵结构图

1—泵壳（吸入室）；2—叶轮；3—扩压管；4—诱导轮；
5—高速轴；6—从动齿轮；7—主动齿轮；
8—机械密封；9—底座

3．按泵体形式分类

（1）蜗壳泵：壳体呈螺旋形状，它又有单蜗壳和双蜗壳之分。

（2）筒形泵：泵的外壳筒形结构，能承受高压，如图5-2所示。

还有按主轴安放情况分为卧式泵、立式泵、斜式泵。

此外还有其他结构型式，这里介绍一种调整部分流泵的结构，如图5-3所示。它由泵壳、叶轮和扩压管等组成。泵轴立式安放，叶轮为开式，叶片为径向直叶片，当叶轮旋转至扩压管时才有部分液体流出，泵的吸入管与排出管布置在同一水平线上，轴封多采用机械密封。该泵的转速高达25000r/min，单级扬程高达1760m，但效率较低。

(三)离心泵的命名方式

目前,中国对于泵的命名方式尚未有统一的规定。但在国内大多数泵产品已逐渐采用汉语拼音字母来代表泵的名称。离心泵产品除了有一基本形式代表泵的名称外,还有一系列补充数字表示该泵的性能参数或结构特点,其组成如下:

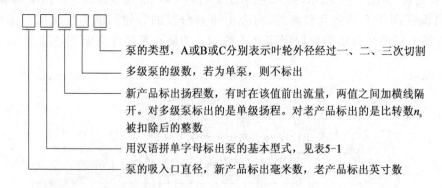

泵的类型,A或B或C分别表示叶轮外径经过一、二、三次切割

多级泵的级数,若为单泵,则不标出

新产品标出扬程数,有时在该值前出流量,两值之间加横线隔开。对多级泵标出的是单级扬程。对老产品标出的是比转数n_s被扣除后的整数

用汉语拼单字母标出泵的基本型式,见表5-1

泵的吸入口直径,新产品标出毫米数,老产品标出英寸数

表5-1 泵的基本型式及其特征

型式代号	泵的型式及其特征	型式代号	泵的型式及其特征
IS	单级单吸离心泵	YG	管路泵
S	单级双吸离心泵	IH	单级单吸耐腐蚀离心泵
D	分段式多级离心泵	FY	液下泵
DS	分段式多级离心泵(首级为双吸叶轮)	JC	长轴离心深井泵
KD	中开式多级离心泵	QJ	井用潜水泵
KDS	中开式多级离心泵(首级为双吸叶轮)	NQ	农用潜水电泵
DL	立式多级筒形离心泵	PS	砂泵
YG	卧式圆筒形双壳体多级离心泵	PH	灰渣泵
DG	分段式多级锅炉给水泵	NDL	低扬程立式钻井泵
NB	卧式凝结水泵	NDJF	低扬程卧式耐腐蚀衬胶钻井泵
NL	立式凝结水泵	ND	高扬程卧式钻井泵
Y	油泵	WGF	高扬程卧式耐腐蚀污水泵
YT	筒式油泵	WDL	低扬程立式污水泵

【例5-1】 150S50A

S表示单级双吸离心泵,吸入口直径为150mm,设计工况扬程为50m,叶轮经第一次切割。其流量范围为102~1250m³/h,扬程范围为9~140m,转速有1450r/min和2900r/min两种,功率为40~1150kW。该泵主要用来输送清水,被输送液体的最高温度一般不超过80℃。

【例5-2】 150D30×5

D表示分段式多级离心泵。吸入口直径为150mm,单级叶轮扬程为30m,叶轮级数为5级。在D型泵中,吸入口径4.9~12.25cm范围内均采用高转速(2950r/min);吸入口径为14.7~19.6cm时,采用低转速(1450r/min)。

【例 5 - 3】 200QJ80 - 55/5

QJ 表示井用潜水泵,适用量小井径为 200mm,流量为 80m³/h,总扬程为 55m 级数为 5 级。

【例 5 - 4】 IS80 - 65 - 160

要注意是的 IS 单级吸清水离心泵的命名方式与上述有所不同。它是由基本型式代号、吸入口直径(mm)、压出口直径(mm)和叶轮名义直径来表示。如该泵为吸入口直径为 80mm,压出口直径为 65mm,叶轮直径为 160mm。

二、离心泵的工作原理及基本方程

(一)基本性能参数

1.流量

流量是泵在单位时间内输送出去的液体量。用 q_V 表示容积流量,单位是 m³/s,用 q_m 表示质量流量,单位是 kg/s。

$$q_m = \rho q_V \tag{5-1}$$

式中　ρ——液体的密度,常温下 $\rho_{清水} = 1000\text{kg/m}^3$。

2.扬程

扬程是单位重量液体由泵进口(泵进口法兰)到泵出口(泵出口法兰)处能量的增加,也就是 1N 液体通过泵获得的有效能量。其单位是 $\dfrac{\text{N} \cdot \text{m}}{\text{N}} = \text{m}$,即泵抽送液体的液柱高度。扬程也称有效能量头。根据定义,泵的扬程 H 可写为

$$H = E_{out} - E_{in} \tag{5-2}$$

式中　E_{out}——泵出口处单位重量液体的能量,m;

　　　E_{in}——泵进口处单位重量液体的能量,m。

单位重量液体的总机械能 E 由压力能、动能和位能三部分组成,即

$$E = \frac{p}{g\rho} + \frac{c^2}{2g} + Z \tag{5-3}$$

式中　g——重力加速度,m/s²;

　　　Z——液体所在位置至任选的水平基准面之间的距离,m。

　　因此　　　　$$H = \frac{p_{out} - p_{in}}{g\rho} + \frac{c_{out}^2 - c_{in}^2}{2g} + (Z_{out} - Z_{in}) \tag{5-4}$$

式中　p_{in}, p_{out}——泵进口和出口压力;

　　　c_{in}, c_{out}——泵进口和出口速度;

　　　Z_{in}, Z_{out}——泵进口和出口位置高度。

由式(5-4)可知,由于泵出口截面上的动能差和高度差均不大,而液体的密度为常数,所以扬程主要体现的是液体压力的提高。

3.转速

转速是泵轴单位时间的转数,用 n 表示,单位是 r/min。

4.汽蚀余量

汽蚀余量,又称为净正吸头,用 $NPSH$ 表示,单位是 m,是表示汽蚀性能的主要参数。

5.功率和效率

泵的功率通常指输入功率,即原动机传到泵轴上的轴功率,用 N 表示,单位是 W 或 kW。泵的有效功率用 N_e 表示,是单位时间内从泵中输送出去的液体在泵中获得的有效能量,即

$$N_e = \frac{g\rho q_V H}{1000} \tag{5-5}$$

式中　q_V——泵的实际输出流量,m^3/s。

泵的效率为有效功率和轴功功率之比,即

$$\eta = \frac{N_e}{N} \tag{5-6}$$

泵的效率反映了泵中能量损失的程度。

泵中损失一般可分为三种:即容积损失(流量泄漏造成的能量损失)、水力损失(也称流动损失)和机械损失(轴承、密封填料和轮盘的摩擦损失)。其中,容积效率 η_V 为

$$\eta_V = \frac{\rho g q_{Vt} H - \rho g q H_t}{\rho g q_{Vt} H_t} = \frac{q_V}{q_{Vt}} \tag{5-7}$$

式中　q_{Vt}——泵的理论流量,m^3/s;

　　　H_t——泵的理论扬程,m;

　　　q——泄漏量,m^3/s。

水力效率 η_{hyd} 为

$$\eta_{hyd} = \frac{\rho g q_V H}{\rho g q_V H} = \frac{H}{H_t} \tag{5-8}$$

机械效率 η_m 为

$$\eta_m = \frac{N - N_m}{N} = \frac{\rho g q_{Vt} H_t}{N} \tag{5-9}$$

所以泵的总效率 η 为

$$\eta = \frac{N_e}{N} = \frac{\rho g q_V H}{N} = \frac{q_V}{q_{Vt}} \frac{H}{H_t} \frac{\rho g q_{Vt} H}{N} = \eta_V \eta_{hyd} \eta_m \tag{5-10}$$

一般离心泵的各种效率参考值见表5-2。

表5-2　不同类型泵的效率参考值

泵的类型	容积效率 η_V	水力效率 η_{hyd}	机械效率 η_m
小流量泵	0.95~0.98	0.90~0.95	0.95~0.98
小流量低压泵	0.90~0.95	0.85~0.90	0.90~0.95
小流量高压泵	0.85~0.90	0.80~0.85	0.85~0.90

(二)工作原理

图5-4为离心泵的一般装置示意图,离心泵在启动之前,应关闭出口阀门,泵内应灌满液体,此过程称为灌泵。工作时启动原动机使叶轮旋转,叶轮中的叶片驱使液体一起旋转从而产生离心力,使液体沿叶片流道甩向叶轮出口。经蜗壳送入打开出口阀口的排出管。液体从叶轮中获得机械能使压力能和动力增加,依靠此能量使液体达到工作地点。

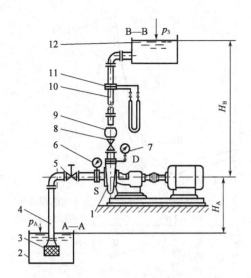

图 5-4　离心泵的一般装置示意图

1—泵；2—吸液罐；3—底阀；4—吸入管路；

5—吸入管调节阀；6—真空表；7—压力表；

8—排出管调节阀；9—单向阀；

10—排出管路；11—流量计；12—排液罐

在液体不断被甩向叶轮出口的同时，叶轮入口处就形成了低压。在吸液罐和叶轮入口中心线处的液体之间就产生了压差，吸液罐中的液体在这个压差作用下，不断地经吸入管路及泵的吸入室进入叶轮之中，从而使离心泵连续地工作。

(三)基本方程

众所周知，液体可作为不可压缩的流体，在流动过程中不考虑密度的变化。液体流经泵时通常也不考虑温度的变化。讨论液体的泵中的流动一般使用三个基本方程，即连续性方程、欧拉方程和伯努利方程。连续性方程和伯努利方程同离心式压缩机的基本方程，不再赘述。

这里将欧拉方程表示为旋转叶轮传递给单位重量液体的能量，也称理论扬程。该方程的数学表达式为

$$H_t = \frac{u_2 c_{2u} - u_1 c_{1u}}{g} \tag{5-11}$$

或

$$H_t = \frac{u_2^2 - u_1^2}{2g} + \frac{\omega_1^2 - \omega_2^2}{2g} + \frac{c_2^2 - c_1^2}{2g} \tag{5-12}$$

考虑有限叶片数受滑移的影响，较无限多叶片数叶轮做功能力减小，在离心泵中常使用如下的两个半经验公式计算 H_t。

(1)斯陀道拉公式为

$$H_t = \frac{\left(1 - \frac{c_{2r}}{u_2}\cot\beta_{2A} - \frac{\pi}{z}\sin\beta_{2A}\right)u_2^2}{g} \tag{5-13}$$

(2)普夫莱德尔公式为

$$H_t = \mu H_{t\infty} = \frac{H_{t\infty}}{1+p} \tag{5-14}$$

式中　μ——滑移系数；

p——修正系数。

第三节　离心泵的工作特性

一、汽蚀及预防措施

(一)汽蚀发生的机理及严重后果

1.汽蚀发生的机理

离心泵运转时，液体在泵内压力变化如图 5-5 所示。流体的压力随着从泵入口到叶轮入

口而下降,在叶片入口附近的 K 点上,液体压力 p_K 最低。此后,由于叶轮对液体做功,压力很快上升。当叶轮叶片入口附近的压力 $p_K \leqslant p_V$,液体输送温度下饱和蒸气压时,液体就汽化。同时,还可能有溶解在液体内的气体逸出,它们形成许多气泡,如图 5-6 所示。当气泡随液体流到叶道内压力较高处时,外面的液体压力高于气泡内的汽化压力,则气泡会凝结溃灭形成空穴。瞬间内周围的液体以极高的速度向空穴冲来,造成液体互相撞击,使局部的压力骤然剧增(有的可达数百大气压)。这不仅阻碍液体的正常流动,更为严重的是,如果这些汽泡在叶轮壁面附近溃灭,则液体就像无数小弹头一样,连续地打击金属表面,其撞击率很高(有的可达 $2000 \sim 3000 \mathrm{Hz}$),金属表面会因冲击疲劳而剥裂。如若气泡内夹杂某些活性气体(如氧气等),它们

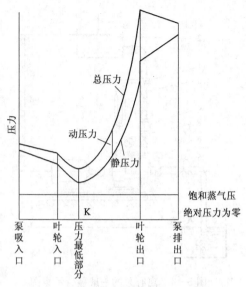

图 5-5 离心泵内的压力变化

借助气泡凝结时放出的热量(局部温度可达 $200 \sim 300 \mathrm{℃}$),还会形成热电偶并产生电解,对金属起到电化学腐蚀作用,更加速了金属剥蚀的破坏速度。上述这种液体汽化、凝结、冲击,形成高压、高温、高频冲击载荷,造成金属材料的机械剥裂与电化学腐蚀破坏的综合现象称为汽蚀。

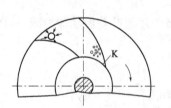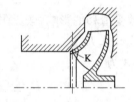

图 5-6 气泡的产生与溃灭

汽蚀涉及许多复杂的物理、化学现象,是一个尚需深入研究的问题。当前多数人认为汽蚀对流道表面材料的破坏,主要是机械剥蚀造成的,而化学腐蚀则进一步加剧了材料的破坏。

2.汽蚀的严重后果

汽蚀是水力机械的特有现象,它带来许多严重的后果。

1)汽蚀使过流部件被剥蚀破坏

通常离心泵受汽蚀破坏的部位,先在叶片入口附近,继而延至叶轮出口。起初是金属表面出现麻点,继而表面呈现槽沟状、蜂窝状、鱼鳞状的裂痕,严重时造成叶片或叶轮前后盖板穿孔,甚至叶轮破裂,造成严重事故。因而汽蚀严重影响到泵的安全运行和使用寿命。

2)汽蚀使泵的性能下降

汽蚀使叶轮和流体之间的能量转换遭到严重的干扰,使泵的性能下降,如图 5-7 的虚线所示,严重时会使液流中断无法工作。应当指出,泵在汽蚀初始阶段性能曲线尚无明显的变化,当性能曲线明显下降时,汽蚀已发展到一定程度了,该图还表示了混流泵、轴流泵汽蚀后的性能曲线。离心泵流叶道窄而长,一旦发生汽蚀,气泡易充满整个流道,因而性能曲线呈突然

下降的形式。混流泵、轴流泵的叶道宽而短,气泡从初生发展到充满整个叶道需要一个过滤过程,因而性能曲线是缓慢下降的。

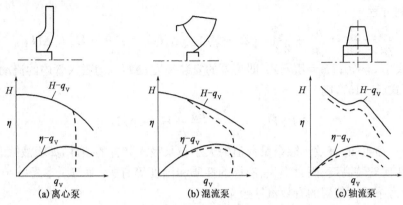

图 5-7　因汽蚀泵性能曲线下降

3)汽蚀使泵产生噪声和振动

气泡溃灭时,液体互相撞击并撞击壁面,会产生各种频率的噪声。严重时可听到泵内有"噼啪"的爆炸声,同时引起机组的振动。而机组振动又进一步促使更多的气泡产生与溃灭,如此互相激励,导致强烈的汽蚀共振,致使机组不得不停机,否则会遭到破坏。

4)汽蚀是水力机械向高流速发展的巨大障碍

因为液体流速越高,会使压力变得越低,更易汽化发生汽蚀。汽蚀的机理十分复杂,人们尚未完全认识清楚,因此研究汽蚀过程的客观规律,提高泵抗汽蚀的性能,是水力机械的研究和发展中的重要课题。

(二)汽蚀余量及汽蚀判别式

一台泵在运动中发生汽蚀,但在相同条件下,换上另一台泵就不发生汽蚀;同一台泵用某一吸入装置时会发生汽蚀,但改变吸入装置及位置,则泵不发生汽蚀。由此可见,泵是否发生汽蚀是由泵本身和吸入装置两方面决定的。因此,研究泵的汽蚀条件,防止泵发生汽蚀,应从这两方面同时加以考虑。

泵和吸入装置以泵吸入口法兰截面 S-S 为分界,如图 5-8 所示,如前所述,泵内最低压力点通常位于叶轮进口稍后的 K 点附近。当 $p_K \leqslant p_V$(饱和蒸气压)时,则泵发生汽蚀,故 $p_K = p_V$ 是泵发生汽蚀的界限。

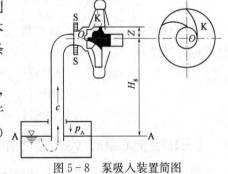

图 5-8　泵吸入装置简图

1. 有效汽蚀余量

有效汽蚀余量是指液流自吸缸(池)经吸入管路到达泵吸入口后,高出汽化压力 p_V 所富余的那部分能量头,用 $NPSH_a$ 表示,即

$$NPSH_a = \frac{p_s}{\rho g} + \frac{c_s^2}{2g} - \frac{p_V}{\rho g} \qquad (5-15)$$

式中　p_s——液流在泵入口处的压力,Pa;

c_s——液流在泵入口处的速度,m/s。

显然,这个富余量 $NPSH_a$ 越大,泵越不会发生汽蚀。

由伯努利方程

$$\frac{p_s}{\rho g} + \frac{c_s^2}{2g} = \frac{p_A}{\rho g} + \frac{c_A^2}{2g} - (Z_s - Z_A) - \Delta H_{A-S} = \frac{p_A}{\rho g} - H_g - \Delta H_{A-S} \qquad (5-16)$$

可认为式中 $c_A \approx 0$;$H_g = Z_s - Z_A$ 即为泵的安装高度;ΔH_{A-S} 为吸入管内的流动损失。将式 (5-16) 代入式 (5-15),则

$$NPSH_a = \frac{p_A}{\rho g} - \frac{p_V}{\lambda} - H_g - \Delta H_{A-S} \qquad (5-17)$$

由式 (5-17) 可知,有效汽蚀余量数值的大小与泵吸入装置的条件,如吸液罐表面的压力、吸入管路的几何安装高度、阻力损失、液体的性质和温度等有关,而与泵本身的结构尺寸等无关,故又称其为泵吸入装置的有效汽蚀余量。

2.泵必需的汽蚀余量

泵必需的汽蚀余量是表示泵入口到叶轮内最低压力点 K 处静压能量头降低值,用 $NPSH_r$ 表示,即

$$NPSH_r = \lambda_1 \frac{c_o^2}{2g} + \lambda_2 \frac{\omega_o^2}{2g} \qquad (5-18)$$

式中 c_o, ω_o——叶片进口稍前的 O 截面上的(图 5-8)液体绝对流速和相对流速。

λ_1 为绝对流速及流动损失引起的压降能头系数,一般 $\lambda_1 = 1.05 \sim 1.3$,其中流体由叶轮进口至叶片进口转变较缓和流速变化较小者取较小值,反之则取较大值。

液体绕流叶片的压降的头系数,一般在无冲击流入叶片的情况下 $\lambda_2 = 0.2 \sim 0.4$,其中叶片较薄且头部修圆光滑者取较小值,而叶片较厚且头部钝粗糙者取较大值,显然,p_K、p_s 值降低越少,则 $NPSH_r$ 值越小,泵越不易发生汽蚀。

用泵发生汽蚀时 $p_K = p_v$ 的条件,将 $NPSH_a$ 和 $NPSH_r$ 联成一式,则有

$$\frac{p_s}{\rho g} + \frac{c_s^2}{2g} - \frac{p_V}{\rho g} = \lambda_1 \frac{c_o^2}{2g} + \lambda_2 \frac{\omega_o^2}{2g} \qquad (5-19)$$

式 (5-19) 即为离心泵发生汽蚀的判别式,也称为汽蚀基本方程式。这样离心泵发生汽蚀的判别式也可归纳为

$$\begin{cases} NPSH_a > NPSH_r,\text{泵不发生汽蚀} \\ NPSH_a = NPSH_r,\text{泵开始发生汽蚀} \\ NPSH_a < NPSH_r,\text{泵严重汽蚀} \end{cases} \qquad (5-20)$$

(三)提高离心泵抗汽蚀性能的措施

提高离心泵抗汽蚀性能有两种措施,一种是改进泵本身的结构参数或结构型式使泵具有尽可能小的必需汽蚀余量 $NPSH_r$;另一种是合理地设计泵前装置及其他装置位置,使泵入口处具有足够大的有效汽蚀余量 $NPSH_a$,以防止发生汽蚀。

1.提高离心泵本身抗汽蚀的性能

(1)改进泵的吸入口至叶轮叶片入口附近的结构设计,使 c_o、ω_o、λ_1 和 λ_2 尽量减小,如图 5-9 所示,适当加大叶轮吸入口处的直径 D_0,减小轮毂直径 d_h 和加大叶片入口的宽度 b,以增大叶轮进口和叶片进口的过流面积,可使 c_o 和 ω_o 减小。适当加大叶轮前盖板进口段的

曲率半径 R_u，让液流缓慢转弯，可以减小液流急剧加速而引起的压降，适当减小叶片进口的厚度，并将叶片进口修圆使其接近流线型，也可以减小阻力损失。这些措施均可使 λ_1 和 λ_2 有所减小。另外，将叶片进口边向叶轮进口延伸，如图 5-9 所示，使液流提前接受叶片做功以提高压力，也是有效的措施。

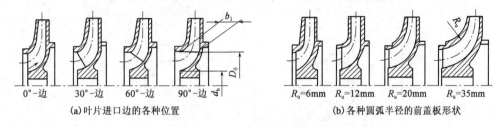

(a)叶片进口边的各种位置　　　　　(b)各种圆弧半径的前盖板形状

图 5-9　叶轮结构改进图

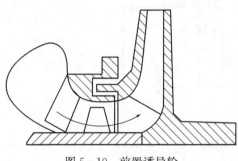

图 5-10　前置诱导轮

（2）采用前置诱导轮，如图 5-10 所示，使液流在前置诱导轮中提前接受诱导叶片做功，以提高液流的压力。

（3）采用双吸式叶轮，让液流从叶轮两侧同时进入叶轮，则进口截面增加一倍，进口流速可减小一倍。

（4）设计工况采用稍大的正冲角（$i = \beta_{iA} - \beta_1$），以增大叶片进口角 β_{iA}，减小叶片进口处的弯曲，以减小叶片阻塞，从而增大叶片进口面积；另外，还能改善在大流量下的工作条件，以减小流动损失。但正冲角不宜过大，否则影响效率。

（5）采用抗汽蚀的材料。如受使用条件所限不可能完全避免汽蚀时，应选用抗汽蚀性能强的材料制造叶轮，以延长使用寿命。常用的材料有铝铁青铜 9-4、不锈钢 2Cr13、稀土合金铸铁和高镍铬合金等。实践证明，材料强度、厚度、韧性越高，化学稳定性越好，抗汽蚀的性能越强。

2.提高进液装置汽蚀余量的措施

（1）增加泵前储液罐中液面上的压力 p_A 来提高 $NPSH_a$，如图 5-11(a)所示。如为储液池，则液面上的压力为大气压 p_a，即 $p_A = p_a$，如图 5-11(b)所示，这样 p_A 就无法加以调整了。

（2）减小泵前吸上装置的安装高度 H_g，可显著提高 $NPSH_a$。如储液池液面上的压力为 p_a，则

$$H_s = \frac{p_a}{\rho g} = \frac{p_s}{\rho g} \tag{5-21}$$

式中，H_s 为吸上真空高度。H_s 可用安装在泵入口法兰处的真空压力表测量监控。在泵发生汽蚀的条件下可求得最大吸上真空度为

$$H_{smax} = \frac{p_a}{\rho g} - \frac{p_V}{\rho g} + \frac{c_s^2}{2g} - NPSH_a \tag{5-22}$$

为使泵不发生汽蚀，要求吸上真空度 $H_s < H_{smax}$，即留有安全余量。也可使用吸上真空度，并规定留有 0.5m 液柱高的余量来防止发生汽蚀。并将式(5-21)代入式(5-16)，可得

$$H_s = \frac{c_s^2}{2g} + H_g + \Delta H_{A-Z} \tag{5-23}$$

由该式可以看出，减小泵前吸上装置的安装高度 H_g 等，可减小吸上真空度，故减小 H_g 是防止泵发生汽蚀的重要措施。

(3)将吸上装置改为倒灌装置,如图 5-11(c)所示,并增加倒灌装置的安装高度。从式(5.17)可以看出,H_g 值变负为正,则可显著提高 $NPSH_a$。若再改为储液罐并提高液面压力 p_A,如图 5-11(d)所示,则还可提高 $NPSH_a$。

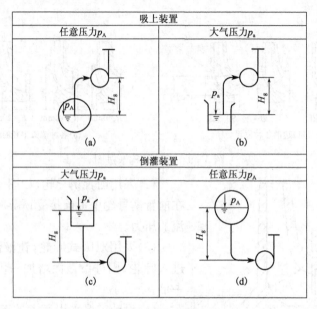

图 5-11　泵前装置示意图

(4)减小泵前管路上的流动损失 ΔH_{A-S},也可提高 $NPSH_a$。例如缩短管路、减小管路中的流速、尽量减小弯管或阀门、尽量加大阀门开度等,可减小管路中的沿程阻力损失和局部阻力损失,这些均可减小 ΔH_{A-S},从而提高 $NPSH_a$。

二、离心泵的性能及调节

(一)运行特性

1.泵的特性曲线

如同压缩机一样,泵也有运动变工况的特性曲线,有的泵特性曲线图还绘出必需的汽蚀余量特性曲线,如图 5-12 所示。泵在恒定转速下工作时,对应于泵的每一个流量 q_V,必相应的有一个确定的扬程 H、效率 η、功率 N 和必需的汽蚀余量 $NPSH_r$。泵的每条特性曲线都有它各自的用途,这里分别说明如下:

(1)$H-q_V$ 曲线是选择和使用泵的主要依据。这种曲线有陡降平坦和驼峰状之分。平坦状曲线反映的特点是,在流量 q_V 变化较大时,扬程 H 变化不大;陡降状曲线反映的特点是,在扬程变化较大时,流量变化不大;而驼峰状曲线容易发生不稳定现象。在陡降、平坦以及驼峰状的右分支曲线上,随着流量的增加,扬程均降低,反之亦然。

(2)$N-q_V$ 曲线是合理选择原动机功率和操作启动泵的依据。通常应按所需流量变化范围中的最大功率再加上一定的安全余量,选择原动机的功率大小。泵启动应选在耗功最小的工况下进行,以减小启动电流,保护电动机。一般离心泵在流量 $q_V=0$ 工况下功率最小,故启动时应关闭排出管路上的调节阀。

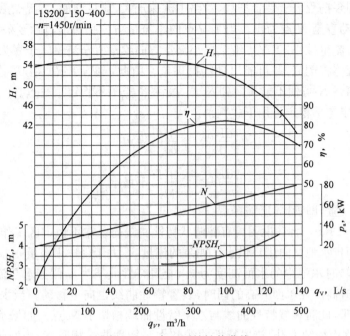

图 5-12　离心泵的性能曲线

（3）$\eta - q_V$ 曲线是检查泵工作经济性的依据。泵应尽可能在高效率区工作，通常效率最高点的为额定点，一般该点也是设计工况点。目前取最高效率以下 7% 范围内所对应的工况为高效工作区。有的泵在样本上只给出高效工作区段的性能曲线。

（4）$NSPH_r - q_V$ 曲线是检查泵工作是否发生汽蚀的依据。通常是按最大流量下的 $NSPH_r$，考虑安全余量及吸入装置有关参数来确定泵的安装设计。在运动中应注意监控泵吸入口处的真空压力计读数，使其不要超过允许的吸入真空度，以防止发生汽蚀。

2．泵在不稳定工况下工作

有些低比转数的泵特性曲线可能是驼峰型的，如图 5-13 所示。

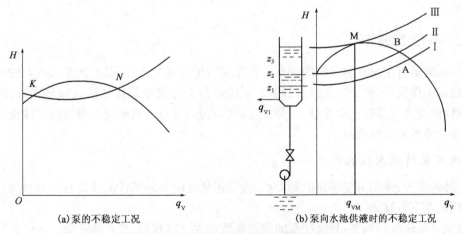

(a)泵的不稳定工况　　　(b)泵向水池供液时的不稳定工况

图 5-13　驼峰型特性曲线与不稳定工况

这种泵特性曲线有可能和装置（即管网）特性曲线相交于两点 K 和 N。其中 N 点为稳定工况，而 K 点为不稳定工况。当泵在 K 点工作时，会因某种扰动因素而离开 K 点。当向大流量方向偏离时,则泵扬程大于装置扬程,管路中流速加大,流量增加,工况点沿泵特性曲线继续向大流量方向移动直至 N 点为止。当工况点向小流量方向偏离时,则泵扬程小于装置扬程,管路中流速减小,流量减小,工况点继续向小流量方向移动直至流量等于零为止。若管路上无底阀或逆止阀,液体将倒流,并可能出现喘振现象。由此可见,工况点在 K 点是暂时的,不能保持平衡,一旦离开 K 点便不能再回到 K 点,故称 K 点为不稳定工况点。

工况点的稳定与不稳定可用下式判别:

$$\begin{cases} \dfrac{dH_{pipe}}{dq_V} > \dfrac{dH}{dq_V}, 稳定 \\[2mm] \dfrac{dH_{pipe}}{dq_V} < \dfrac{dH}{dq_V}, 不稳定 \end{cases} \tag{5-24}$$

式中 H_{pipe}——装置(即管网)所需扬程。

这里以图 5-13(b)为例,说明具有驼峰状特性曲线的泵在不稳定区工作的变化情况。泵向排水池送水,而排水池又向用户供水。如泵的流量 q_V 大于用户用水量 q_{VI},则水池中水面升高。水泵开始运转时水池中的水面高度为 z_1,装置特性曲线为 I,假如水泵流量 q_{VA} 大于 q_{VI},则水池中水面将升高。在水面升高的同时,装置特性曲线也向上移动。当水面上升到 z_3 时,装置特性曲线为 III,此时装置特性曲线与水泵特性曲线相切于 M 点。如果水泵流量 q_{VM} 仍比 q_{VI} 大,则水池中水面继续上升,装置特性曲线和水泵特性曲线相脱离,止回阀自动关闭,水泵流量立即自 q_{VM} 急变到零。这时水池中的水面就开始下降,装置特性曲线重新与泵特性曲线相交于两点。但因泵的流量等于零,泵的扬程低于装置的扬程,故泵仍不能将水送入排水池,直到水池中水面降到 z_2 时,泵才重新开始送水。此时装置特性曲线为 II,流量为 q_{VB},以后水池中水面上升,又重复上述过程。这就是泵的不稳定现象。

由上述可见,造成泵不稳定工作需要两个条件,其一是泵具有驼峰状的性能曲线,其二是管路中有能自由升降的液面或其他能储存和释放能量的部分。泵不稳定运行会使泵和管路系统受到水击、噪声和振动,故一般不希望泵在不稳定工况下运行。为此,应尽可能选用性能曲线无驼峰状的泵。但是,只要不产生严重的水击、振动和倒流现象,泵是可以允许在不稳定工况下工作的。这与压缩机只允许在稳定工况区工作,否则将出现喘振使其可能遭到破坏是有所不同的。

(二)运行工况调节

改变泵的运行工况点称为泵的调节。在泵运行中为使泵改变流量、扬程、运行在高效区或运行在稳定工作区等,需要对泵进行调节。泵的运行工况点是泵特性曲线和装置特性曲线的交点,所以改变工况点有三种途径:一是改变泵的特性曲线;二是改变装置的特性曲线;三是同时改变泵和装置的特性曲线。

1. 改变泵特性曲线的调节

(1)转速调节:使用可变转速的原动机,当转速增加时泵的特性曲线向右上方移动;当转速减小时则向左下方移动。

(2)切割叶轮外径调节:只能使泵的特性曲线向左下方移动,且不能还原。

(3)改变前置导叶叶片角度的调节:在叶轮前安装可调节叶片角度的前置导叶,即可改变叶轮进口前的液体绝对速度,使液流正预旋或负预旋流入流道,以此改变扬程和流量。

(4)改变半开式叶轮叶片端部间隙的调节:间隙增大,则泵的流量减小,且由于叶片压力面和吸力面压差减小,泵的扬程降低。泵的轴功率和效率也相应降低。值得说明的是间隙调节比闸阀调节省功。

(5)泵的并联或串联调节:泵并联是为了增加流量;泵串联是为了增加扬程。

2. 改变装置特性曲线的调节

(1)闸阀调节:这种调节方法简便,使用最广,但能量损失很大,且泵的扬程曲线越陡,损失越严重。

(2)液位调节:由图5-14可见,液位升高时,扬程增大,流量减小,液位也下降。而液位降低后,流量又逐渐增加,故可使液位保持在一定范围内进行调节。

(3)旁路分流调节:如图5-15所示,在泵出口设有分路与吸水池相连通。此管路上装一节流阀,其中R_1是主管的阻力曲线;R_2是旁管的阻力曲线;R是主管路和旁路并联合成曲线。旁路关闭时,泵的工况点为B;打开旁路阀门时,泵的工况点为A。按装置扬程相等分配流量的原则,过A点作一水平线交R_1线于A_1,交R_2线于A_2,则通过旁路的流量为q_{VA_2},通过主管路的流量为q_{VA_1}。它适用于流量减小而扬程也要减小的场合。

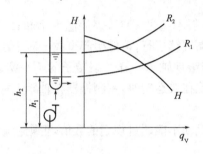

图5-14 液位调节

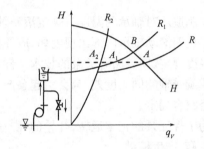

图5-15 旁路分流调节

三、离心泵的启动与运行

(一)启动前的准备工作

1. 启动前的检查

泵启动前要进行全面认真地检查。检查的内容有:

(1)润滑油的名称、型号、主要性能和加注数量是否符合技术文件规定的要求;

(2)轴承润滑系统、密封系统和冷却系统是否完好,轴承的油路、水路是否畅通;

(3)使盘动泵的转子转动1~2转,检查转子是否有摩擦或卡住现象;

(4)联轴器附近或皮带防护装置等处是否有妨碍转动的杂物;

(5)泵、轴承座、电动机的基础地脚螺栓是否松动;

(6)泵工作系统的阀门或附属装置均应处于泵运转时负荷最小的位置,应关闭出口调节阀;

(7)启动泵,看其叶轮转向是否与设计转向一致,若不一致,必须使叶轮完全停止转动后,调整电动机接线,方可再启动。

2. 充水

水泵在启动以前,泵壳和吸水管内必须先充满水,这是因为有空气存在的情况下,泵吸入口真空无法形成和保持。

3.暖泵

输送高温液体的泵,如电厂的锅炉给水泵,在启动前必须先暖泵。因为给水泵在启动时,高温给水流过泵内,使泵体温度从常温很快升高到100~200℃,这会引起泵内外和各部件之间的温差,若没有足够长的传热时间和适当控制温升的措施,会使泵各处膨胀不均,造成泵体各部分变形、磨损、振动和轴承抱轴事故。

(二)启动程序

(1)离心泵泵腔和吸水管内全部充满水并无空气,出口阀关闭。给水泵暖泵完毕。

(2)对于强制润滑的泵,启动油泵向各轴承供油。

(3)启动冷却水泵或打开冷却水阀。

(4)合闸启动,启动后泵空转时间不允许超过2~4min,使转速达到额定值后,逐渐打开离心泵的出口阀,增加流量,并达到要求的负荷。

(三)运行中的注意事项

泵制造厂对轴承的温度有规定滚动轴承的温升一般不超过40℃,表面温度不超过70℃,否则就说明滚动轴承内部出现毛病,应停机检查。如果继续运行,可能引起事故。对于滑动轴承的温度规定,应参阅有关泵的技术文件,处理方法与滚动轴承一样。泵转子的不平衡、结构刚度或旋转轴的同心度差,都会引起泵产生振动。因此在泵运转时,用测振器在轴承上检查振幅是否符合规定。

为了保证泵的正常运转,叶轮的径向跳动和端面跳动不能超过规定的数值,否则会影响转子的平衡,产生振动。

四、相似理论在泵中的应用

(一)泵的流动相似条件

通常对叶片式泵内的流动而言,两泵流动相似应具备几何相似和运动相似,而运动相似仅要求叶轮进口速度与三角形相似。

(二)相似定律和比例定律

保持流动相似的工况称为相似工况。两泵在相似工况下的性能参数符合下列相似定律表达式:

流量关系
$$\frac{q'_V}{q_V} = \lambda_L^3 \frac{n'}{n} \frac{\eta'_V}{\eta_V} \qquad (5-25)$$

扬程关系
$$\frac{H'}{H} = \lambda_L^2 \left(\frac{n'}{n}\right)^2 \frac{\eta'_{hyd}}{\eta_{hyd}} \qquad (5-26)$$

功率关系
$$\frac{N'}{N} = \lambda_L^5 \left(\frac{n'}{n}\right)^3 \frac{\rho' \eta'}{\rho \eta_m} \qquad (5-27)$$

式中 λ_L——尺寸比较系数。

在实际应用中,如果液体密度相同,两泵的尺寸和转速相差不大时,可认为在相似工况下运动时,各种效率分别相等,即这样则得到简化的相似定律表达式:

$$\frac{q'_{V}}{q_{V}} = \lambda_{L}^{3} \frac{n'}{n} \qquad (5-28)$$

$$\frac{H'}{H} = \lambda_{L}^{2} \left(\frac{n'}{n}\right)^{2} \qquad (5-29)$$

$$\frac{N'}{N} = \lambda_{L}^{5} \left(\frac{n'}{n}\right)^{3} \qquad (5-30)$$

同一台泵,若输送液体不变,当转速由 n_1 改变为 n_2 时,根据相似定律,$\lambda_L = 1$,则在不同转速下相似工况的对应参数与转速之间的关系式为

$$\frac{q'_{V}}{q_{V}} = \frac{n'}{n} \qquad (5-31)$$

$$\frac{H'}{H} = \left(\frac{n'}{n}\right)^{2} \qquad (5-32)$$

$$\frac{N'}{N} = \left(\frac{n'}{n}\right)^{3} \qquad (5-33)$$

上式即为比例定律的表达式,比例定律的相似定律的一种特例。其适用于几何尺寸相同、输送液体相同的两台泵转速不同的性能换算。

(三)比转数

相似定律表达了在相似条件下相似工况点性能参数之间的相似关系。如果在几何相似泵中能用性能参数之间的某一综合参数来判别是否为相似工况,则不必证明运动相似,即可方便地应用相似定律,为此建立了比转数的概念。

将式(5-28)平方并除以式(5-29)的三次方,然后再开四次方得

$$n'_{s} = n' \frac{q'^{\frac{1}{2}}_{V}}{H'^{\frac{3}{4}}} = n \frac{q^{\frac{1}{2}}_{V}}{H^{\frac{3}{4}}} = n_{s} \qquad (5-34)$$

式中 n_s——比转数。

式(5-34)表明,相似工况的比转数相等;或者说,如果泵几何相似,则比转数相等下的工况为相似工况,因为由比转数相等可推出该运动相似。这样比转数相等就成为几何相似泵工况相似的判别式了。

由于不同工况点的比转数不同,为了便于比较,统一规定只取最佳工况点(即最高效率工况点)的比转数代表泵的比转数。在中国为使水泵的比转数与水轮机的比转数一致,并沿用过去的表达式,规定其计算式为

$$n_{s} = 3.65 n \frac{q^{\frac{1}{2}}_{V}}{H^{\frac{3}{4}}} \qquad (5-35)$$

式中,流量单位用 m³/s,扬程单位用 m,转速单位用 r/min。在计算时,双吸泵的叶轮流量除以2,多级泵扬程除以级数。

比转数在泵的分类、模化设计、编制系列型谱和选择使用泵等方面均有重要的作用,例如

可以按照比转数的大小来大致划分泵的类型。由比转数的定义式(5-34)可知,比转数大反映泵的流量大、扬程低;反亦然。通常 $n_s<30$ 为活塞式泵。在叶轮式泵中,按比转数大小划分泵的类型(表5-3)。由表5-3可以看出,适应于不同比转数的叶轮形状、尺寸比例、叶片形状及其性能曲线各有所不同。

表5-3 比转数与叶轮形状和性能曲线形状的关系

泵的类型	离心泵			混流泵	轴流泵
	低比转数	中比转数	高比转数		
比转数 n_s	$30<n_s<80$	$80<n_s<150$	$150<n_s<300$	$300<n_s<500$	$500<n_s<1000$
叶轮形状					
尺寸比 $\dfrac{D_2}{D_0}$	≈3	≈2.3	≈1.8~1.4	≈1.2~1.1	≈1

泵的类型	离心泵			混流泵	轴流泵
	低比转数	中比转数	高比转数		
叶片形状	柱形叶片	入口处扭曲 出口处柱形	扭曲叶片	扭曲叶片	轴流泵翼型
性能曲线形状					
流量—扬程曲线特点	关死扬程为设计工况的1.1~1.3倍,扬程随流量减少而增加,变化比较缓慢			关死扬程为设计工况的1.5~1.8倍,扬程随流量减少而增加,变化较急	关死扬程为设计工况的2倍左右,扬程随流量减少而急速上升,又急速下降
流量—功率曲线特点	关死功率较小,轴功率随流量增加而上升			流量变动时轴功率变化较少	并死点功率最大,设计工况附近变化比较少,以后轴功率随流量增大而下降
流量—效率曲线特点	比较平坦			比轴流泵平坦	急速上升后又急速下降

(四)叶轮切割定律

转速固定的泵,仅有一条扬程流量曲线。为了扩大其工作范围,可采用切割叶轮外径的方法,使工作范围由一条线变成一个面。若新设计的泵通过试验性能偏高,或用户使用的性能低

于已有泵的性能,即可用这种切割叶外轮径的办法来解决问题。叶轮切割前后的性能参数变化关系,可近似地由以下切割定律来表达:

$$\frac{q'_{V}}{q_{V}} = \frac{D'_{2}}{D_{2}} \tag{5-36}$$

$$\frac{H'}{H} = \left(\frac{D'_{2}}{D}\right)^{2} \tag{5-37}$$

$$\frac{N'}{N} = \left(\frac{D'_{2}}{D_{2}}\right)^{3} \tag{5-38}$$

式中,带上角标 ′ 的参数为切割后的参数,D_2 为叶轮外径。

使用切割定律的切割量不能太大,经验表明,允许的最大相对切割量与比转数 n_s 有关,表 5-4 为叶轮外径允许的最大相切割量。

表 5-4 叶轮外径允许的最大相对切割量

比转数 n_s	≤60	60~120	120~200	200~300	300~350	350 以上
允许切割量 $\dfrac{D_2-D'_2}{D_2}$	20%	15%	11%	9%	7%	0
效率下降	每车小 10%,下降 1%			每车小 4%,下降 1%		—

注:(1)旋涡泵和轴流泵叶轮不允许切割;
 (2)叶轮外径的切割一般不允许超过本表规定的数值,以免泵的效率下降过多。

(五)高效工作范围

考虑到泵运行的经济性,要求泵应在较高效率范围内工作。通常规定最高效率下降 $\Delta\eta$ 为界,中国规定 $\Delta\eta=5\%\sim8\%$,一般取 $\Delta\eta=7\%$。图 5-16 中由 ABCD 包围的阴影区即为泵的高效工作范围,其中 N 为最高效率抛物线,AD 虚线 4 和 BC 虚线 5 近似为等效率抛物线,AB 实线 1 为未切割叶轮外径 D_2 时扬程性能曲线,CD 实线 2 为达到允许最大相对切割量 D_{2min} 时的扬程性能曲线。另外,AB 实线 1 也可表示为转速为 n_1 的扬程性能曲线,CD 实线 2 也可表示为叶轮外径不变而转速降低为 n_2 的扬程性能曲线,故 ABCD 阴影区也为转速改变时的高效工作区。

(六)系列型谱

为促进泵的生产、优选品种、扩大批量、降低成本,而又能较好地满足广大用户的各种要求,有必要实现泵的系列化、通用化、标准化。而编制泵的系列型谱,是实现"三化"的一项重要工作。首先,按照泵的结构划分系列(例如单级离心泵系列、双吸泵系列、节段式多级泵系列等)或按照泵的用途划分系列(例如化工流程泵系列、锅炉给水泵系列等),然后每种系列根据泵的相似原理编制型谱。其大体做法是,选择经过实验表明性能良好的几种比转数模型泵作基型,按照一定流量间隔和一定扬程间隔确定若干种与模型泵几何相似、比转数相等的泵作为泵的产品。包括这些泵变转速或切割叶轮外径的高效

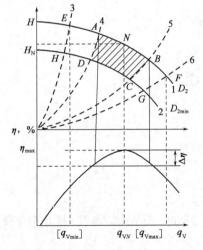

图 5-16 离心泵的高效工作范围

工作区,使其布满广阔的扬程流量图,这种图即为泵的系列型谱图。以图5-17作为示例,它表示了一种按照国际标准ISO-2858编制的清水单级离心泵系列的型谱图。图中为使高扬程大流量的间隔不致太大,通常采用对数坐标表示。其中,斜直线为等比转数线。虽然比转数仅有几个,但与模型泵几何相似、比转数相等的泵可有几种。图中每种产品以点标出其设计工况,以泵的进口、出口和叶轮外径尺寸mm值标明其规格,还标出了高效工作区。从图中可以看出,虽然泵的品种规格不多,但却能布满如此大的流量扬程范围,显然,按照这种系列型谱图组织泵的生产,提供用户选型使用,是具有很多优越性的。目前国内离心泵的系列已经比较齐全,用户可以根据自己的实际条件从各类泵的系列型谱中进行合理的选择。

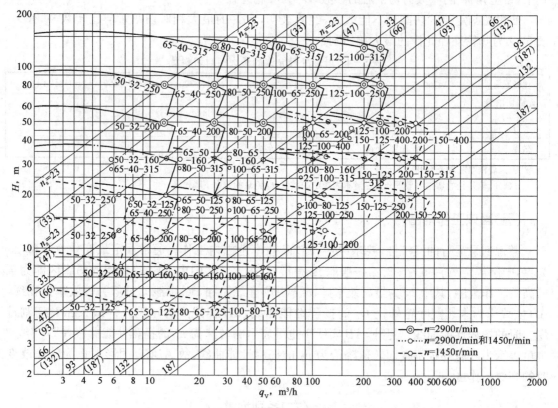

图5-17 单级离心泵系列型谱

第四节 其他泵概述

一、轴流泵

(一)典型结构

图5-18为轴流泵的一般结构,其中过流部件有叶轮、导叶、吸入管、弯管(排出管)和外壳。

(1)按照安装位置,轴流泵分为立式、卧式和斜式。

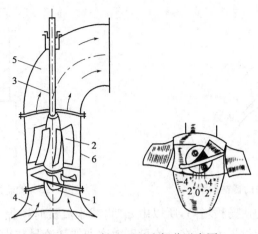

图 5-18　轴流泵过流部分示意图

1—叶轮；2—导叶；3—轴；4—吸入管；5—弯管；6—外壳

（2）按照叶轮上的叶片是否可调，轴流泵分为：

①固定叶片式——叶片固定不可调；

②半调节叶片式——停机拆下叶轮后可调节叶片角度；

③全调节叶片式——通过一套调节机构使泵能在运行中自动调节叶片角度，调节机构有机械式或油压式。

（二）工作原理

轴流泵的工作是以空气动力学中机翼的升力理论为基础的。如同离心泵一样，轴流泵中旋转叶轮传递给单位重量液体的能量也用欧拉方程来表示，但由于流线沿轴流叶轮进出口的圆周速度相等，因此，式（5-12）变为式（5-39）表明：在轴流泵中没有离心力而引起扬程的增加作用。

$$H_t = \frac{\omega_1^2 - \omega_2^2}{2g} + \frac{c_2^2 - c_1^2}{2g} \qquad (5-39)$$

（三）工作特性

轴流泵的 H-q_V 曲线在小流量区往往出现马鞍形的凹下部分。功率曲线与扬程曲线有大体类似的形状，而效率曲线上的高效率区比较狭窄。

如图 5-19 所示，在扬程曲线上当流量由最佳工况点 A 开始减小时，其扬程逐渐增大，流量减到 q_{V1} 时扬程增大到转折点 B。流量继续减小，则扬程也减小，直至第二个转折点 C。自 C 点开始再减小流量，扬程又迅速增加。当排出流量 $q_V = 0$ 时，扬程可达最佳工况点扬程的两倍左右。$q_V = 0$ 工况通常称为关死工况，此时的扬程最高，功率最大。显然，这种形状的性能曲线对泵的运行是不利的。下面简单说明性能曲线出现这种形状的原因。

当流量减小使冲角增大到一定程度时，翼型表面将产生脱流现象。所以当流量减小到 q_{V1} 时，因冲角过大产生脱流导致升力系数下降，扬程减小。而当流量减小到 q_{V2} 时，由于叶片各截面上的扬程不等会出现二次回流，如图 5-20 所示。由叶轮流出的流体一部分又重新回到叶轮中再次接受能量，从而使扬程增高。但由于主流与二次回流的撞击会有很大的水力损失。又由于叶片进出口的回流旋涡使主流道变为斜流式，而斜流式的扬程要比原来轴流式的扬程

— 129 —

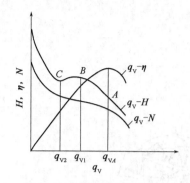

图 5-19　轴流泵的特性曲线

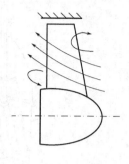

图 5-20　轴流泵叶轮内的二次回流

高。由于以上两种原因均使扬程增高,所以由 q_{V2} 再减小流量时扬程又迅速增加,由于脱流与二次回流均造成很大的能量损失,故在小流量区效率曲线随流量减小而很快下降,因而高效率工作区域相当小。

应当指出轴流泵的启动操作与离心泵是不同的。由于轴流泵有这种形状的性能曲线,若还像离心泵那样关闭排液管上的闸阀启动,则轴流泵往往难以启动起来,且有烧坏电动机的危险。因为这相当于在关死点工况下启动,需要消耗很大的功率。所以轴流泵启动时排液管上的闸阀必须全开,以减小启动功率。

固定叶片式轴流泵只有图 5-19 一条特性曲线,而调节叶片式轴流泵随着叶片角度的改变性能曲线会移动位置,从而得到许多条特性曲线,如图 5-21 所示。图中还绘有等效率曲线和等功率曲线,称作轴流泵的综合特性曲线。调节叶片的角度可使轴流泵的高效工作区比较宽广,能在变工况下保持经济运行。

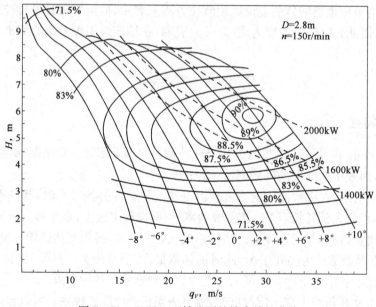

图 5-21　28CJ56 型轴流泵的综合特性曲线

(四)特点及应用场合

轴流泵的特点是流量大、扬程低、效率高。一般性能范围:流量为 $0.3\sim65\text{m}^3/\text{s}$,扬程通常为 $2\sim20\text{m}$,比转数为 $500\sim1600$。

轴流泵用于水利、化工、热电站输送循环水、城市给排水、船坞升降水位等方面,还可作为船舶喷水推进器等使用。随着各种大型化工厂的发展,轴流泵已在某些化工厂中得到较多的应用,如烧碱纯碱生产用的蒸发循环轴流泵、冷析轴流泵等。近年来中国自行设计和制造的大型轴流泵,其叶轮直径已达 3~4m。

二、旋涡泵

(一)典型结构

旋涡泵的结构如图 5-22 所示。它主要有叶轮、泵体和泵盖。泵体和叶轮间形成环流通道,液体从吸入口进入,通常旋转的叶轮获得能量,到排出口排出。吸入口和排出口间有隔板,隔板与叶轮间有很小的间隙,由此使吸入口和排出口隔离开。

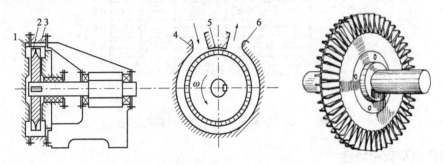

图 5-22　旋涡泵示意图

1—泵盖;2—叶轮;3—泵体;4—吸入口;5—隔板;6—排出口

(二)工作原理

旋涡泵通过叶轮叶片把能量传递给流道内的流体,但它是通过三维流动能量传递,在整个泵的流道内重复多次。图 5-23 为液体在旋涡内运动示意图。因此,旋涡泵具有其他叶片式泵所不可能达到的高扬程。

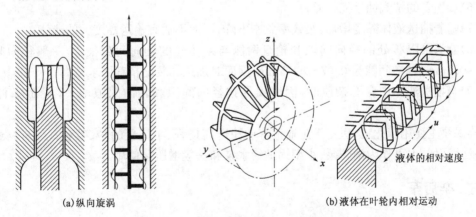

(a)纵向旋涡　　　　　　　　　　　　　(b)液体在叶轮内相对运动

图 5-23　液体在旋涡泵内运动示意图

由于叶轮转运,使叶轮内和流道内液体产生圆周运动,叶轮内液体的离心力大,它的圆周速度大于流道内的圆周速度,形成图 5-23 所示的从叶轮向流道的环形流动,这种流动类似旋涡,旋涡泵由此而得名。此旋涡的矢量指向流道的纵向,故称为纵向旋涡。

由于旋涡泵是借助从叶轮中流出的液体和流道内液体进行动量交换（撞击）传递能量，伴有很大的冲击损失，所以旋涡泵的效率较低。

(三)工作特性

图 5 - 24 所示旋涡泵扬程和功率特性曲线是陡降的，图上还给出了旋涡泵与离心泵特性曲线的比较。

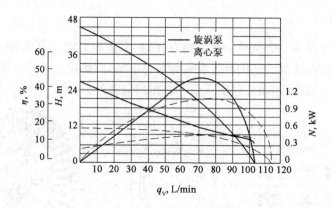

图 5 - 24　旋涡泵与离心泵特性曲线比较

(四)特点及应用场合

旋涡泵的特点如下：

(1)高扬程，小流量，比转数一般小于 40；

(2)结构简单，体积小，重量轻；

(3)具有自吸能力或借助于简单装置实现自吸；

(4)某些旋涡泵可以实现气液混输；

(5)效率较低，一般为 20%～40%，最高不超过 50%；

(6)旋涡泵的抗汽蚀性能较差；

(7)随着抽送液体黏度增加，泵效率急剧下降，因而不适宜输送黏度大的液体；

(8)旋涡泵隔板处的径向间隙和轮盘两侧与泵体间的轴向间隙很小，一般径向间隙为 0.15～0.3mm，轴向间隙为 0.07～0.15mm，因而对加工和装配精度要求较高；

(9)当抽送液体中含有杂质时，因磨损导致径向间隙和轴向间隙增大，从而降低泵的性能。

旋涡泵主要用于化工、医药等工业流程中输送高扬程、小流量的酸、碱和其他有腐蚀性及易挥发性液体，也可作为消防泵、小型锅炉给水泵和一般增压泵使用。

三、杂质泵

(一)典型结构

杂质泵，又称为液固两相流泵，杂质泵大多为离心泵。由于用途不同，叶轮的结构型式很多。图 5 - 25 为常用杂质泵的结构型式。

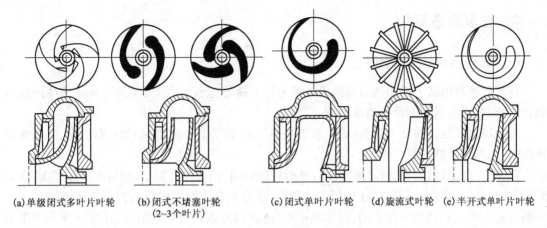

(a)单级闭式多叶片叶轮　(b)闭式不堵塞叶轮　(c)闭式单叶片叶轮　(d)旋流式叶轮　(e)半开式单叶片叶轮
　　　　　　　　　　　　　　　(2~3个叶片)

图 5-25　杂质泵叶轮的结构形式

　　图 5-26 是普通形式叶轮和瓦尔曼(Warman)式叶轮抽送颗粒和液体时的流动状态。从普通形式叶轮出口流向涡室的流动向外侧分流,形成外向旋涡。使固体颗粒集中到叶轮两侧,从而加剧了那里的磨损。在瓦尔曼式叶轮能使涡室形成内向旋涡,从而减轻了颗粒对叶轮和涡室两侧的磨损。

　　在杂质泵中,由于固体颗粒在叶轮进口的速度小于液体速度,因而具有相对阻塞作用。又由于固体颗粒所受的离心力大于液体,它们在叶轮出口的径向分速大于液体速度,因而具有相对抽吸作用。考虑到上述作用,并兼顾效率、磨损和汽蚀等因素,有的专家认为这种泵叶片进口角应比一般纯液泵的大,而叶片出口角应比一般纯液泵的小,并应适当加大叶轮的外径和叶片的轴向宽度。

(二)特点及应用场合

　　杂质泵的应用日益扩大,如在城市中排送各种污水(图 5-27),在建筑施工中抽送沙浆,在化学工业中抽送各种浆料,在食品工业中抽送鱼、甜菜,在采矿业中输送各种矿砂和矿浆等。杂质泵今后将成为泵应用中一个非常重要的领域。

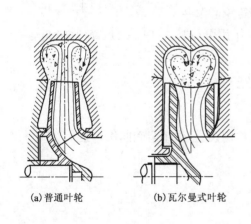

(a)普通叶轮　　　　(b)瓦尔曼式叶轮

图 5-26　杂质在叶轮中的流动状态

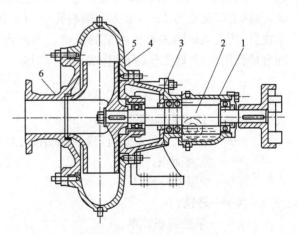

图 5-27　普通卧式污水泵
1—轴承体;2—轴;3—填料箱体;4—涡形体;
5—叶轮;6—前盖

四、往复活塞泵

(一)典型结构与工作原理

往复活塞泵由液力端和动力端组成。液力端直接输送液体,把机械能转换成液体的压力能;动力端将原动机的能量传给液力端。

动力端由曲轴、连杆、十字头、轴承和机架等组成;液力端由液缸、活塞(或柱塞)、吸入阀和排出阀、填料函和缸盖等组成。

如图5-28所示,当曲柄以角速度ω逆时针旋转时,活塞向右移动,液缸的容积增大,压力降低,被输送的液体在压力差的作用下克服吸入管路和吸入阀等的阻力损失进入到液缸。当曲柄转过180°以后活塞向左移动,液体被挤压,液缸内液体压力急剧增加,在这一压力作用下吸入阀关闭而排出阀被打开,液缸内液体在压力差的作用下被排送到排出管路中去。当往复泵的曲柄以角速度ω不停地旋转时,往复泵就不断地吸入和排出液体。

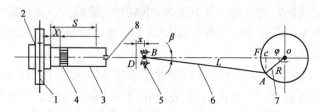

图5-28 单作用往复泵示意图

1—吸入阀;2—排出阀;3—液缸;4—活塞;5—十字头;6—连杆;7—曲轴;8—填料函

活塞在泵缸内往复一次只有一次排液的泵称为单缸单作用泵(图5-28)。当活塞两面都起作用,即一面吸入,另一面就排出,这时一个往复行程内完成两次吸排过程,其流量约为单作用泵的两倍,称为单缸双作用泵(图5-29)。

还有一种是三缸单作用泵,那是由三个单作用泵并联在一起,还用公共的吸入管和排出管。这三台泵由同一根曲轴带动,曲柄之间夹角为120°,那么曲轴旋转一周三台泵各工作一个往复,所以流量约为单作用泵的三倍。当两台双作用泵(或四台单作用泵)并联工作时,就构成了四作用泵。

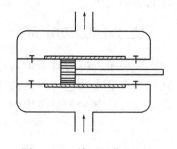

图5-29 单缸双作用泵

$$q_{V} = \frac{iFSn\eta_{V}}{60} \tag{5-40}$$

式中　q_{V}——活塞泵的平均流量;

$\quad\quad i$——$i=1$、2、3和4分别表示单作用泵、双泵作用泵、三作用泵和四作用泵;

$\quad\quad F$——活塞面积;

$\quad\quad S$——为活塞行程;

$\quad\quad N$——转速;

$\quad\quad \eta_{V}$——泵的容积效率。

(二)工作特性

活塞泵性能曲线如图5-30所示。

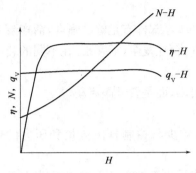

图 5-30 活塞泵性能曲线

q_V-H 表现为平行横坐标的直线,只在高压情况下,由于泄漏损失增加,流量趋于降低。

q_V-H 曲线中,q_V 在很大范围内是一常数,只在压力很高或很低时才降低。很高时降低是由于泄漏增加,很低时的降低则是由于有效功率过小,即排出流量和压力都太小,接近空运转状况。

$N-H$ 曲线是急剧上升的,因为 H 在增大,功率当然增加。

当活塞处于吸液行程时,液体因其惯性而使流动滞后于活塞的运动,从而使缸内出现低压,产生气泡,由此也会形成汽蚀,甚至出现水击现象,显然这对活塞泵的性能和寿命都有影响,因此也就限制了活塞泵提高转速。

活塞泵的工况调节是改变流量和扬程。改变扬程,可调节排出阀,小开启度排出压力高,大开启度排出压力低。改变流量,不能用排出阀调节,可用旁路调节、行程调节和转速调节。如改变电动机的转速 n,低转速流量小,高转速流量大,如图 5-31 所示。一般活塞泵在排出口都装有安全阀,当排液压力超过允许值时安全阀开启,使高压液体从排出腔短路返回吸入腔。

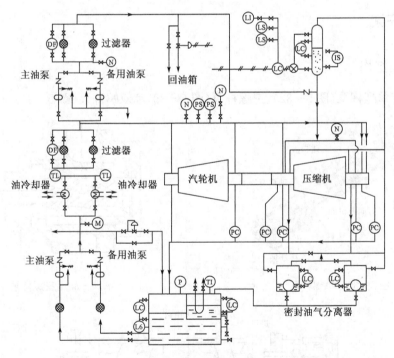

图 5-31 活塞泵的工况调节

(三)特点及应用场合

活塞泵有以下特点:

(1)流量只取决于泵缸几何尺寸(活塞直径 D,活塞行程 S)、曲轴转速 n,而与泵的扬程无关。所以活塞泵不能用排出阀来调节流量,它的性能曲线是一条直线。只是在高压时,由于泄漏损失,流量稍有减小,如图 5-30 所示。

(2)只要原动机有足够的功率,填料密封有相应的密封性能,零部件有足够的强度,活塞泵可以随着排出阀开启压力的改变产生任意高的扬程。所以同一台往复泵(活塞泵)在不同的装置中可以产生不同的扬程。

(3)活塞泵在启动运行时不能像离心泵那样关闭出水阀启动,而是要开阀启动。

(4)自吸性能好。

(5)由于排出流量脉动造成流量的不均匀,有的需设法减少与控制排出流量和压力的脉动。

往复活塞泵适用于输送压力高、流量小的各种介质。当流量小于 100m³/h、排出压力大于 10MPa 时,有较高的效率和良好的运行性能,也适合输送黏性液体。

另外,计量泵也属于往复式容积泵,计量泵在结构上有柱塞式、隔膜式和波纹管式,其中柱塞式计量泵与往复活塞泵的结构基本一样,但计量泵中的曲柄回转半径往往还可调节,借以控制流量,而隔膜挠曲变形引起容积的变化,波纹管被拉伸和压缩从而改变容积,均达到输送与计量的目的。计量泵也称定量泵或比例泵。目前国内外生产的计量泵其计量流量的精度一般为柱塞式 ±0.5%,隔膜式 ±1%,计量泵可用于计量输送易燃、易爆、腐蚀、磨蚀、浆料等各种液体,在化工和石油化工装置中经常使用。

五、螺杆泵

(一)典型结构

螺杆泵有单螺杆泵(图 5-32)、三螺杆泵(图 5-33)和双螺杆泵(图 5-34)三种。

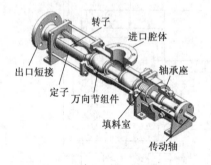

图 5-32 单螺杆泵

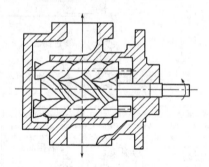

图 5-33 三螺杆泵

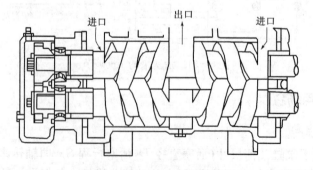

图 5-34 双吸双螺杆泵

(二)工作原理

单螺杆泵工作时,液体被吸入后就进入螺纹与泵壳所围的密封空间,当螺杆旋转时,密封容积在螺牙的挤压下提高其压力,并沿轴向移动。由于螺杆按等速旋转,所以液体出口流量是均匀的。

单螺杆泵的流量 q_V 为

$$q_V = 0.267 eRtn\eta_V \tag{5-41}$$

式中 e——偏心距,

R——螺杆断面圆半径;

t——螺距;

n——泵轴转速;

η_V——泵的容积效率。

双螺杆泵是通过转向相反的两根单头螺纹的螺杆来挤压输送介质的。一根是主动的,另一根是从动的,它通过齿轮联轴器驱动。螺杆用泵壳密封,相互啮合时仅有微小的齿面间隙。由于转速不变,螺杆输送腔内的液体限定在螺纹槽内均匀地沿轴向向前移动,因而泵提供的是一种均匀的体积流量。每一根螺杆都配有左螺旋纹和右螺旋纹,从而使通过螺杆两侧吸入口的,沿轴向流入的液体在旋转过程中被挤向螺杆正中,并从那里挤入排出口。由于从两侧进液,因此在泵内取得了压力平衡。

(三)工作特性

图 5-35 的特性曲线显示了螺杆泵在水力方面的特性。体积流量随扬程的增加而减小。

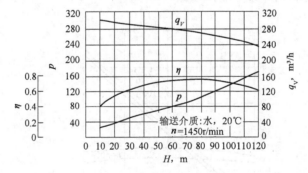

图 5-35 螺杆泵的特性曲线

(四)特点及应用场合

螺杆泵有如下特点:

(1)损失小,经济性能好;

(2)压力高而均匀、流量均匀、转速高,能与原动机直联;

(3)机组结构紧凑,传动平稳经久耐用,工作安全可靠,效率高。

螺杆泵几乎可用于输送任何黏度的液体,尤其适用于高黏度和非牛顿流体,如原油、润滑油、柏油、钻井液、黏土、淀粉糊、果肉等。螺杆泵也用于精密和可靠性要求高的液压传动和调节系统中,也可作为计量泵。但是它加工工艺复杂,成本高。

(五)型号和名称

螺杆泵产品型号在产品目录上可以查到,现在举例以示说明,单螺杆泵 G40×4-8/10,三螺杆泵 3G36×6-2.4/40,型号中的 40 或 36 表示螺杆直径(mm),4 或 6 表示螺杆螺距数,8 或 2.4 表示泵的流量(m^3/h),10 或 40 表示泵的排出压力(0.1MPa 或 0.4MPa)。

六、滑片泵

(一)典型结构与工作原理

滑片泵的转子为圆柱形,具有径向槽道,槽道中安放滑片,滑片数可以是二片或多片,滑片能在槽道中自由滑动(图 5-36)。

泵转子在泵壳内偏心安装,转子表面与泵壳内表面构成一个月牙形空间。转子旋转时,滑片依靠离心力或弹簧力(弹簧放在槽底)的作用紧贴在泵内腔。在转子的前半转时,相邻两滑片所包围的空间逐渐增大,形成真空,吸入液体,而在转子的后半转时,此空间逐渐减小,就将液体挤压到排出管。

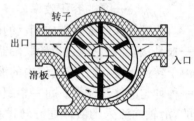

图 5-36　滑片泵结构示意图

(二)工作特性

图 5-37 为某滑片泵的工作特性曲线。其体积流量和所需功率与转数成正比,比例范围较宽。压力升高时,泵的容积效率下降甚微。

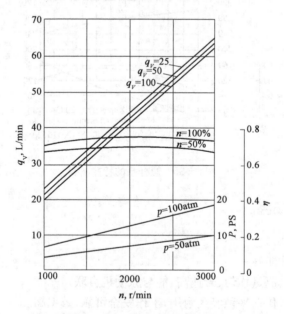

图 5-37　滑片泵特性曲线

1atm=1.01325×10⁵Pa;

PS 为功率单位,1PS(马力)=735.49875W

(三)特点及应用场合

滑片泵也可与高速原动机直接相连,同时具有结构轻便、尺寸小的特点,但滑片和泵内腔容易磨损。滑片泵应用范围广,流量可达 5000L/h。常用于输送润滑油和液压系统,适宜于在机床、压力机、制动机、提升装置和力矩放大器等设备中输送高压油。

七、齿轮泵

(一)典型结构

齿轮泵分为外齿轮泵(图 5-38)和内齿轮泵(图 5-39)。内齿轮泵的两个齿轮形状不同,齿数也不一样。其中一个为环状齿轮,能在泵体内浮动,中间一个是主动齿轮,与泵体成偏心位置。环状齿数较主动齿轮多一齿,主动齿轮带动环状齿轮一起转运,利用两齿间空间的变化来输送液体。另有一种内齿轮泵是环状齿轮较主动齿轮多两齿,在两齿轮间装有一块固定的月牙形隔板,把吸排空间明显隔开了。

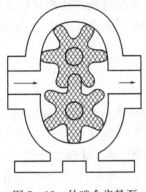
图 5-38 外啮合齿轮泵

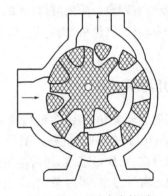
图 5-39 内啮合齿轮泵

在排出压力和流量相同的情况下,内齿轮泵的外形尺寸较外齿轮泵小。

(二)工作原理

齿轮与泵壳、齿轮与齿轮之间留有较小的间隙。当齿轮沿图示箭头所指方向旋转时,在轮齿逐渐脱离啮合的左侧吸液腔中,齿间密闭容积增大,形成局部真空,液体在压差作用下吸入吸液室,随着齿轮旋转,液体分两路在齿轮与泵壳之间被齿轮推动前进,送到右侧排液腔,在排液腔中两齿轮逐渐啮合,容积减小,齿轮间的液体被挤到液口。齿轮泵一般自带安全阀,当排压过高时,安全阀启动,使高压液返回吸入口。

外齿轮泵的流量 q_V 为

$$q_V = \frac{Fbzn\eta_V}{30} \tag{5-42}$$

式中 F——两齿之间的面积;

　　　b——齿轮的宽度;

　　　z——每个齿轮的齿数;

　　　n——齿轮的转数;

　　　η_V——泵的容积效率。

(三)工作特性

图 5-40 为一高压齿轮泵的工作特性曲线,齿轮泵的单级压力可达 100bar(10^5Pa)以上,由图可见,齿轮泵在很宽的性能范围内具有良好而又恒定的效率。

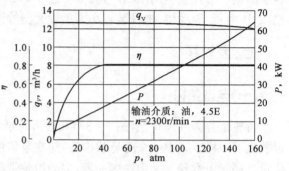

(四)特点及应用场合

齿轮泵是一种容积式泵,与活塞泵不同处在于没有进、排水阀,它的流量要比活塞泵的均匀,构造也更简单。齿轮泵结构轻便紧凑,制造简单,工作可靠,维护保养方便。一般都具有输送流量小和输出压力高的特点。

图 5-40 齿轮泵特性曲线(1atm=1.01325bar)

齿轮泵用于输送黏性较大的液体(如润滑油和燃烧油),不宜输送黏性较低的液体(如水和汽油等)及含有颗粒杂质的液体(影响泵的使用寿命),可作为润滑系统油泵和液压系统油泵,广泛用于发动机、汽轮机、离心机、机床以及其他设备。齿轮泵工艺要求高,不易获得精确的匹配。

(五)型号和名称

常用的齿轮泵有:CB-B 型齿轮泵,工作压力为 2.5MPa,流量 2.5~200L/min,额定转速为 1450r/min,共有 16 种规格。型号字母 CB 表示齿轮泵,后一个 B 表示等级,中国机床液压系统压力分成 A、B、C 三级,相对应的压力是 1.0MPa、2.5MPa、6.3MPa,流量 25L/min。

其他还有计量泵、屏蔽泵、潜水泵、射流泵等,在油气储运工程中,计量泵经常用于缓蚀剂、防冻堵剂等的加注,屏蔽泵、潜水泵、射流泵使用较少,不再详述。

第五节　泵的选用

泵的选用是根据用户的使用要求,从现有的泵系列产品中选择出一种能够满足使用要求、运行安全可靠、经济性好且又便于操作和维修保养的泵,而尽量不再进行重新设计和制造。因此,在选择泵时,应综合考虑、精心筹划、准确判断,以使所选泵的型式、规格与使用要求相一致。对于有特殊要求的泵,则应根据用户的要求进行专门的设计和制造。

一、选用原则及选用分类

(一)选用原则

泵的选用包括选用泵的型式及其相配的传动部件、原动机等,正确选择泵是使用这类泵的关键。如果选择的不合适,就不能达到使用要求,或者造成设备、资金和能源的浪费,或者给运行及所属系统带来不利的影响。

如果所选泵与原动机的转速不相适应,也会带来严重的后果。当转速超过泵的规定转速时,便可能使泵的叶轮破坏。当然,泵的选择与正确使用,还与管路系统的布置有关。因此,在选择泵时,一定要全面考虑,作较细致的工作,以便使所选的泵能满足所需要的流量和扬程,并在管路系统中处于最佳工况。

在选择泵时,一般应遵循下列原则:

(1)根据所输送的流体性质(如清水、黏性液体、含杂质的流体等)选择不同用途、不同类型的泵。

(2)流量、扬程必须满足工作中所需要的最大负荷。额定流量一般直接采用工作中的最大流量,如缺少最大流量时,常取正常流量的 1.1~1.15 倍。额定扬程一般取装置所需扬程的 1.05~1.1 倍。因为裕量过大会使工作点偏离高效工作区,裕量过小满足不了工作要求。

(3)从节能观点选泵,一方面要尽可能选用效率高的泵,另一方面必须使泵的运动工作点长期位于高效工作区之内。如泵选用不当,虽然流量、扬程能满足用户的要求,但其工作点偏离高效工作区,则会造成不应有的过多的能耗,使生产成本增加。

(4)为防止发生汽蚀,要求泵的必需汽蚀余量 $NPSH_r$ 小于装置汽蚀余量 $NPSH_a$。如不合乎此要求,需设法增大 $NPSH_a$,如降低泵的安装高度等,或要求制造泵的厂家降低泵的 $NPSH_r$ 值,或双方同时采取措施,达到要求。

(5)按输送工作介质的特殊要求选泵,如工作介质易燃、易爆、有毒、腐蚀性强,含有气体、低温液化气、高温热油、药液等,它们有的对防泄漏的密封有特殊要求,有的要采用冷却措施、消毒措施等,因此,选用的泵型各有特殊要求。

(6)所选择的泵具有结构简单、易于操作与维修、体积小、重量轻、设备投资少等特点。

(7)当符合用户要求的泵有两种以上的规格时,应以综合指标高者为最终选定的泵型号,如再比较效率、可靠性、价格等参数。

(二)各种泵的适用范围

图 5-41 为各种泵的适用范围。由图可见,离心泵适用的压力和流量范围是最大的,因而应用是最广的。

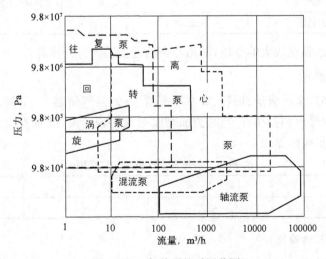

图 5-41 各种泵的适用范围

(三)选用分类

1.按适用范围选用

在泵的运行过程中,扬程变化大的,选用扬程曲线倾斜大的混流泵、轴流泵较适宜;而对运动中流量变化大的宜选用扬程曲线平缓、压力变化小的离心泵。如果考虑吸水性能,则在流量相同、转速相同的条件下,双吸泵较为优越。选用立式泵,并把叶轮部位置于水下面,对防止汽蚀是有利的。

2.按工作介质选用

根据所输送的液体性质、化学性质(如黏性液体、易燃易爆流体、腐蚀性强的液体、含杂质的流体、高温液体及清洁流体)选择不同用途、不同类型的泵。例如,当输送介质腐蚀性较强时,则应从耐腐蚀的系列产品中选取;当输送石油产品时,则应选各种油泵。

1)黏性介质的输送

对于叶片式泵,随着液体黏度增大,其流量、扬程下降,功耗增加。对于容积式泵,随着液体黏度增大,一般泄漏量降低,容积效率增加,泵的流量增加,但泵的总效率下降,泵的功耗增加。不同类型泵的适用黏度范围见表5-5。

表5-5　不同类型泵的适用黏度范围

类 型		适用黏度范围,mm^2/s	备 注
叶片式泵	离心泵	<150[1]	①对 $NPSH_r$ 远小于 $NPSH_a$ 的离心泵,可用于输送黏度 <500～650mm^2/s 的介质,当黏度>650mm^2/s 以上,离心泵的性能下降很大,一般不宜再用离心泵,但由于离心泵输液无脉动、不需安全阀且流量调节简单,因此在化工生产中也常可见到离心泵用于黏度达 1000mm^2/s 的场合;②旋涡泵最大黏度一般不超过 115mm^2/s;③当黏度大于此值时,可选用特殊设计的高黏度泵,如 GN 型计量泵、螺杆泵
	旋涡泵	<37.5[2]	
容积式泵	往复泵	<850[3]	
	计量泵	<800	
	旋转活塞泵	200～100000	
	单螺杆泵	10～560000	
	双螺杆泵	0.6～100000	
	三螺杆泵	21～600	
	齿轮泵	<2200	

如用清水泵输送黏度较大的介质,其离心泵的性能需要进行换算。

2)含气液体的输送

输送含气液体时,泵的流量、扬程、效率均有所下降,含气量越大,下降越快。随着含气量的增加,泵容易出现噪声和振动,严重时会加剧腐蚀或再现断流、断轴现象。各种类型的泵输送介质的允许含气量极限见表5-6。

表5-6　各类泵含气量的允许极限

泵 类 型	离 心 泵	旋 涡 泵	容积式泵
允许含气量极限(体积分数),%	<5	5～20	5～20

3)低温度液化气的输送

低温液化气包括液态烃、液化天然气,以及液态氧、液态氮等。这些介质的温度通常为-196～-30℃。输送这些介质的多为低温泵或深冷泵。多数液化气具有腐蚀性和危险性,因此不允许泄漏到外界,由于液化气的气体吸热极易造成密封部位的结冰,因此输送液化气的低温泵对密封的要求很严。目前大多采用机械密封,型式有单端面、双端面和串联式机械密封。泵常用的低温材料为奥氏体不锈钢,如 0Cr18Ni9、0Cr28Ni12M2 等。

4)含固体颗粒介质输送

输送含固体颗粒液体的泵,常被称为杂质泵。杂质泵叶轮和泵体的损坏原因分两类:一类是由于固体颗粒磨蚀引起的,如矿崇山峻岭、水泥、电厂等行业用泵;另一类是磨蚀性和腐蚀性共同作用引起的,如磷复肥工业中的磷酸料浆泵等。离心式杂质泵的类型很多,应根据含固体颗粒液体的性质选择不同类型的泵。以瓦尔曼泵为例,质量浓度为 30% 以下的低腐蚀渣浆可选用 L 型泵;高浓度强腐蚀渣浆可选用 AH 型泵;高扬程的低腐蚀渣浆可选用 HH 型泵或 H 型泵;当液面高度变化较大又需浸入液下工作时,则应选用 SP(SPR)型泵。

5)不允许泄漏液体的输送

在化工、医药、石油化工等行业,输送易燃、易爆、易挥发、有毒、有腐蚀以及贵重流体时,要求泵只能微漏甚至不漏。离心泵按有无轴封,可分为有轴封泵和无轴封泵。有轴封泵的密封型式有填料密封和机械密封等。填料密封泄漏量一般为 3~80mL/h,制造良好的机械密封仅有微量泄漏,其泄漏量为 0.01~3mL/h。磁力驱动泵和屏蔽泵属于无轴封结构泵,结构上只有静密封而无动密封,用于输送液体时能保证一滴不漏。

6)腐蚀性介质的输送

泵输送介质的腐蚀性各不相同,同一介质对不同材料的腐蚀性也不尽相同。因此,根据介质的性质、使用温度,选用合适的金属、非金属材料,关系到泵的耐腐蚀特性和使用寿命。输送腐蚀性介质的泵有金属泵和非金属泵两种类型,而在非金属泵中又有主要部件(如泵体、叶轮等)全为非金属和金属材料加非金属(如丁腈橡胶等)衬里层的。首先应根据使用经验(直接或间接的)确定腐蚀类型,然后根据腐蚀类型,选择合适的材料和防护措施。要求所选材料的机械性能、加工性能要好;用户能有使用该种材料用于类似介质中的经验;泵制造厂应该有加工该种材料的经验。如有多种材料可满足腐蚀要求时,应选择价格相对便宜、加工性能好的材料。具体选择材料时,参阅金属泵和非金属泵常用材料性能表。

二、选用方法及步骤

(一)泵的选用方法

1.利用"泵型谱"选择

将所需要的流量 q_V 和扬程 H 画到该型式的系列型谱图上,看其交点 M 落在哪个切割工作区四边形中,即可读出该四边形内所标注的离心泵型号。如果交点 M 不是恰好落在四边形的上边线上,则选用该泵后,可应用切割叶轮直径或降低工作转速的方法改变泵的性能曲线,使其通过 M 点,并就应从泵样本或系列性能表中查出该泵的泵性能曲线,以便换算。如果交点 M 并不落在任一个工作区的四边形中,这说明没有一台泵能满足工作要求。在这种情况下,可适当改变泵的台数或改变泵所需要的流量和扬程(如用排出阀调节)等来满足要求。

2.利用"泵性能表"选择

根据初步确定的泵的类型,在这种类型的泵性能表中查找与所需要的流量和扬程相一致或接近的一种或几种型号泵。若有两种或两种以上都能满足基本要求,需对其进行比较,权衡利弊,最后选定一种。如果在这种型式泵系列中找不到合适的型号,则可换一种系列或暂选一种比较接近要求的型号,通过改变叶轮直径或改变转速等措施,使其满足适用要求。

(二)泵的选用步骤

(1)搜集原始数据:针对选型要求,搜集生产过程中所输送介质、流量和所需的扬程参数,以及泵前泵后设备的有关参数。

(2)泵参数的选择及计算:根据原始数据和实际需要,留出合理的裕量,合理确定运行参数,作为选择泵的计算依据。

(3)选型:按照工作要求和运行参数,采用合理的选择方法,选出均能满足适用要求的几种型式,然后进行全面的比较,最后确定一种型式。

(4)校核:型式选定后,进行有关校核计算,验证所选的泵是否满足使用要求。如所要求的工况点是否落在高效工作区、$NPSH_a$ 是否大于 $NPSH_r$ 等。

◇◇ 思 考 题 ◇◇

1. 离心泵有哪些性能参数?其中扬程是如何定义的?它的单位是什么?

2. 试写出表达离心泵理论扬程的欧拉方程式和实际应用的半径公式。

3. 简述汽蚀现象,并说明汽蚀的危害。

4. 何谓有效汽蚀余量,如何根据该方程式判断泵是否发生汽蚀?

5. 提高离心泵抗汽蚀性能应采取哪些措施?试举例说明。

6. 试画出离心泵的特性曲线,并说明每种特性曲线各有什么用途?

7. 如何判别泵运动工况的稳定性?在什么条件下工作不稳定?是否绝不允许泵在不稳定工况下工作?

8. 改变泵的运行工况可采取哪些调节措施?哪种调节措施比较好?

9. 何谓泵的高效工作区?并画出它的示意图。

10. 有哪些其他类型的泵?试任例举一种类型泵并说明其工作原理和用途。

11. 轴流泵有何特点?简述轴流泵的工作特性,并说明为何启动轴流泵要使出口管道的阀门全开?

12. 选用泵应遵循哪些原则?

13. 简述选用泵的选型步骤。

参考文献

[1] 姜培正. 流体机械[M]. 北京:化学工业出版社,1991.

[2] 吴民强. 泵与风机节能技术[M]. 北京:水利水电出版社,1994.

[3] 关醒凡. 现代泵技术手册[M]. 北京:宇航出版社,1995.

[4] 张世芳. 泵与风机[M]. 北京:机械工业出版社,1996.

[5] 汪云芳,张湘亚. 泵和压缩机[M]. 北京:石油工业出版社,1985.

[6] 赫尔姆特·舒尔茨. 泵原理、计算与结构[M]. 北京:石油工业出版社,1988.

[7] 范德明. 工业泵选用手册[M]. 北京：化学工业出版社,1998.

[8] 万淑瑛. 机械工程手册(第 12 卷通用设备第 2 篇)[M]. 2 版. 北京：机械工业出版社,1997.

[9] Joseph A. Scheta, Allen E. Fuhs. Handbook of fluid dynamics and fluid machinery[M]. New York：Wiley,1995.

[10] Edward Grist. Cavitation and centrifugal pump：a guide for pump user[M]. Philadelpia：Taylor & Francis,1999.

[11] Lev Nelik, Centrifugal and rotary Pump：fundamentals with application[M]. Boca Raton：CRC Press,1999.

第六章
油（液）气分离器

油气田术语中的"油（液）气分离器"是指用来把油气井产出混合物中的油、气、水、杂质等分开的设备，简称分离器。用于气、液分离的称为两相分离器，用于油、气、水分离的称为三相分离器。

第一节 概 述

一、油气分离器的功能

(一)主要功能

从油气井中开采出来的原油和天然气，常带有一部分地层水、H_2S、CO_2 及固体杂质（如岩屑粉尘）等。这些杂质不仅腐蚀管道、设备、仪表，而且还可能堵塞阀门、管线，直接影响油田的正常生产。因此，从井场来的流体必须在油气站场脱除机械杂质和分离处理后，才能进入输油（气）管线。另外，油气在长输过程中，由于管线内腐蚀、输送介质相变等原因，不可避免产生机械杂质和凝液，必须进行脱除。

1. 从气中除油

由于液态烃和气态烃的密度差异，可在油气分离器中完成二者的分离。但在某些情况下，还需要应用常称作油雾提取器的机械设备，在气体排出分离器之前从其中除去油雾。同样，在排出分离器之前，也需要利用某种方法从油（液）中除去非溶解气。

2. 从油中除气

原油的物理和化学性质及其压力和温度条件决定原油溶解的气量。气体从一定量原油中释放出的速度是压力和温度的函数。油气分离器从原油中分离出的气体的体积大小取决于 6 个因素：

(1)原油的物理和化学性质；

(2)操作压力；

(3)操作温度；

(4)过流量；

(5)分离器大小及结构；

(6)其他因素。

3. 从油中分离水

在某些情况下,最好在油井流体流经压降段(如由油嘴和阀门引起的)之前将水从其中分离和除掉。这样可以防止水在下游引发的问题,如造成腐蚀、形成水合物、形成难以分离的油和水的乳化液等。

(二)次要功能

1. 保持分离器最佳压力

为使油气分离器完成主要功能,在分离器中须保持一定的压力,使液体和气体分别排入其处理或收集系统,在每台分离器上用一个气体回压阀保持分离器压力,或用一个总回压阀来控制两台或多台分离器组的压力。

2. 保持分离器中的液封

为了保持分离器压力,在容器的较低液位时,必须有一个有效的液封,防止气随油跑掉。

二、油气分离器的操作要求

(1)有足够的液体体积容量,能处理井口和(或)出液管的不稳定液流(段塞流)。

(2)有足够大的容器直径和高度或长度,能将大部分液体从气中分离出来,以免湿气抽提器中产生沸腾。

(3)分离器油面高度具有控制装置,它包括一个液位控制器和液相出口处的一个隔膜马达开关。如为三相分离器,还必须有油水界面控制器和泄水控制阀。

(4)气出口处具有回压阀,用来保持在容器中有一个稳定的压力。

(5)具有减压装置,在绝大多数油气地面生产设备系统中,油气分离器是油井出口流体离开生产井后流过的第一道容器。然而其他设备,如加热炉、防冻剂加注装置等,也可能装在油气分离器的上游。

三、油气分离器的分类

(一)按形状分类

油气分离器按形状一般可分为3种:立式、卧式和球形。

1. 立式分离器

立式分离器适用于处理含固体杂质较多的油气混合物,可在底部设置排污口以便于清除固体杂物,液面控制较容易,占用面积小。但是它的气液界面面积较小,集液部分原油中所含气泡不易析出,橇装比较困难。

2. 卧式分离器

卧式分离器中气体流动的方向与液滴沉降的方向互相垂直。液滴易于从气流中分离出来,气液界面面积较大,原油中所含气泡易于上升至气相空间,有利于处理起泡的原油;相同直径时,卧式分离器比立式分离器有较大的允许气流速度,适用于处理气油比较大的流体;易于接管、橇装、搬运和维修。其不足之处是:占地面积较大,在处理含固体杂质较多的原油时,沿长度方向需要设几个排放口。

3.球形分离器

球形分离器的特点是承压能力较好,但是防止液体水击现象的能力较差,在制造上有困难,油田很少使用。

(二)按功能分类

油气分离器按功能可分为两相分离器和三相分离器。三种外形的分离器都可实现两相分离和三相分离。在两相分离装置中,气液两相分开后,分别排出。在三相分离装置中,油气井流体分离成油、气及水三相,并分别排出。进入两相和三相分离器的岩屑、腐蚀产物等杂质通常进入水相,或者通过排污处理。

(三)按操作压力分类

油气分离器按设计压力等级分为低压、中压、高压和超高压四类。

(1)低压分离器代号为 L,压力范围为 0.1~1.6MPa;

(2)中压分离器代号为 M,压力范围为 1.6~10.0MPa;

(3)高压分离器代号为 H,压力范围为 10.0~100.0MPa;

(4)超高压分离器代号为 U,压力大于 100.0MPa。

(四)按用途分类

油气分离器按用途可分为测试分离器、生产分离器、低温分离器、计量分离器、泡沫分离器、高架分离器及多级分离器等。

(1)测试分离器:用于分离和计量油气井流体,进行产能试井和定期生产测试、边际井测试等。

(2)生产分离器:是完成一口井、一个井组或一个矿场生产流体集中进行初分离的设备。

(3)低温分离器:常用于天然气处理站场,是指操作温度明显低于气井流体温度的分离器,主要将天然气中的水分、氯离子、凝析油等杂质分离出来,以防止集气管道内积液、减小输送阻力,避免堵塞、腐蚀管道及沿程各种设备。

(4)计量分离器:是将油气井流体分离成各相后分别进行计量的装置。

(5)泡沫分离器:是主要用于处理起泡原油的分离器。

(6)高架分离器:是安装在罐组或其附近的平台或海上平台,使液体靠重力作用从分离器流入储罐或下游的处理设备。

(7)多级分离器:当油井产出流体不是经一个分离器而是流过串联的一个以上的分离器时,这些分离器称为多级分离器。第一台分离器称为一级分离器,第二台分离器称为二级分离器,以此类推。

(五)按一级分离原理分类

油气分离器按一级分离原理分为重力分离器、碰撞分离器、聚结分离器和旋风分离器。

(1)重力分离器:利用油气井产物各相的密度差(即重力场中的重度差)来实现相的分离设备。

(2)碰撞和聚结分离器:利用撞击板或填料构件完成油气分离分离设备。

(3)旋风分离器:利用进入分离器各相流体离心力不同实现相分离的设备。离心元件使进入的流体产生旋流,其离心力足以将流体分离成一个外部液体层或圆筒体和一个内部气体或蒸气的锥体或圆筒体。离心分离需要的速度变化范围大约为12.184~91.44m/s,最常用的操作速度范围约在24.384~36.576m/s之间,绝大多数旋风分离器为立式的。

四、油气分离器的规格型号

(一)型号

1.分离器的分类及代号

根据石油行业标准 SY/T 0515—2014《油气分离器规范》,分离器的分类及代号见表6-1。

表6-1 分离器的分类及代号

项 目	型 式			功 能	
	立式	卧式	球形	两相分离	三相分离
代 号	L	W	Q	E	S

2.分离器的型号组成

一个型号只能代表一种分离器产品,当分离器型式、功能、尺寸、结构各项中的任何一项有变动时,都认为是分离器产品有变动,必须编制新的分离器型号。型号的表示方法如下:

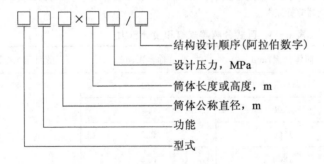

结构设计顺序(阿拉伯数字)
设计压力,MPa
筒体长度或高度,m
筒体公称直径,m
功能
型式

3.举例

(1)型号:WS3.0×12.8—0.7/1。表示卧式油气水三相分离器,公称直径为3m,筒体长度为12.8m,设计压力为0.7MPa,第一种结构设计。

(2)型号:LE2.0×7.6—0.8/2。表示立式气液两相分离器,公称直径2m,分离器筒体长度为7.6m,设计压力为0.8MPa,第二种结构设计。

(3)型号:QS9.2—1.0/1。表示球形油气水三相分离器,公称直径为9.2m,设计压力为1.0MPa,第一次结构设计。

(二)规格和设计压力

根据石油行业标准 SY/T 0515—2014《油气分离器规范》规定,对分离器的设计具有一定的公称直径、长度、高度、容积和设计压力的规定,所设计的分离器必须满足标准要求。分离器的规格和设计压力见表 6-2 至表 6-6。

表 6-2　卧式和立式分离器外型尺寸及最高工作压力

公称直径 mm(in)	最高工作压力[54℃(130°F)] MPa(psi)					
324(12¾)		1.59(230)	4.14(600)	6.89(1000)	8.27(1200)	9.93(1440)	13.79(2000)
406(16)		1.59(230)	4.14(600)	6.89(1000)	8.27(1200)	9.93(1440)	13.79(2000)
508(20)	0.86(125)	1.59(230)	4.14(600)	6.89(1000)	8.27(1200)	9.93(1440)	13.79(2000)
610(24)	0.86(125)	1.59(230)	4.14(600)	6.89(1000)	8.27(1200)	9.93(1440)	13.79(2000)
762(30)	0.86(125)	1.59(230)	4.14(600)	6.89(1000)	8.27(1200)	9.93(1440)	13.79(2000)
914(36)	0.86(125)	1.59(230)	4.14(600)	6.89(1000)	8.27(1200)	9.93(1440)	13.79(2000)
1067(42)	0.86(125)	1.59(230)	4.14(600)	6.89(1000)	8.27(1200)	9.93(1440)	13.79(2000)
1219(48)	0.86(125)	1.59(230)	4.14(600)	6.89(1000)	8.27(1200)	9.93(1440)	13.79(2000)
1372(54)	0.86(125)	1.59(230)	4.14(600)	6.89(1000)	8.27(1200)	9.93(1440)	13.79(2000)
1524(60)	0.86(125)	1.59(230)	4.14(600)	6.89(1000)	8.27(1200)	9.93(1440)	13.79(2000)

注:(1)分离器通常采用的最小筒体长度与直径的比值为 2.0。筒体长度一般为 1524mm(5ft),2286mm(7½ ft)或 3048mm(10ft)。筒体长度(即两个封头焊接接头之间的长度)的增量宜为 762mm(2½ ft)。

(2)分离器直径的增量宜为 152mm(6in)(以外径或内径标注均可)。以外径标注的分离器的最大直径宜为 610mm(24in),大于此直径的分离器宜标注内径。

表 6-3　卧式分离器规格和设计压力

公称直径 DN,mm	筒体长度,mm	公称容积,m³	设计压力范围,MPa
300	900	0.1	
400	1200	0.2	
500	1500	0.3	
600	1800	0.6	
800	2400	1.3	
1000	3000	2.7	0.1~35
1200	3600	4.4	
1400	4200	7.3	
1500	4500	9.0	
1600	4800	10.8	
1800	5400	15	

公称直径 DN,mm	筒体长度,mm	公称容积,m³	设计压力范围,MPa
2000	6000	21	
2200	6600	28	
2400	7200	36	
2500	7500	41	
2600	7800	46	
2800	8400	52	0.1~35
3000	9000	72	
3600	10800	123	
3800	11400	145	
4000	12000	169	

注:(1)分离器通常采用的最小筒体长度与直径的比值为3.0。筒体长度(即两个封头焊接接头之间的长度)的增量宜为800mm(2⅛ft)。

（2)DN600 以下分离器直径的增量宜为 100mm,DN600 以上分离器直径的增量宜为 200mm。以外径标注的分离器的最大直径宜为 DN600,大于此直径的分离器宜标注内径。

表 6-4 立式分离器规格和设计压力

公称直径 DN,mm	筒体长度,mm	公称容积,m³	设计压力范围,MPa
300	900	0.1	
400	1200	0.2	
500	1500	0.3	
600	1800	0.6	
800	2400	1.3	
1000	3000	2.7	
1200	3600	4.4	0.1~35
1400	4200	7.3	
1600	4800	10.8	
1800	5400	15	
2000	6000	21	
2200	6600	28	

注:(1)分离器通常采用的最小筒体长度与直径的比值为3.0。筒体长度(即两个封头焊接接头之间的长度)的增量宜为800mm(2⅛ft)。

（2)DN600 以下分离器直径的增量宜为 100mm,DN600 以上分离器直径的增量宜为 200mm。以外径标注的分离器的最大直径宜为 DN600,大于此直径的分离器宜标注内径。

表 6-5　球形分离器外型尺寸及最高工作压力

公称直径 mm(in)	最高工作压力[54℃(130°F)] MPa(psi)					
610(24)		1.59(230)	4.14(600)	6.89(1000)	8.27(1200)	9.93(1440)	13.79(2000)
762(30)		1.59(230)	4.14(600)	6.89(1000)	8.27(1200)	9.93(1440)	13.79(2000)
914(36)		1.59(230)	4.14(600)	6.89(1000)	8.27(1200)	9.93(1440)	13.79(2000)
1041(41)	0.86(125)	1.59(230)	4.14(600)	6.89(1000)	8.27(1200)	9.93(1440)	13.79(2000)
1067(42)	0.86(125)	1.59(230)	4.14(600)	6.89(1000)	8.27(1200)	9.93(1440)	13.79(2000)
1219(48)	0.86(125)	1.59(230)	4.14(600)	6.89(1000)	8.27(1200)	9.93(1440)	13.79(2000)
1372(54)	0.86(125)	1.59(230)	4.14(600)	6.89(1000)	8.27(1200)	9.93(1440)	13.79(2000)
1524(60)	0.86(125)	1.59(230)	4.14(600)	6.89(1000)	8.27(1200)	9.93(1440)	13.79(2000)

表 6-6　球形分离器规格和设计压力

球形直径,mm	容积,m³	设计压力范围,MPa
600	0.1	
750	0.2	
950	0.4	
1000	0.5	
1050	0.6	0.1~35
1200	0.9	
1400	1.4	
1550	1.9	

第二节　油气两相分离器

一、两相分离器的结构组成

(一)卧式分离器的结构组成

卧式两相分离器一般由初分离区(Ⅰ)、气相区(Ⅱ)、液相区(Ⅲ)、除雾区(Ⅳ)、集油区(Ⅴ)组成,如图 6-1 所示。

1.各区的功能

(1)初分离区(Ⅰ):将气液混合物分开,得到液相流和气相流,该区通常设置入口导向元件和缓冲元件,以降低油气流速,分散气液流,减少油气携带,为下一个区段分离创造条件。

(2)气相区(Ⅱ):对气相流中携带比较大的液滴进行重力沉降分离,为提高液滴分离效果,通常在气相区设置整流元件。

(3)液相区(Ⅲ):在两相分离器中主要分离液相流中携带的游离气,为得到较好的分离效果,液相区设计必须保证液体有足够的停留时间。

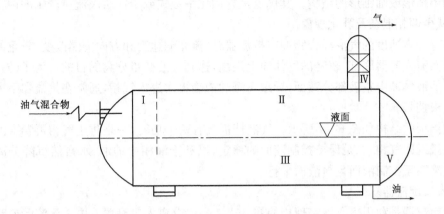

图 6-1 卧式两相分离器的结构组成

(4)除雾区(Ⅳ):进一步分离气相流中携带的液滴,该区装有除雾元件捕集气流中的液滴。

(5)集油区(Ⅴ):储存一部分油,维持稳定的生产液面。

2. 油气分离器内部配件

根据油气分离器的各区功能要求,需配套相应的配件,图 6-2 为油气分离器内部元件示意图。

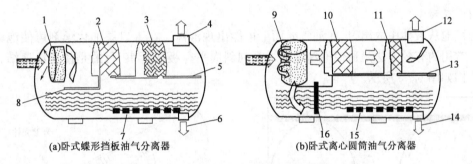

图 6-2 油气分离器内部元件示意图

1—蝶形挡板入口分离器;2,10—气体整流器;3—同心板式除雾器;4,12—气体出口;5,13—气体隔板;6,14—原油出口;

7,15—防涡排油管;8—挡液板;9—离心式入口分离器;11—网垫除雾器;16—堰板

1)初步分离元件(入口分流器)

图 6-3 表示了初步分离元件两种基本类型的常用装置。

图 6-3 初步分离元件两种基本类型的常用装置

(1)换向折流器。

换向折流器可做成球形圆盘、平板、角铁、圆锥形或蝶形挡板,以便能快速改变流体方向和速度,能使油气分离的结构。折流器的设计主要取决于能承受冲击能量载荷的结构支撑件。

采用诸如半球形或圆锥形的结构。其优点是它们比平板式或角铁对液流所产生的内在扰动较少,并可减少两相混杂及乳化现象。

当具有一定速度的气液混合物冲击折流器时,流体的速度和方向突然改变,较重的液体沿折流器表面流入容器底部,较轻的气体向上溢出,达到气液初步分离的目的。为了防止折流器表面滴下的液体冲击集液部分液面,导致飞溅的液滴再次进入气相,通常在折流器下方靠近液面处设气液挡板。

气液挡板的结构如图6-4所示。气液挡板具有两个功能:一是防止气相再卷入液相和激起液相飞溅返回气相;二是保持控制液面的稳定,以利于液相中的油、水自然沉降分离。一般挡板位置略高于控制液面且与液面平行。

(2)入口旋流器。

入口旋流器是利用离心力实现相的初分离。一般分离入口设置一中央旋流管或利用沿内壁的切向液流通道,使进入分离器流体各相因离心力差异实现分离,中央旋流管的直径不超过该旋流器直径的⅔。

2)消波器

在长型卧式分离器中,必须安装消波器。消波器是由一些立式折流板组成,跨架在油气界面上方,并且和液流方向垂直。

3)除沫器

当汽泡从液体中放出时,在油气界面上可能出现泡沫。在入口添加化学剂可使泡沫趋于稳定。常用的有效方法是迫使泡沫通过一系列斜向平行板或管束,目的是使泡沫聚结。除沫板的结构如图6-5所示。

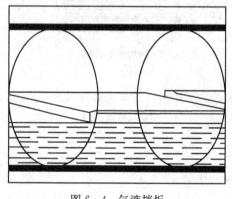

图6-4 气液挡板

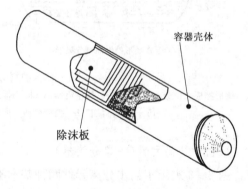

图6-5 除沫板

4)消涡器

在打开液流控制阀时,为了防止在该处出现涡流,通常的对策是在该处设一简便的消涡器。涡流会将部分天然气从蒸气空间吸出,并且会将天然气重新夹带入液体中流出。常规的消涡器的结构如图6-6所示,消涡器的最小半径为⅜in。

5)除雾器

在油气分离器重力沉降段内未能除去的较小油滴,经常采用以碰撞和凝聚为主的方法加以捕集。油气分离器中起碰撞、凝聚分离作用的部件称为除雾器。除雾器应能除去气体中携带的粒径为$10\sim100\mu m$的油雾,并要求其结构简单、气体通过的压降较小。

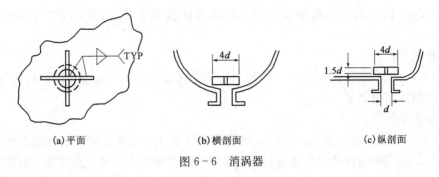

(a)平面　　　　　　　(b)横剖面　　　　　　　(c)纵剖面

图 6-6　消涡器

(1)除雾器的分类

①金属丝网垫除雾器。

图 6-7(a)为金属网垫除雾器,由直径为 $0.12\sim0.25mm$(也有用 $0.1mm\times0.4mm$ 扁丝)的不锈钢丝或镀锌钢丝叠成厚 $75\sim180mm$ 的网垫,$100mm$ 厚的网垫大约有 50 层丝网。网垫的空隙率达 97%以上,比表面积(单位体积网垫的金属丝表面积)为 $2.8\sim3.5cm^2/cm^3$,密度为 $160\sim200kg/m^3$。正常工作时,通过除雾器的压降为 $250\sim500Pa$。经验说明:金属丝网垫除雾器能脱除 $99\%10\mu m$ 以上的液滴。

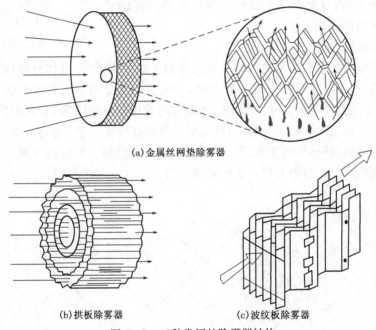

(a)金属丝网垫除雾器

(b)拱板除雾器　　　　　　　　　(c)波纹板除雾器

图 6-7　三种常用的除雾器结构

网垫与滤网相似,但作用不同。网垫的空隙远大于滤网,是靠碰撞捕集油雾的。网垫的比表面积越大,同油雾的碰撞概率越高,分离效果越好。

卡本特(Carpenter)对气体垂直向上流动、丝网水平安装的除雾器进行了实验,实验结果说明,网垫除雾器有个最佳的流速范围。气体流速太低,气流中的油滴没有足够的惯性力同丝网相碰,会随气流绕过金属丝,因而碰撞效率不高。气体流速过高时,已捕获在网垫上的油滴难于向下流入分离器的集液部分,聚集于丝网内,使气体流通面积减小,气流速度进一步提高,把在网垫上捕获的油重新雾化并带出分离器,使除雾效率降低。因而,只有在一定流速范围内除雾器才能达到较好的分离效率。经验表明,工作良好的网垫除雾器可从气流中除掉 99%的

直径大于 $10\mu m$ 的油滴。虽然金属丝网垫除雾器比较便宜,但与其他类型结构相比,容易堵塞。

②拱板除雾器。

图 6-7(b)为拱板除雾器,它由一系列同心波纹圆筒组成。气流流过圆筒间的缝隙时,油滴在润湿的圆筒表面聚结。

③波纹板除雾器。

图 6-7(c)为波纹板除雾器。波纹板除雾器使气流在平行板之间作层状流动并引导气流作方向变化。液滴碰击在波纹板表面后开始聚结并落入集液点。然后液体流入分离器中的集液段。波纹板除雾气的尺寸由制造商设计而定,以确保气流呈层状流动及压降最低。

④迪克松(Dixon)板除雾器。

图 6-8 为迪克松(Dixon)板除雾器。在卧式分离器控制液面以上的整个容器截面上设置一系列等间距排列的平行薄板,板面与水平面成一角度,在各板的长度方向上每隔一定距离开一个缺口。夹带油雾的天然气流过板面窄缝时,润湿表面的凝聚作用和窄缝的整流作用促使油雾从气体中分离出来。在重力作用下,板表面捕集的液体沿倾斜板面流经缺口下淌至分离器的集液部分。

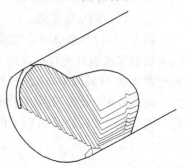

图 6-8 迪克松(Dixon)板除雾器

(2)除雾器碰撞分离的工作原理。

如图 6-9 所示,携带着油滴的气体进入流道曲折的除雾器时,气体被迫绕流。由于油雾的密度和惯性力大,不能完全随气流改变方向,于是有一部分油滴碰到经常润湿的结构表面上,与结构表面上的液膜凝聚。除雾器中气体通过的截面积不断改变,在截面积小的通道中,雾滴随气流提高了速度,获得产生惯性力的能量。气流在除雾器中不断改变方向,反复改变速度,就连续造成雾滴与结构表面碰撞、凝聚的机会,凝聚在结构上的油雾逐渐积累并沿结构面流至分离器的集液部分。这种分离方法称碰撞分离。

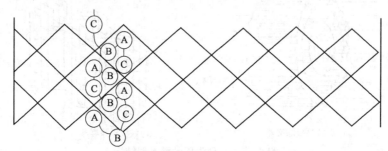

图 6-9 碰撞分离式工作原理
A—碰撞;B—改变流向;C—改变流速

应该强调指出,除雾器的作用是把沉降分离不能除去的 $10\sim100\mu m$ 粒径的油雾去掉。除雾器不能处理带有大量液滴的气体,不能代替重力沉降分离段的工作,只在沉降分离作业正常的基础上才能很好地工作。

(二)立式分离器的结构组成

立式分离器的结构组成与卧式分离器的基本相同,也是由初分离区(Ⅰ)、气相区(Ⅱ)、液相区(Ⅲ)、除雾区(Ⅳ)、集油区(Ⅴ)等组成,如图 6-10 所示。

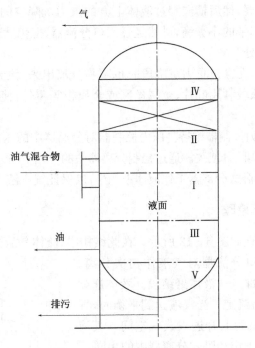

图 6-10 立式分离器结构组成

二、两相分离器的工作原理

(一)卧式分离器的工作原理

卧式分离器的工作原理如图 6-11 所示。当流体进入分离器并且冲在入口的分流器上时,其动能方向突然改变。液体及其蒸气在该分离器上得到初次分离。重力作用使液体小雾滴从气体中脱离出来,落至分离器的底部聚集。液体聚集段应使带进来的天然气有足够的时间从原油中逸出,并上升至气相空间。此外,该分离器也提供了缓冲容积,若有必要,可用以处理液流中间歇性的水击现象。然后,集液部分液体通过原油出口控制阀排出,由液面控制器调节。

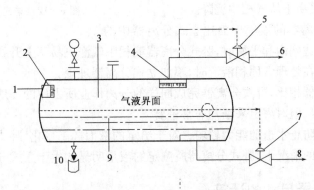

图 6-11 卧式分离器工作原理图

1—油气混合物入口;2—入口分流器;3—重力沉降部分;4—除雾器;5—压力控制阀;6—气体出口;
7—原油出口控制阀;8—原油出口;9—集液部分;10—排污口

天然气经过入口分流器,然后横向穿过液体上方的重力沉降空间。当天然气进入并通过此空间部位时,天然气中携带的小雾滴,虽然经过入口分流器,但仍然未全部分离出来,此时就会靠重力而落至气液界面处。

某些直径更小的雾滴,在穿过重力沉降段时也不易分离出来,该天然气离开分离器之前,会经过聚结段或除雾器,该段利用叶片、金属丝网或金属板等零件,使气体离开分离器之前除去小液滴。

分离器中的压力由压力控制器维持。压力控制器对分离器中的压力变化起传感作用,并且分别发出信号以控制压力阀的开或关。通过控制分离器中的气相空间天然气排出流量大小来维持分离器中的压力。通常,卧式分离器工作液体占一半,以保证气—液界面的表面积为最大。

(二)立式分离器工作原理

立式分离器的工作原理如图 6-12 所示。在此结构中,流体是从分离器的侧面进入,和卧式分离器的结构一样,入口分流器对气液作初次分离。液体向下流至分离器的底部——液体聚结段。液体连续向下流,通过此部位向出口流走。当气液达到平衡时,气泡与液体流向相反,并且最后上升进入蒸气空间。其液位控制器及液体排出阀的工作和卧式分离器中的相同。

天然气经过入口分流器后垂直向上移向出口。液体小雾滴在重力沉降段与天然气的走向相反,垂直向下。天然气离开分离器之前,还要经过除雾器吸去其水分。压力及液位的控制方法与卧式分离器相同。

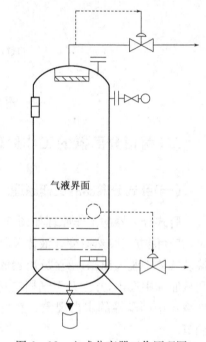

气液界面

(三)立式分离器和卧式分离器的对比

(1)在处理含气量较高的液流时,卧式分离器比立式分离器效率高。

(2)在分离器的重力沉降段,卧式分离器小液滴的沉降方向与天然气流动方向相垂直,立式分离器小液滴的沉降方向与天然气流动方向相反,因此,卧式分离器比立式分离器的小液滴更易于从气相中沉降。

图 6-12　立式分离器工作原理图

(3)由于卧式分离器的液气界面比立式分离器中的大,当液相中的气体达到饱和平衡时,卧式分离器液相中气泡更易于上升到气相空间。

(4)卧式分离器在处理含固相液流时,不如立式分离器理想。

(5)与立式分离器相比,卧式分离器完成同样的分离作业所占用的场地面积较大。这一点对陆地油田虽不重要,但对海上采油却非常重要。

(6)卧式分离器防止水击的能力较弱。对于给定的液面标高变化,卧式分离器与立式分离器相比,在相同流量的情况下,卧式分离器所测定的液量明显的大于立式分离器。

三、两相分离器尺寸的计算

两相分离器尺寸按气体中分出油滴的多少来计算。

(一)立式分离器尺寸的计算

1. 立式分离器直径及气体处理能力的确定

已知分离器重力沉降部分内允许的气体流速 w_{gv} 和分离条件下气体的处理量 Q_g，就可按下式确定分离器直径 D：

$$Q_g = \frac{\pi D^2}{4} w_{gv}$$

$$D = \sqrt{\frac{4Q_g}{\pi w_{gv}}} \tag{6-1}$$

在确定分离器直径时，我国的设计工作者常用载荷波动系数 β 考虑进入分离器的油气两相比例随时间不断发生变化（油气两相混输管路特点之一）这一实际情况，一般 $\beta=1.5\sim2$。式中的气体处理量 Q_g 以标准状况下气体处理量 Q_{gs} 代入，并以 m^3/d 为单位，则式（6-1）改写为

$$D = \frac{1}{260} \sqrt{\frac{Q_{gs} p_s TZ\beta}{w_{gv} p T_s}}$$

或

$$Q_{gs} = 67858 D^2 w_{gv} \frac{p T_s}{p_s TZ\beta} \tag{6-2}$$

式中　Z——气体压缩因子；

　　　T——气体的实际温度，K；

　　　T_s——气体在标准状况时的温度，K；

　　　p——气体的实际压力，kPa；

　　　p_s——气体在标准状况时的压力，$p_s=101.325$kPa。

2. 立式分离器其他尺寸的确定

确定立式分离器直径后，分离器的其他尺寸（图 6-13）可参考下述方法确定。

（1）除雾分离段 H_1 的确定：对于水平安装的丝网除雾器，我国推荐除雾分离段 H_1 一般不小于 400mm。

（2）沉降分离段 H_2 的确定：一般取 $H_2=D$，但不小于 1m。由油滴沉降速度的计算公式来看，油滴沉降速度与该段高度无关。但分离质量的好坏却与 H_2 的大小有一定关系。H_2 越小，气体流向出口的速度越不均匀，越易带出油滴。H_2 过小还会使气体中的油滴来不及由起始沉降速度达到匀速沉降，就被气流带出分离器，因而沉降分离段需要有一定的高度。但实践证明：过长的沉降段对改善分离质量无明显效果。

（3）入口分离段 H_3 的确定：一般入口分离段不小于 600mm。

（4）液体储存段 h 的确定：由原油在分离器内需要停留的时间确定。

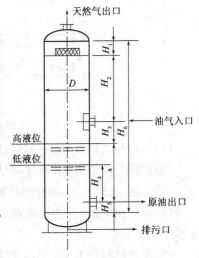

图 6-13　立式分离器的结构尺寸

(5)液封段 H_4 的确定:防止气体窜入原油管路,其高度一般不小于 400mm。

(6)泥砂储存段 H_5 的确定:视原油含砂量和分离器中是否需要设置加热保温盘管而定。

3. 立式分离器的总高度 H_6 的确定

立式分离器的总高度 H_6 一般为 $(3.5 \sim 5)D$。

(二)卧式分离器尺寸的计算

1. 卧式分离器直径及气体处理能力的确定

对于卧式分离器,当液面控制在一半直径处时,有

$$Q_g = \frac{\pi D^2}{8} w_{gv}$$

$$D = \sqrt{\frac{8Q_g}{\pi w_{gv}}} \tag{6-3}$$

卧式分离器的气体处理能力为

$$Q_{gs} = 67858 D l_e w_{gv} \frac{p T_s}{p_s T Z \beta} \tag{6-4}$$

比较式(6-2)和式(6-4)可以得出如下结论:卧式分离器气体处理能力为同直径立式分离器的 l_e/D 倍。

2. 卧式分离器的其他尺寸的确定

由气体处理量确定卧式分离器的直径后,分离器的其他尺寸可参考下述方法确定,如图 6-14 所示。

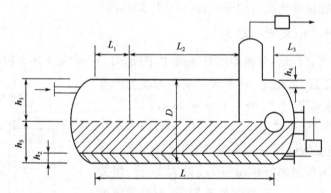

图 6-14 卧式分离器的结构尺寸

(1)入口分离段 L_1:由入口形式决定,但不小于 1m。

(2)沉降分离段 L_2:按要求确定,但不小于 $2D$。

(3)除雾分离段 L_3:由构件布置确定。

(4)液体储存段 h_3:由原油在分离器内停留的时间确定,常使 $h_3 = D/2$,对大型分离器一般不小于 0.6m。

(5)泥砂储存段 h_2:视原油含砂量确定。

(6)卧式分离器圆筒部分长度:卧式分离器圆筒部分长度与直径之比一般为 3~5。

(三)除雾器尺寸的确定

网垫除雾器中适宜的气体流速 $w_g(\text{m/s})$ 是分离条件下液体密度 ρ_L 和气体密度 ρ_g 的函数,经验公式为

$$w_g = K\sqrt{\frac{\rho_L - \rho_g}{\rho_g}} \qquad (6-5)$$

式中　K——系数,对油气分离器尺寸值可取 0.107。

由分离器的气处理量和式(6-5)求得的气体流速就可决定垂直于气流方向的网垫除雾器的面积。除雾器的网垫厚度为

$$h = \frac{-3\pi\ln(1-E)}{2a\eta} \qquad (6-6)$$

式中　h——网垫厚度;

　　　　E——除雾效率,如图 6-15 所示,取 0.98;

　　　　a——网垫的比表面积和;

　　　　η——单丝的捕集效率,由图 6-16 确定。

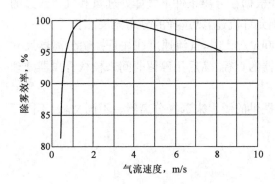

图 6-15　网垫除雾器的除雾效率

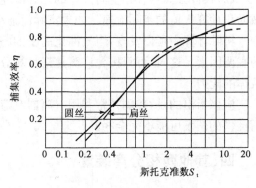

图 6-16　圆丝与扁丝的捕集效率

图 6-16 中斯托克斯准数为

$$S_t = \frac{d^2\rho_1 w_g}{18\mu_g D_0} \qquad (6-7)$$

式中　d——除雾器捕捉的油滴直径,取 $d=10^{-5}\text{m}$;

　　　　ρ_1——分离条件下原油密度;

　　　　w_g——通过除雾器的气体流速;

　　　　μ_g——分离条件下气体黏度;

　　　　D_0——单丝直径,m。

当采用扁丝作网垫时:

$$D_0 = \frac{2ab}{a+b} \qquad (6-8)$$

式中　a——扁丝的厚度,m;

　　　　b——扁丝的宽度,m。

(四)结构尺寸设计的基本步骤

对于两相油气分离器工作时应同时满足从气体中分离出液滴和从原油中分离出气泡的要求。计算和确定分离器尺寸时,可按以下步骤进行:

(1)根据作业者提供的分年油藏开采数据选择最大产油量和产水量作为计算的基础,并按使用要求确定分离器的类型。

(2)按照从原油中分离出气体的要求,并根据原油性质和操作经验确定液体(包括油水)在分离器中要求的停留时间。

(3)假定分离器的长度(或高度),初步确定分离器的有效长度(或高度)。卧式分离器的有效长度可取总长度的 0.7 倍。立式分离器储液部分的有效高度可参考图 6-13 所示的尺寸来确定。除雾分离段 H_4 一般为 380mm。沉降分离段 H_2 一般等于容器直径,但不小于 1m。入口分离段一般为 600mm 或 ½ 容器直径。液体储存段 h 由原油在分离器中所需要的停留时间来确定,但最少不小于 500mm。

(4)计算分离器的直径。如果计算的直径和假定的长度(或高度)与标准系列尺寸不相匹配,则需重新调整长度(或高度),再次计算分离器的直径,直至与标准分离器的尺寸相一致。

(5)校核分离器气相空间气体的允许流速,并根据在分离条件下气体处理量和气体通过的截面积计算气体的实际流速。如果实际流速小于允许流速,则选择的分离器尺寸合适。

实际计算中可以发现,当气油比高于 80～100m³/m³ 时,气流速度往往是控制分离器尺寸的主要因素。这时,可只按允许流速来计算分离器的直径,然后用停留时间来校核分离器处理液体的能力。

应该指出的是,在国外常利用分离器制造商提供的图表来选择分离器。不同文献、不同厂商提供的图表可能不完全相同。

四、其他两相分离装置

(一)倾斜分离器加倾斜来油管

图 6-17 为罗马什金油田于 1974 年研制成功的一种分离器。来油管线是 1°～60°倾斜安装的,开始角度小,入口前逐渐加大。罐的倾角是 4°～5°,这样可以改善除雾器的工作状况,液体出口形成可靠的水封,同时也可提高罐的利用系数。

(二)一级分离器前加气体预选器

1977 年,西西伯利亚工业科学研究所通过试验确定,气液分离一定要在水平和上升的管段进行,在管线下降段选气效果最好。图 6-18 为尤干斯克油气分配管理局采用的气体预选器分离装置的流程图。

(三)管线脉动消除器

管线脉动消除器由处于同一垂直平面的几段管子构成,彼此之间用短管连接,安装在分离器前边的集输管线上,如图 6-19 所示。管线脉动消除器可使分离器的处理能力增加 30%,同时还可以大大提高分离质量。

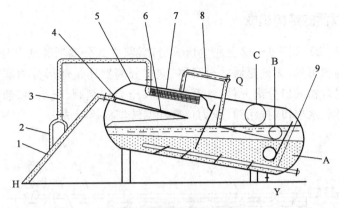

图 6-17　倾斜分离器结构图

1—来油管线；2—补偿—脉动消除器；3—排气短管；4—液流稳定器；5—缸；6—排油堰板；7—泡沫收集器；
8—横向隔板；9—盘管；A—液体空间；B—过度空间；C—气体空间；H—混合物；Q—气体；Y—原油

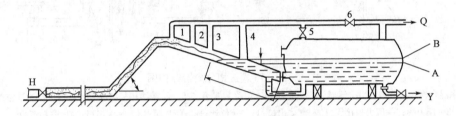

图 6-18　气体预选器分离装置的流程图

1,2,3,4—选气管；5,6—阀门；A—分离器轴线；B—分离器里面的液面；Q—气体；Y—原油；H—混合物

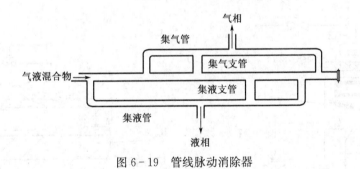

图 6-19　管线脉动消除器

第三节　油气水三相分离器

油田产物中常含有水，特别在油田生产的中后期，含水量逐渐增多。含水的油田产物进入分离器后，在油气分离的同时，由于密度差，一部分水会从原油中沉降至分离器底部。因而处理这种含水原油的分离器必须有油、气、水三个出口，这种分离器称为三相分离器。

一、三相分离器的结构组成及优缺点

与两相分离器相似，三相分离器根据分离器的外形分为卧式分离器、立式分离器和球形分离器三大类。

(一)三相分离器的结构组成

图6-20、图6-21和图6-22分别为卧式分离器、立式分离器和球形分离器的结构简图。由三相分离器结构图可见,无论是卧式分离器、立式分离器还是球形分离器,其主要结构基本上都是由油气水混合物入口分离元件、油雾提取器、压力控制阀、气出口、油出口控制阀、原油出口、水出口控制阀、水出口、排污口、压力仪表和偏转挡板等组成。

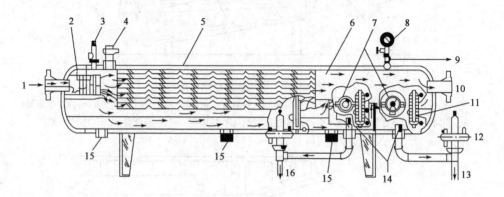

图6-20 卧式三相分离器结构图

1—油气水混合物入口;2—入口分流器;3—安全阀;4—保险装置接口;5—除雾器;6—原油脱气器;7—快速液位调节器;
8—压力表;9—压力表接管;10—气体出口;11—液位计;12—膜片阀;13—污水出口;14—防涡流板;
15—排污口;16—原油出口

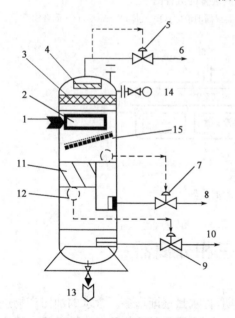

图6-21 立式三相分离器简图

1—油气水混合物入口;2—入口分流器;3—聚集器;
4—除雾器;5—气相调节器;6—气相出口;7—油
相调节器;8—油出口;9—水相调节器;10—水
相出口;11—油和乳状液;12—浮球;13—污
水出口;14—压力表;15—分布器

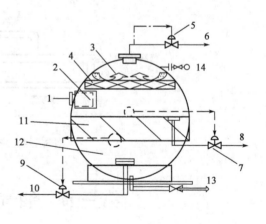

图6-22 球形三相分离器简图

1—油气水混合物入口;2—入口分流器;3—气相;4—聚集器;
5—气相调节器;6—气相出口;7—油相调节器;
8—油出口;9—水相调节器;10—水相出口;
11—油和乳状液;12—水相空间;
13—污水出口;14—压力表

(二)三种分离器的优缺点比较

立式和卧式三相分离器的优缺点同油气两相分离器类同,卧式三相分离器有较好的分离效果。

混合物中的砂和固体杂质会磨损阀门密封面、堵塞分离器内部的构件,并在容器底部沉积,减少分离器的有效容积,妨碍分离器的正常工作。立式分离器可做成45°或60°的锥形底,以利排砂。卧式分离器除沿长度方向在其底部设若干个排放口外,还可设计专用的喷射泵,向分离器底部泵入最大流速约为 6m/s 的高压水搅动固体沉积物,然后将它们排出。

对三种外形的分离器工作效果、处理能力及其他性能进行比较,其结果见表 6-7。

表 6-7　分离器优缺点比较

比 较 内 容	卧式分离器	立式分离器	球形分离器
分离效率	最好	中等	最差
分离后流体稳定性	最好	中等	最差
变化条件的适应性	最好	中等	最差
操作的灵活性	中等	最好	最差
处理能力	最好	中等	最差
单位处理能力的费用	最好	中等	最差
处理外来物的能力	最差	最好	中等
处理起泡原油的能力	最好	中等	最差
活动使用的适应性	最好	最差	中等
安装所需要的空间	最好	中等	最差
纵向上	最好	最差	中等
横向下	最好	最差	中等
安装的容易程度	中等	最差	最好
检查维护的容易程度	最好	最差	中等

二、三相分离器的工作原理

(一)挡板式卧式三相分离器

图 6-23 是挡板卧式三相分离器简图。

由图 6-23 可见,油气水混合物进入分离器后,进口分流器把混合物大致分成气液两相。液相由导管引至油水界面以下进入集液部分,集液部分应有足够的体积使游离水沉降至底部形成水层,其上是原油和含有较小水滴的乳状油层,油和乳状油从挡板上面溢出。挡板下游的油面由液面控制器操纵出口阀控制于恒定的高度。水从挡板上游的出水口排出。油水界面控制器操纵排水阀的开度,使油水界

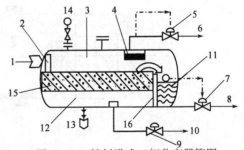

图 6-23　挡板卧式三相分离器简图

1—油气水混合物入口;2—入口分离元件;3—气;4—油雾提取器;5—压力控制阀;6—气出口;7—油出口控制阀;8—原油出口;9—油水界面控制阀;10—水出口;11—原油;12—水;13—排污口;14—压力仪表;15—油和乳状液;16—挡油板

面保持在规定的高度,气体水平地通过重力沉降部分,经除雾器后由气出口流出。分离器的压力由设在气管上的阀门控制。油气界面的高度依据液气分离的需要可在½到¾直径间变化,一般采用½直径。

(二)带油池卧式三相分离器

图6-24为另一种形式的卧式三相分离器,器内设有油池和挡水板。油自挡油板溢流至油池,油池中油面由液面控制器操纵的排水阀控制。水从油池下面流过,经挡水板注入水室,水室的液面由液面控制器操纵的排水阀控制。油池上下游构成一连通器,油层厚度h_1与挡水板高度的关系为

$$\rho_o h_1 + \rho_w h_2 = \rho_w h_3 \qquad (6-9)$$

式中　ρ_o, ρ_w——油和水的密度;

h_1——油气界面至油水界面的高度;

h_2——油水界面至分离器底部的高度;

h_3——挡水板高度,m。

在式(6.9)中$h_1 + h_2$是挡油板高度,为一固定不变的数值。若增加挡水板高度h_3,将会使水层厚度h_2增大,油层厚度h_1减小。通常,将挡油板或挡水板做成可调高度的堰板,在油水密度或流量改变时调节油气层的厚度和油水在分离器内的停留时间,使油中水珠能沉降至分离器底部水层中。这种结构的分离器适用于重质、高含蜡乳状原油,水界面不易用界面控制器控制的场合。

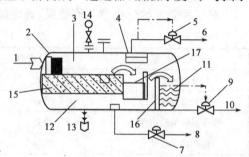

图6-24　油池卧式三相分离器简图
1—油气水混合物入口;2—入口分离元件;3—气;
4—油雾提取器;5—压力控制阀;6—气出口;7—油
出口控制阀;8—原油出口;9—油水界面控制阀;
10—水出口;11—原油;12—水;13—排污口;
14—压力仪表;15—油和乳状液;
16—挡油板;17—油池

(三)综合型卧式三相分离器

图6-25为综合型卧式三相分离器。

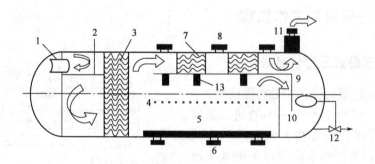

图6-25　综合型卧式三相分离器简图
1—入口;2—水平分流器;3—稳流装置;4—加热器;5—防涡罩;6—污水出口;7—平行除雾器;
8—安全阀接口;9—气液隔板;10—溢流槽;11—天然气出口;12—出油阀;13—挡沫板

表6-8是综合型卧式三相分离器主要内部构件及其作用特点。综合型卧式三相分离器主要特点是增加内部构件并将其有效组合,提高分离器对油气水的综合处理能力。

表 6-8 综合型卧式三相分离器结构特点

内 部 构 件	作 用
入口分流器	与流体流动方向垂直安装并开有两排小槽,使液体以瀑布形式流向水平分流
稳流装置	使初步分离得到的气液两相都得到稳定流,减少流体的波动和扰动,给油气水沉降分离创造良好条件
加热器	提高油温,促使集液部分的游离水从原油中沉降
防涡罩	防止排液时产生漩涡,带走污水上部的原油
挡沫板	阻止浮在液面上的气泡向原油方向流动,使气泡在液面上有足够的停留时间,破裂并进入气相
平行除雾器	板间为 30mm,与水平线呈 30°倾角,板面与气流方向平行,起到气泡整流,缩短油滴沉降距离的作用,并使部分油滴被湿润的板面聚集

(四)立式三相分离器

图 6-26 为典型立式三相分离器的结构示意图。混合物经进口分流器分出大部分气体后,液体经导管输至油水界面下方的分流器流出,分流器使油水混合物在容器的整个横截面上流速均匀。油在向上流动的过程中,释放出束缚在水相中的油滴,从而使油水得以分离。原油上方的气体出气体平衡管流至气室,与入口分流器分出的气体汇合,经除雾器流出分离器。

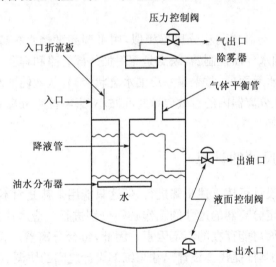

图 6-26 三相立式分离器结构示意图

三、三相分离器的界面控制

图 6-27 为立式三相分离器常用的界面控制方法。

(一)第一种方法

如图 6-27(a)所示,用一个可调平衡浮子控制油气界面,用界面浮子控制排水阀的开度使油水界面保持在一定的高度。由于器内没有隔板或挡板,制造简便,对含砂和面体杂质多的流体效果好。

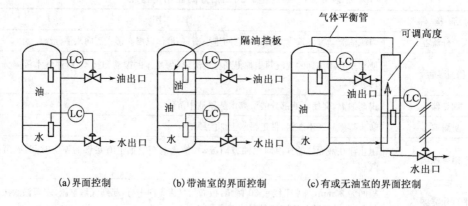

图 6 - 27　三相分离器中界面的控制

(二)第二种方法

如图 6 - 27(b)所示,用一块挡油板控制油气界面,全部原油在排出容器前必须上升到挡油板的高度,所以油水分离效果较好。缺点是油箱占去一部分容器空间,并将在油箱底部产生不易排出的沉积物,且制造成本较高。

(三)第三种方法

如图 6 - 27(c)所示,与卧式两相分离器相似,用可调高度挡水板或出水管控制油水界面的位置,优点是不需要抽水界面控制器,缺点是需附加外部管路和容器。

三相分离器内的油水界面处,常聚集一层油水乳状液,乳状液使油水界面控制器的灵敏度大为降低,同时使油水在分离器内的有效停留时间减小,影响抽水分离效果。通常用加热或加破乳剂来减小其有害影响。

四、三相分离器尺寸的计算

三相分离器的尺寸设计可按下述步骤进行,但这只能用来补充而不能取代实际工作经验,选择分离器的类型和确定分离器的尺寸的工作必须分别进行。应考虑所有功能和要求,包括设计流量和流体特性方面可能存在的不定因素。因此,每台分离器的设计都只能靠工程师进行良好的设计论证,而无其他捷径。设计尺寸与细部设计之间的协调、设计参数的合适误差都只能由制造厂按照工程实际或经验法则确定。

(一)卧式三相分离器尺寸的计算方法及步骤

1.计算方法

选定卧式三相分离器的尺寸时,有必要规定分离器的直径和圆筒部分的长度。气体处理量和停留时间决定了合乎要求的长细比。从重力沉降分离出 $500\mu m$ 直径的水滴决定了分离器的最大直径。

1)气体处理量决定的容器尺寸

气体处理量限制的容器尺寸的计算可采用两相分离器中的计算公式。

$$Dl_e = 1.474 \times 10^{-5} \times \frac{Q_{gs} p_s TZ\beta}{w_{gv} pT_s} \qquad (6-10)$$

式中 D——分离器内径,m;

   l_e——重力沉降部分的有效沉降长度,m;

   Q_{gs}——标准状态下气体流量,m^3/d;

   w_{gv}——气体允许流速,m/s;

   p——操作压力,MPa;

   p_s——标准状态下的操作压力,MPa;

   T——操作温度,K;

   T_s——标准状态下的操作温度,K;

   Z——气体压缩因子;

   β——载荷波动系数。

2)停留时间决定容器尺寸

停留时间的限制可得出另一个计算 D 与 l_e 可取组配的公式为

$$t = 1440 \frac{V}{Q} \qquad (6-11)$$

式中 t——时间,min;

   V——容器中的有效体积,m^3;

   Q——液体流量,m^3/d。

则有容器中油的体积 V_o 为 $A_o l_e$:

$$V_o = 6.844 \times 10^{-4} Q_o t_{ro} = A_o l_e \qquad (6-12)$$

容器中水的体积 V_w 为 $A_w l_e$:

$$V_w = 6.944 \times 10^{-4} Q_w t_{rw} = A_w l_e \qquad (6-13)$$

容器中的有效体积 V 为 Al_e:

$$V = 2(V_o + V_w) \qquad (6-14)$$

$$V = 2 \times 6.944 \times 10^{-4}(t_{ro}Q_o + t_{rw}Q_w) = 0.785D^2 l_e \qquad (6-15)$$

$$\frac{V_o}{V} = \frac{A_o l_e}{Al_e} = \frac{Q_o t_{ro}}{2(t_{ro}Q_o + t_{rw}Q_w)} = \frac{6.944 \times 10^{-4} Q_o t_{ro}}{0.785D^2 l_e} \qquad (6-16)$$

$$\frac{V_w}{V} = \frac{A_w l_e}{Al_e} = \frac{Q_w t_{rw}}{2(t_{ro}Q_o + t_{rw}Q_w)} = \frac{6.944 \times 10^{-4} Q_w t_{rw}}{0.785D^2 l_e} \qquad (6-17)$$

将式(6-16)与式(6-17)相加得

$$\frac{A_o + A_w}{A} = \frac{6.944 \times 10^{-4}(t_{ro}Q_o + t_{rw}Q_w)}{0.785D^2 l_e} \qquad (6-18)$$

$$D^2 l_e = 0.0017699(t_{ro}Q_o + t_{rw}Q_w) \qquad (6-19)$$

式中 D——分离器的内径,m;

   l_e——油气分离器的有效长度,m;

   t_{ro}——油的停留时间,min;

   t_{rw}——水的停留时间,min;

   A_o——容器截面上油的面积,m^2;

A_w——容器截面上水的面积,m^2;

A——容器截面积,m^2;

Q_o——油的流量,m^3/d;

Q_w——水的流量,m^3/d。

3)沉降公式

要求 $500\mu m$ 直径的水滴能从分离器内的油层里沉降下来,由此确立由以下公式得出的最大油层厚度。

设油的停留时间为 t_{ro}(min),水的停留时间为 t_{rw},水的沉降速度为 W_w(m/s),油层最大厚度为 h_o(m),液滴直径为 d_m,液体黏度为 μ_L。

$$t_{ro} = t_{rw} \qquad (6-20)$$

$$t_{rw} = \frac{1}{60} \times \frac{h_o}{w_w} \qquad (6-21)$$

$$w_w = 5.419 \times 10^{-10} \frac{(\Delta_w - \Delta_o)d_m^2}{\mu_L} \qquad (6-22)$$

$$t_{ro} = t_{rw} = 3.077 \times 10^7 \frac{\mu_L h_o}{(\Delta_w - \Delta_o)d_m^2} \qquad (6-23)$$

$$h_o = 3.25 \times 10^{-8} \frac{t_{ro}(\Delta_w - \Delta_o)d_m^2}{\mu_L} \qquad (6-24)$$

当液滴直径为 $500\mu m$ 时,有

$$h_o = 0.008128 \frac{t_{ro}(\Delta_w - \Delta_o)}{\mu_L} \qquad (6-25)$$

式中　h_o——分离器内油层能达到的最大厚度,m;

　　　t_{ro}——油的停留时间,min;

　　　Δ_w, Δ_o——水的相对密度和油的相对密度;

　　　d_m——液滴的直径,mm;

　　　h——最大油层厚度,mm;

　　　μ_L——液体的黏度,Pa·s。

在给定的原油停留时间和给定的水停留时间条件下,可由最大油层厚度的限制来确定油气分离器直径。

4)分离器圆筒部分长度计算与长细比

借用两相分离器计算公式,同样根据有效长度估算分离器圆筒部分长度。在气体处理量起主导作用的地方,应限定长细比小于 4 或 5,以防在气液界面气体重新带液。如果在选定分离器尺寸时是以液体处理量为基础的,可取一个较大的长细比。在油水界面有可能形成内波。通常推荐选用的长细比小于 6,除非进行更为详尽的研究。大多数卧式三相分离器的长细比取 3~5。

2. 计算步骤

(1)选择油的停留时间 t_{ro} 和水的停留时间 t_{rw}。

(2)计算最大油层厚度 h_{omax}。

$$h_{\text{omax}} = 3.25 \times 10^{-8} \frac{t_{\text{ro}}(\Delta_{\text{w}} - \Delta_{\text{o}}) d_{\text{m}}^2}{\mu_{\text{L}}} \tag{6-26}$$

如果没有其他资料,液滴直径取 $500\mu\text{m}$,则

$$h_{\text{omax}} = 0.008125 \frac{t_{\text{ro}}(\Delta_{\text{w}} - \Delta_{\text{o}})}{\mu_{\text{L}}} \tag{6-27}$$

(3)计算 A_{w}/A。

$$\frac{A_{\text{w}}}{A} = \frac{1}{2} \times \frac{Q_{\text{w}} l_{\text{rw}}}{t_{\text{ro}} Q_{\text{o}} + t_{\text{rw}} Q_{\text{w}}} \tag{6-28}$$

式中　A——容器的截面积;

　　　A_{w}——容器截面上水的面积;

　　　t_{ro}——油的停留时间;

　　　t_{rw}——水的停留时间;

　　　Q_{o}——油的流量;

　　　Q_{w}——水的流量。

(4)根据曲线确定 h_{o}/D。

根据图 6-28 确定油层最大厚度与容器内径的比值 h_{o}/D。

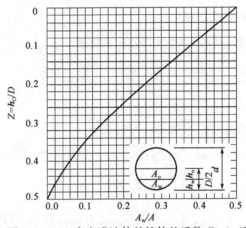

图 6-28　一半充满液体的筒体的系数 $Z = h_{\text{o}}/D$

(5)计算容器的最大直径 D_{max}。

$$D_{\text{max}} = \frac{h_{\text{omax}}}{\dfrac{h_{\text{o}}}{D}} \tag{6-29}$$

D_{max} 取决于 Q_{o}、Q_{w}、t_{ro} 和 t_{rw}。

(6)计算气体处理量限制下 D 与 l_{e} 的组配。

在 D 小于 D_{max} 以满足气体处理量限制的情况下,计算 D 与 l_{e} 的组配,假如没有其他资料,液滴直径取 $100\mu\text{m}$。

$$Dl_{\text{e}} = 1.474 \times 10^{-5} \frac{Q_{\text{gL}} p_{\text{s}} TZ\beta}{w_{\text{gv}} p T_{\text{s}}} \tag{6-30}$$

$$w_{\text{gv}} = 0.75 w_{\text{o}} = 0.75 \times 5.419 \times 10^{-10} \frac{(\Delta_{\text{w}} - \Delta_{\text{o}}) d_{\text{m}}^2}{w_{\text{gv}} p T_{\text{s}}} \tag{6-31}$$

或采用经验公式

$$w_{gv} = 0.1\sqrt{\frac{5.87}{p}} \qquad (6-32)$$

(7)计算油和水限制下 D 与 l_e 的组配。

在 D 小于 D_{max} 以满足油和水的停留时间限制的情况下,计算 D 与 l_e 的组配:

$$D^2 l_e = 0.001769(t_{ro}Q_o + t_{rw}Q_w) \qquad (6-33)$$

(8)估算分离器圆筒部分的长度 l_s,即分离器除去端头后的长度:

$$l_s = l_e + D \qquad (用于气体处理量) \qquad (6-34)$$

$$l_s = 4/3 l_e \qquad (用于液体处理量) \qquad (6-35)$$

(9)选择合理的直径和长度。

一般取长细比 $l_e/D = 3 \sim 5$。

(二)立式三相分离器尺寸的计算方法及步骤

1.计算方法

与立式两相分离器一样,必须维持能确保分离器有足够气体处理量的最小直径。除此之外,立式三相分离器还必须维持能使 $500\mu m$ 直径水滴沉降下来的最小直径,三相分离器的高度由停留时间确定。

1)气体处理能力限制的最小直径

采用两相分离器中计算气体处理能力的公式来计算。

$$D^2 = 1.474 \times 10^{-5} \frac{Q_{gs} p_s T Z \beta}{w_{gv} p T_s} \qquad (6-36)$$

2)沉降条件限制的直径

要求必须满足水滴从油里沉降下来的计算公式。

$$w_o = w_w = 5.419 \times 10^{-10} \frac{(\Delta_w - \Delta_o)d_m^2}{\mu_L} \qquad (6-37)$$

$$A = \frac{\pi D^2}{4} \qquad (6-38)$$

$$w_o = 1.1574 \times 10^{-5} \times \frac{Q_o}{A} = 1.1574 \times 10^{-5} \frac{4Q_o}{\pi D^2}$$

$$w_o = 1.4744 \times 10^{-5} \frac{Q_o}{D^2} \qquad (6-39)$$

由式(6-37)和式(6-39)可得

$$5.149 \times 10^{-10} \times \frac{d_m^2(\Delta_w - \Delta_o)}{\mu_L} = 1.4744 \times 10^{-5} \frac{Q_o}{D^2} \qquad (6-40)$$

$$D^2 = 2.72 \times 10^4 \frac{Q_o \mu_L}{d_m^2(\Delta_w - \Delta_o)} \qquad (6-41)$$

当液滴直径为 $500\mu m$ 时,式(6-41)变为

$$D^2 = 0.1088 \frac{Q_o \mu_L}{(\Delta_w - \Delta_o)} \qquad (6-42)$$

式中　Δ_w, Δ_o——水的相对密度和油的相对密度;

　　　d_m——液滴的直径,m;

　　　μ_L——液体的黏度,Pa·s;

D——容器直径,m;

Q_o——油的流量,m³/d。

3)停留时间限制的尺寸

根据两相分离器设计有

$$\frac{\pi D^2}{4} h_o = \frac{t_{ro} Q_o}{1440} \tag{6-43}$$

$$h_o = \frac{8.846 \times 10^{-4} h_o t_{ro} Q_o}{D^2} \tag{6-44}$$

$$\frac{\pi D^2}{4} h_w = \frac{t_{rw} Q_w}{1440} \tag{6-45}$$

$$h_w = \frac{8.846 \times 10^{-4} t_{rw} Q_w}{D^2} \tag{6-46}$$

将式(6-44)与式(6-46)相加得

$$h_o + h_w = 8.846 \times 10^{-4} \frac{t_{ro} Q_o + t_{rw} Q_w}{D^2} \tag{6-47}$$

式中 D——分离器的内径,m;

t_{ro}——油的停留时间,min;

t_{rw}——水的停留时间,min;

Q_o——油的流量,m³/d;

Q_w——水的流量,m³/d;

h_o——分离器中油层高度,m;

h_w——分离器中水层高度,m。

4)分离器圆筒部分长度和长细比

同立式两相分离器一样,一经选定 h_o 和 h_w 后,根据分离器几何形状能近似估算分离器圆筒部分长度 l_s,并进行筛选,可假设:

$$l_s = h_o + h_w + 1.93 \tag{6-48}$$

或

$$l_s = h_o + h_w + D + 1.0 \tag{6-49}$$

只要所选的直径能满足前面几项限制的要求,就是可取的。选择直径时,长细比取值小于4。大多数立式三相分离器的长细比取值为 1.3～3,以保持在合理的高度限制内。

2.计算步骤

(1)根据穿过油层沉降的水滴要求,计算最小直径。如果没有其他资料,水滴直径可取 $500\mu m$。

$$D^2 = 2.72 \times 10^4 \frac{Q_o \mu}{d_m^2 (\Delta_w - \Delta_o)} \tag{6-50}$$

水滴直径取 $500\mu m$ 时,有

$$D^2 = 0.1088 \frac{Q_o \mu}{(\Delta_w - \Delta_o)} \tag{6-51}$$

(2)根据穿过气体滴落的油滴要求,计算最小直径,如果没有其他资料,油滴直径可取 $100\mu m$。

$$D^2 = 1.474 \times 10^{-5} \frac{Q_{gs} p_s TZ\beta}{w_{go} pT_s} \tag{6-52}$$

(3)选择步骤(1)和(2)计算出最小直径中较大的一个。

(4)选择 t_{ro} 和 t_{rw}，解出不同 D 时的 $(h_w + h_o)$。

$$h_o + h_w = 8.846 \times 10^{-4} \frac{t_{ro} Q_o + t_{rw} Q_w}{n^2} \tag{6-53}$$

(5)估算分离器圆筒部分的长度。

$$l_s = h_o + h_w + 1.93 \quad \text{或} \quad l_s = h_o + h_w + D + 1.0 \tag{6-54}$$

(6)选择合理的分离器直径和长度，长细比 (l_o/D) 取 1.5~3 较为普遍。

◇◇ 思 考 题 ◇◇

1.简述油气分离器的主要功能。

2.油气分离器的操作要求是什么？

3.简述油气两相分离器的主要分离原理。

4.试对比立式两相分离器与卧式三相分离器的异同。

5.简述三相分离器液面控制的主要方法。

6.简述两相和三相分离器设计的主要步骤。

7.提高油气两相分离器分离效果的措施有哪些？试举例说明。

参考文献

[1] 油田油气集输设计技术手册编写组. 油田油气集输设计技术手册(上)[M]. 北京:石油工业出版社,1995.

[2] 冯叔初,等. 油气集输[M]. 东营:石油大学出版社,1994.

[3] 丁伯民,曹文辉,等. 承压容器[M]. 北京:化学工业出版社,2008.

[4] SY/T 0515—2014　油气分离器规范[S].

[5] GB 50350—2015　油田油气集输设计规范[S].

[6] GB/T 25198—2010　压力容器封头[S].

[7] TSG 21—2016　固定式压力容器安全技术监察规程[S].

[8] GB 150—2011　压力容器[S].

[9] NB/T 47027—2012　压力容器法兰用紧固件[S].

第七章
污水处理设备

如果油气田污水不进行回注或排放,不仅地面设施不能正常运转,而且会堵塞地层,同时造成环境污染,影响油田的安全生产。因此,必须合理地处理油气田污水。油气田污水主要是油气集输站及联合站内各种分离存储设备的罐底水,以及将含盐量较高的原油用其他清水洗盐后的污水。再者,为了提高注水量,有效保护井下管柱,需定期对注水井进行洗井作业,为了减少油区环境污染,大部分油田都将洗井水建网回收进入污水处理站。此外,随着人们生活质量的提高,国家进一步加大了环境保护的力度,石油行业也严格了环保规定,要求将钻井污水、井下作业污水、油区站场周边工业废水等,全部回收处理净化、减少污染。

为了便于后续叙述,对未经处理的油田污水称为原水;经过自然除油或混凝沉降除油后的污水称为初步净化水;经过过滤的水称为滤后水;经过系统处理后的水称为净化水。目前,石油化工污水治理技术的发展动向可以概括为三句话表示:加强预处理,提高二级处理,配套后处理。本章在简要介绍污水处理流程的基础上,重点介绍油气田污水处理设备。

第一节　污水处理流程

油田污水处理的完整工艺过程包括措施液的拉运、卸车、预处理、分离、过滤、污泥脱水及回注(或回用)等环节。本节主要阐述目前常用的重力式污水处理流程、压力式污水处理流程、浮选式污水处理流程和开式生化污水处理流程。

一、重力式污水处理流程

重力式污水处理流程为自然除油—混凝沉降—压力(或重力)过滤流程,如图7-1所示。脱水转油站来的原水,经自然收油初步沉降后,加入混凝剂进行混凝沉降,再经过缓冲、提升,进行压力过滤,滤后加杀菌剂,得到合格的净化水,外输用于回注;滤罐反冲洗排水用回收水泵均匀地加入原水中再进行处理;回收的油送回原油集输系统或者用作原料。

重力式污水处理流程处理效果良好,对原水含油量、水量变化波动适应性强,自然除油回收油品好,投加净化剂混凝沉降后净化效果好。但当处理规模较大时,压力滤罐数量较多,操作量大,处理工艺自动化程度稍低。当对净化水质要求较低且处理规模较大时,可采用重力式单阀滤罐提高处理能力。

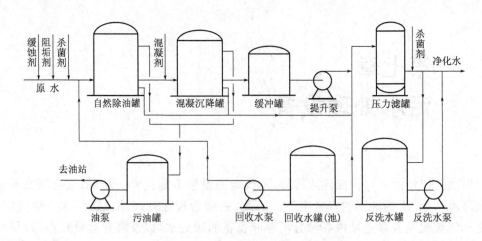

图 7-1　重力式污水处理流程图

二、压力式污水处理流程

　　压力式污水处理流程为旋流(或立式)除油—聚结分离—压力沉降—压力过滤流程,如图 7-2 所示。脱水站来的原水,若压力较高,可进旋流除油器;若压力适中,可进接收罐除油。为提高沉降净化效果,在压力沉降之前增加一级聚结(亦称粗粒化),使油珠粒径变大,易于沉降分离。或者采用旋流除油后直接进入压力沉降。根据对净化水质的要求,可设置一级过滤和二级过滤净化。

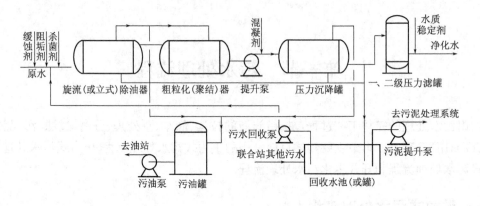

图 7-2　压力式污水处理流程图

　　压力式污水处理流程处理净化效率较高,效果良好,污水在处理流程内停留时间较短,但适应水质、水量波动能力稍低于重力式污水处理流程。旋流除油装置可高效去除原水中的油,聚结分离可使原水中微细油珠聚结变大,缩短分离时间,提高处理效率。该流程系统机械化、自动化水平稍高于重力式污水处理流程,现场预制工作量大大降低,且可充分利用原水水压,减少系统二次提升。

三、浮选式污水处理流程

　　浮选式污水处理流程为接收(溶气浮选)除油—射流浮选或诱导浮选—过滤、精滤流程,如

图 7-3 所示。流程首端采用溶气气浮,再用诱导气浮或射流气浮取代混凝沉降设施,后端根据净化水回注要求,可设一级过滤和精细过滤装置。

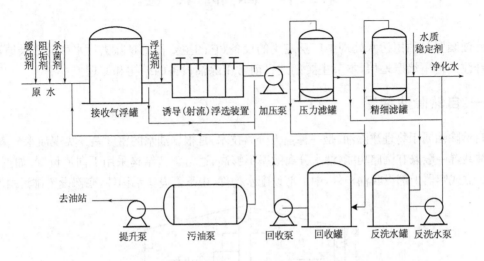

图 7-3 浮选式污水处理流程图

浮选式污水处理流程处理效率高,设备组装化、自动化程度高,现场预制工作量小。因此,该流程广泛应用于海上采油平台,在陆上油田,尤其是稠油污水处理中也被较多应用。但该流程动力消耗大,维护工作量稍大。

四、开式生化污水处理流程

开式生化污水处理流程为隔油—浮选—生化降解—沉降—吸附过滤流程,如图 7-4 所示,原水经过平流隔油池除油沉降,再经过溶气浮选池净化,然后经过提升进入一级、二级生物降解池和沉降池,最后进行提升经砂滤或吸附过滤达标外排。

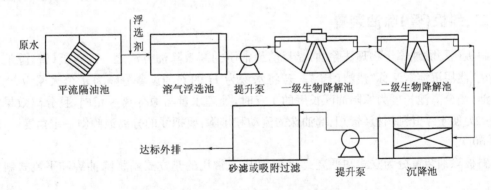

图 7-4 开式生化污水处理流程

开式生化污水处理流程是针对部分油田污水采出量较大,回用量不够大,必须处理达标外排而设计的。一般情况,通过上述开式生化污水处理流程净化,排放水质可以达到《污水综合排放标准》(GB 8978—1996)要求。此外,少部分油田污水水温过高,若直接外排,将引起受纳水体生态平衡的破坏。因此,尚需在排放前进行淋水降温处理;少部分矿化度高的油田污水,有必要进行除盐软化,适当降低含盐量,以免引起受纳水体盐碱化。

第二节 除 油 装 置

除油装置是油田污水处理中广泛应用的设备,它的主要作用是除去污水中的残余原油,以防油珠注入地下堵塞地层,本节主要阐述目前常用除油设备的结构和原理。

一、自然除油装置

自然除油属于物理法除油,是一种重力分离技术,是根据油水的密度差异实现油水分离。自然除油装置一般兼有调储功能,油水分离效率不够高,通常工艺结构采用下向流设置,如图7-5所示。立式容器上部设收油构件,中上部设配水构件,中下部设集水构件,底部设置排污构件。

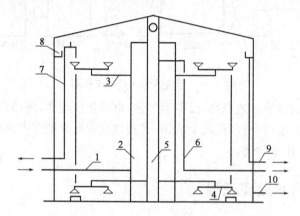

图7-5 自然除油罐结构图

1—进水管;2—中心反应筒;3—配水管;4—集水管;5—中心柱管;
6—出水管;7—溢流管;8—集油槽;9—出油管;10—排污管

二、斜板(管)除油装置

斜板(管)除油属于物理法除油,是目前最常用的高效除油方法之一。斜板(管)除油基本原理是"浅层沉淀",又称"浅池理论"。若将水深为 H 的除油设备分隔为 n 个水深为 H/n 的分离池,当分离池长度为原除油区长度的 $1/n$ 时,处理水量与原分离区相同,且分离效果完全相同。为便于浮升到斜板(管)上部油珠的流动和排除,要把浅的分离池倾斜一定角度(一般为 $45°\sim60°$)。

斜板除油装置分为立式和平流式两种,油田上常用的是立式斜板除油罐和平流式斜板隔油池。

立式斜板除油罐结构形式与普通立式除油罐基本相同,主要区别是在普通立式除油罐中心反应筒外的分离区一定部位加设了斜板组,如图7-6所示。含油污水从中心反应筒出来,在上部分离区进行初步的重力分离,较大油珠颗粒分离出来。然后污水通过斜板区进一步分离,分离后的污水在下部集水区流入集水管,汇集后由中心柱管上部流出。斜板区分离出的油珠颗粒上浮至水面,进入集油槽后由出油管排出到收油装置。实践证明:在除油效率相同条件下,与普通立式除油罐相比,同样大小的立式斜板除油罐的除油处理能力可提高 1.0~1.5 倍。

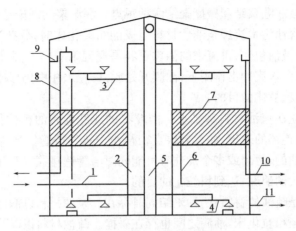

图 7-6 立式斜板除油罐结构图

1—进水管;2—中心反应筒;3—配水管;4—集水管;5—中心柱管;

6—出水管;7—波纹斜板组;8—溢流管;9—集油槽;10—出油管;11—排污管

平流式斜板隔油池是在普通的隔油池中加设斜板,如图 7-7 所示。一般是由钢筋混凝土做成池体,池中波纹斜板大多呈 45°安装。进入的含油污水通过配水堰、布水栅后均匀而缓慢地从上而下经过斜板区,油、水、泥在斜板中分离。油珠颗粒沿斜板组的上层斜板,向上浮升滑出斜板到水面,通过活动集油管槽收集到污油罐,再送去脱水;泥砂沿斜板组下层斜板面滑向集泥区落到池底,定时排除;分离后的水从下部分离区进入折向上部的出水槽,然后排出或送去进一步处理,而由于高程布置的原因,污水进入下一步处理工序,往往需要用泵进行提升。

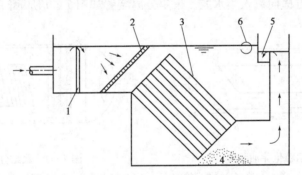

图 7-7 平流式斜板隔油池构造图

1—配水堰;2—布水栅;3—斜板;4—集泥区;5—出水槽;6—集油管

隔油池原理:隔油池是用自然上浮法分离、去除含油废水中可浮性油类物质的构筑物。废水从池的一端流入池内,从另一端流出。在流经隔油池的过程中,由于流速降低,密度小于 1.0g/cm^3 而粒径较大的油类杂质得以上浮到水面上,密度大于 1.0g/cm^3 的杂质则沉于池底。在出水一侧的水面上设集油管。

三、粗粒化(聚结)除油装置

粗粒化(聚结)除油装置处理的主要对象为水中的分散油,含油污水流经装有填充物(粗粒化材料)的装置后,使油珠由小变大,这样,更容易用重力分离法将油除去。对于温度一定的特定污水,油珠上浮速度与油珠粒径平方成正比。若在污水沉降前设法使油珠粒径增大,可加大油珠上浮速度,进而使污水向下流速加大,提高除油效率。

粗粒化的机理包括润湿聚结和碰撞聚结两种观点。润湿聚结理论是建立在"亲油性"粗粒化材料的基础上。当含油污水流经亲油性材料组成的粗粒化床时，分散油珠在材料表面润湿吸附，材料表面几乎全被油包住，再流来的油珠更容易润湿附着在上面，油珠不断聚结扩大并形成油膜，在浮力和反向水流冲击作用下，油膜开始脱落，在水相中仍形成油珠，但比聚结前的油珠粒径大，从而达到粗粒化的目的。

碰撞聚结理论建立在疏油材料基础上。由粒状的或纤维状的粗粒化材料组成的粗粒化床，其空隙均构成互相连续的通道，如无数根直径很小交错的微管。当含油污水流经该床时，由于粗粒化材料是疏油的，两个或多个油珠有可能同时与管壁碰撞或互相碰撞，其冲量足可以将它们合并为一个较大的油珠，达到粗粒化的目的。

无论是亲油的或是疏油的材料，两种聚结同时存在。亲油材料以润湿聚结为主，也有碰撞聚结。原因是污水流经粗粒化床，油滴之间也存在碰撞。疏油材料以碰撞聚结为主，也有润湿聚结。原因是当疏油材料表面沉积油泥时，该材料便有亲油性。无论是亲油性材料还是疏油性材料，只要粒径合适，都有较好的粗粒化效果。

单一的粗粒化除油装置一般为立式结构，下部配水，中部装填粗粒化材料，上部出水。组合式粗粒化除油装置一般为卧式结构，前端为配水部分，中部为粗粒化部分，中后部为斜板（管）分离部分。粗粒化除油装置如图7-8所示。

聚结分离器采用卧式压力聚结方式与斜板（管）除油装置结合除油。原水进入装置前端，通过多喇叭口均匀布水，水流方式横向流经三组斜交错聚结板，使油珠聚结，悬浮物颗粒增大，然后再横向上移，自斜板组上部均匀分布，经斜板分离，油珠上浮聚集，固体悬浮物下沉聚集排除，净化水由斜板下方横向流入集水腔。聚集分离装置如图7-9所示。

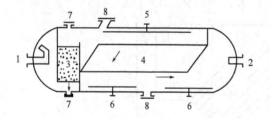

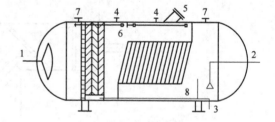

图7-8　粗粒化除油装置

1—进水口；2—出水口；3—粗粒化段；4—蜂窝斜管；
5—排油口；6—排污口；7—维修人孔；8—拆装斜管人孔

图7-9　聚结分离除油装置

1—进水口；2—出水口；3—排油口；4—污油口；5—进料口；
6—蒸汽回水口；7—安全阀；8—出水挡板

四、气浮除油装置

气浮就是在含油污水中通入空气（或天然气），使水中产生微细气泡，有时还需加入浮选剂或混凝剂，使污水中颗粒为 0.25～0.35 mm 的乳化油和分散油或水中悬浮颗粒黏附在气泡上，随气体一起上浮到水面并加以回收，从而达到含油污水除油除悬浮物的目的。

气浮除油装置按气体被引入水中的方式分为溶解气气浮选装置和分散气气浮选装置两类。

溶解气气浮选装置首先使气体在压力状态下溶入水中，再将溶解气引入浮选器首端或底部均匀配出，待压力降低后，溶入水中的气体便释放出来，使被处理水中的油珠和悬浮物吸附到气泡上，上浮聚集被去除，如图7-10所示。

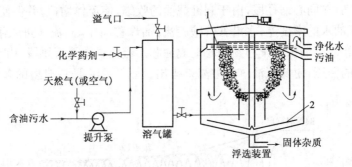

图 7-10　溶解气气浮选装置

1—刮渣器；2—刮泥器

　　分散气气浮选装置分为旋转型分散气气浮选装置(图 7-11)和喷射型分散气气浮选装置(图 7-12)。旋转型分散气气浮选装置在气液界面上产生液体漩涡,漩涡气液界面随着转速升高,可扩展到分离室底部以上。在漩涡中心的气腔中,压力低于大气压,引起分离室上部气相空间的蒸气下移,通过转子与水相混合,形成气水混合体。在转子的旋转推动下向周边扩散,形成与油、悬浮物混合、碰撞、吸附、聚集、上浮被去除的循环过程。大多数旋转型分散气气浮选装置设有四个浮选单元室。含油污水依次流经四个浮选单元室,水中含油和悬浮物逐级被去除净化。

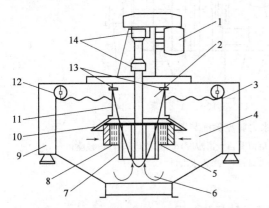

图 7-11　旋转型分散气气浮选装置

1—电动机；2—气穴负压区；3—浮渣堰口；4—两相混流；
5—液体涡流；6—液体再循环路径；7—转子；
8—分散器；9—废渣箱；10—支撑罩；11—立管；
12—刮渣器；13—气入口；14—轴承

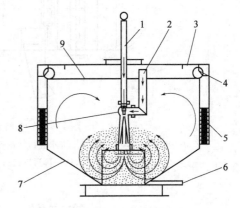

图 7-12　喷射型分散气气浮选装置

1—循环通道；2—气入口；3—观察口；4—刮渣片；
5—浮油室；6—排污口；7—罐体；8—射流器；
9—油盖层

　　喷射型分散气气浮选装置每个浮选单元均设置一个喷射器,利用泵将净化水打入浮选单元的喷射器,喷射器内的喷嘴局部产生低气压,引起气浮单元上部气相空间的气体流向喷射器喷嘴,气、水在喷嘴出口后的扩散段充分混合,射流进入浮选单元中下部,与被处理的污水混合,形成油、悬浮物与气泡吸附、聚集、上浮被去除的循环过程。

五、旋流除油装置

　　旋流除油装置的核心结构是水力旋流器(图 7-13),利用油水密度差,在液流调整旋转时受到不等离心力的作用而实现油水分离。含油污水切向或螺旋向进入圆筒涡旋段,并沿旋流管轴向螺旋态流动,在同心缩径段,由于圆锥截面的收缩,使流体增速,并促使已形成的螺旋流态向前流动,由于油水的密度差,水沿着管壁旋流,油珠移向中心,流体进入细锥段,截面不断收缩,流速继续增大,小油珠继续移到中心汇成油芯。流体进入平行尾段,由于流体恒速流动,对上段产生一定的回压,使低压油芯向溢流口排出。图 7-14 是一典型的多管污水水力旋流除油装置。

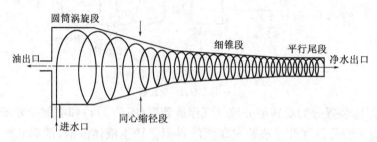

图 7-13 水力旋流器原理图

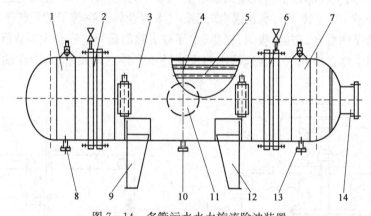

图 7-14 多管污水水力旋流除油装置
1—出油腔;2,6—管板;3—进水腔;4—花板;5—旋流管;7—出水腔;8—出油口;9,13—鞍座;
10,12—排污口;11—污水进口;14—净化水出口

第三节 混凝沉降装置

混凝沉降装置将污水中的悬浮物通过化学混凝剂变成大颗粒加速沉降,实现污水中的水、悬浮物分离,达到净化污水的目的,本节从污水混凝沉降机理、配套装置等方面进行阐述。

一、混凝机理

混凝是指水中胶体粒子以及微小悬浮物的聚集过程,是凝聚和絮凝的总称。一般认为,水中胶体失去稳定性的过程,即"脱稳"的过程称为凝聚;而脱稳胶体中粒子及微小悬浮物聚集过程称为絮凝。在实际生产中,很难将凝聚和絮凝两者截然分开。油气田含油污水处理中的混凝现象比较复杂,室内实验研究证明,不同的絮凝剂、凝聚剂组合,不同的水质条件,混凝的作用机理有所不同,一般说来,混凝剂对水中胶体颗粒的混凝作用有三种:电性中和、吸附桥架和网扫作用,三种作用以哪种机理为主,取决于混凝剂的种类、投加量、水中胶体粒子的性质、含量和水的 pH 值等。

(一)电性中和

要使胶体颗粒通过布朗运动相互碰撞聚集,必须消除颗粒表面同性电荷的排斥作用,即排斥能峰。降低排斥能峰的办法为:降低或消除胶体颗粒的 ξ 电位,即在水中投入电解质。含油污水中胶体颗粒大都带负电荷,故投入的电解质为带正电荷的离子或聚合离子,如 Na^+、Ca^{2+}、Al^{3+} 等。

(二)吸附架桥

不仅带异性电荷的高分子物质(即絮凝剂)与胶体颗粒具有强烈的吸附作用,不带电的甚至带有与胶粒同性电荷的高分子物质与胶粒也有吸附作用。当高分子链的一端吸附了某一胶粒后,另一端又吸附了另一胶粒,形成"胶粒—高分子—胶粒"的絮体,高分子物质起到了胶粒与胶粒之间相互结合的桥梁作用,故称为吸附架桥。起架桥作用的高分子都是线性高分子且需要一定长度,当长度不够时,不能起到颗粒间的架桥作用,只能吸附单个胶粒。

(三)网扫作用

网扫作用即网捕或卷扫作用,当水中投加混凝剂量足够大,便可形成大量絮体。成絮体的线性高分子物质,不仅具有一定长度,且大都有一定量的支链,絮体之间也有一定的吸附作用。混凝过程中,在相对短的时间内,水体中形成大量絮体,趋向沉淀,便可以网捕、卷扫水中的胶体颗粒,产生净化沉淀分离,这种作用基本上是一种机械作用。

二、混凝装置

若使加入的混凝剂与水急剧、充分混合,关键是投药口的位置和混合设备的选择。投加两种及两种以上混凝剂或助凝剂时,应事先进行配伍性试验,几种药剂投入污水后必须有利于沉降处理,且不能起相反的作用。药剂投入还要考虑先后顺序。

投药口位置根据采用流程不同而异。受污水处理站工艺限制,两种药剂的投入口不可能相隔太远,但至少应有 10s 左右混合时间,油田投药口大部分设在压力管线上。各油田为保证投加药剂的充分混合,采用的混合器为静态简易管式混合器(图 7-15)和静态叶片涡流管式混合器(图 7-16),静态简易管式混合器喷嘴流速为 3~4m/s。两种混合器混合时间一般为10~20s,混合管线流速为 1.0~1.5m/s。当原水投加絮凝剂或助凝剂后,要求水流在剧烈的紊流流态下进行快速混合,为絮凝创造良好条件。

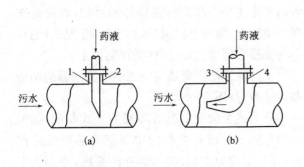

图 7-15 静态简易管式混合器
1,3—投药管;2,4—钢管

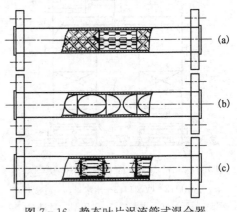

图 7-16 静态叶片涡流管式混合器

三、反应装置

油气田污水处理站一般不设单独的反应构筑物,大都是反应分离(沉降)合建在一起的卧式或立式混凝沉降设施。反应部分从反应的水力原理来看,分为旋流式中心反应器(图7-17)、涡流式中心反应器(图7-18)、旋流涡流组合式反应器。旋流式中心反应器有效反应时间为8~15min,喷嘴进口流速为2~3m/s。也可根据原水水质情况、投加的混凝剂性能通过实验确定反应装置。

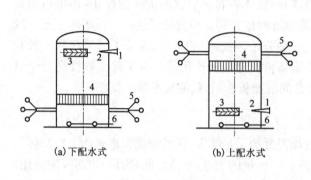

(a)下配水式　(b)上配水式

图7-17　旋流式中心反应器结构示意图

1—进水口;2—喷嘴;3—防冲导流板;4—整流隔板;
5—出口配水;6—排污口

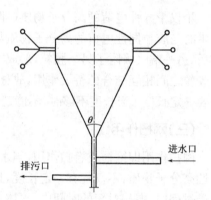

图7-18　涡流式中心反应器结构示意图

四、沉降分离装置

经重力除油或其他除油设备初步净化后的污水加入混凝剂,通过进水管道混合后分别进入两种型式的中心反应筒,反应后形成矾花的污水经布水管进入混凝沉降罐沉降分离部分。对下向流沉降罐,反应器采用上配水式,污水经多点配水喇叭口均匀分配至配水断面,污水在自上而下流动过程中,污油携带大部分悬浮物上浮至油层,经出油管流出。部分相对密度较大的悬浮物下沉至罐底。因此,混凝沉降包括上浮除油和部分悬浮物,下沉部分悬浮物,一般认为若污水中油是主要污染指标,固体悬浮物为次要指标,多采用下向流模式,这种罐称为混凝除油罐;若污水中主要污染指标是固体悬浮物,而油是次要污染指标,常用下向流(也称逆向流)模式,通常称为混凝沉降罐,以除固体悬浮物为主。

下向流混凝沉降罐与立式斜板除油罐的结构基本一致,如图7-6所示。

重力式上向流混凝沉降罐为立式装配,如图7-19所示。设备中心的中下部为混凝反应部分;环空底部为集泥、排污和冲洗系统,中部为下向逆流配水系统,上部为逆流斜板(管)分离部分;设备中上部为周向斜挡板集水部分;设备上部为

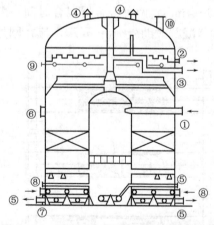

图7-19　重力式上向流混凝沉降罐结构图

1—进水口;2—收油口;3—出水口;4—呼吸口;
5—排污口;6—进料口;7—人孔;8—冲洗;
9—蒸汽回水口;10—密封口

浮渣、污油加热收除系统。

压力式混凝逆流沉降罐为卧式装配,如图7-20所示。设备首段为混凝反应部分,中段为整流过渡和配液区,上部为浮渣、污油收除内件,中后段为逆流斜板(管),中部为配水分离内件,下部为污泥集聚和排除内件,后段为集水出流部分。

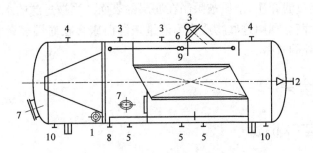

图7-20 压力式混凝逆流沉降罐结构示意图

1—进水口;2—出水口;3—收油口;4—安全口;5—排污口;6—进料口;7—人孔;8—冲洗水口;
9—蒸汽回水口;10—放空口

第四节 过 滤 装 置

过滤装置通常设置在污水处理工艺的末端环节,通过多介质或滤芯的过滤将污水中的悬浮物从水体中分离出来,使水质达到回注(或回用)的标准,一般包括加压泵、过滤装置、反冲洗系统、自控系统等组成,本节主要阐述过滤机理及主要的过滤装置。

一、过滤机理

过滤是指水体流过有一定厚度(一般为700mm左右)且多孔的粒状物质的过滤床,这些粒状物滤床通常由石英砂、无烟煤、磁铁矿、石榴石、铝矾土等组成,并由垫层支撑,杂质被截留在这些介质的孔隙里和介质上,从而使水得到进一步净化。滤池不仅能除去水中的悬浮物和胶体物质,而且可以去除细菌、藻类、病毒、油类、铁锰的氧化物、放射性颗粒,也可以去除在预处理中加入的化学药品、重金属及其他物质。

采用过滤方式去除水中杂质,所包括的机理很多。从过滤性质来说,一般可分为物理作用和化学作用。过滤机理分为吸附、絮凝、沉淀、截留等方面。

吸附是指是把悬浮颗粒吸附到滤料颗粒表面,这也是滤池的主要功能之一。吸附性能是滤料颗粒尺寸、絮体颗粒尺寸,以及吸附性质和抗剪强度的函数。影响吸附的物理因素包括滤池和悬浮液的性质。影响吸附的化学因素包括悬浮颗粒、悬浮液水体及滤料的化学性质,其中电化学性质和范德华力(颗粒间分子的内聚力)是两个最重要的化学性质。

絮凝是得到水的最佳过滤性的基本方法。(1)按取得最佳过滤性而不是产生最易沉淀的絮凝体,来确定混凝剂的最初投药量;(2)在沉淀后的水进入滤池时,投加作为助滤剂的二次混凝剂。通过预处理生成小而致密的絮粒而不是大而松散的絮状体,穿透表面讲入滤床,从而提高絮粒与滤料颗粒表面间的接触概率。滤床内絮凝体的去除主要依靠絮体颗粒与滤料颗粒表面或先前已沉积的絮凝体相接触产生吸附。

小于孔隙空间的颗粒的过滤去除,同一个布满着极大数目浅盘的水池中的沉淀作用是类似的。

截留也称筛滤,是最简单的过滤,发生在滤层的表面,即水进入滤床的孔隙之处。开始时只能去除比孔隙大的物质,随着筛滤过程的进行,筛滤出的物质在滤料的表面形成一层面膜,水必须先通过它才能过滤介质,杂质被限制在滤层的表面。当被过滤的水中含有有机物质时,外来的生物——腐生菌会利用这些物质作为能量来源而繁育在滤层表面的面膜上,使面膜具有黏性,增强筛滤过程的效率。

二、过滤设施分类

(一)非均质滤层下向过滤

试验研究证明,对非均质滤层,无论是在给水处理还是在污水处理上都程度不同地存在滤床中积气的问题。由于滤池积气,它带来三个不良影响:一是使过滤时阻力迅速增大,大大增加了过滤时的水头损失;二是在过滤过程中,有少量气泡穿过滤层上升至滤料表面,破坏了滤层的过滤作用;三是在反冲洗开始时,由于滤床中气泡大量上升,造成了滤床强烈搅动,极易使滤料随冲洗水流出池外,特别是对较轻的无烟煤滤料,更容易造成滤料的流失。所以在滤池用水反冲洗开始之时,不宜马上采用大强度冲洗,必须用小强度冲洗,然后再逐渐加大,以免冲跑滤料,确保滤池的正常工作。

(二)均质滤层下向过滤

在均质深层滤池中,整个滤床深度的滤料其有效粒径在开始过滤时以及冲洗以后都是不变的。这种滤池是先用气和水同时冲洗,而后在过滤介质不膨胀的条件下漂洗。在冲洗的第一阶段,反洗是与气洗结合的,滤层并不膨胀;当反洗流量小时,砂层反而具有一定程度的压实;空气可保证砂层的搅动是完全的,在气洗以后,砂层完全和原先一样是均匀的。在第二漂洗的阶段(从滤池中去除已从砂层洗出并聚集在水的表面中的污物),滤床实际上不会膨胀,为了防止在前一阶段已经均匀混合的砂层受到水力分级,这正是所希望的。

(三)多滤层过滤

1. 向下过滤

为了提高这种滤池的滤速和延长其运行时间,用有效粒径大于其下面砂料的轻质材料来代替上面一层细砂。试验和生产实践都证明,一般在相同周期情况下,其产水量比砂滤料快滤池多 0.5~1.0 倍。选择每一滤层的粒径时,应使冲洗水流量相同时它们的膨胀程度也相同,这样可使它们在重新开始过滤以前重新得到分级。

2. 向上过滤

在这种系统中,滤床粒径自底部至顶部逐渐减小,目的还是使杂质能够渗入滤床深部,以便尽量利用过滤体和延长过滤周期。

3. 双向流过滤

双向流滤池是上向流滤池的改进形式,用池中的分流(从顶部向下流与从底部向上流,见

图 7-21）来试图截住上向流的滤池。双向流滤池允许过滤工作从两个相对方向同时进行,其容量相等,从而使结构上和排水系统上都得到某些节省。

遗憾的是,双向流滤池存在着一个固有的局限性,使它不能用来作为生产特别高质量出水设备。如果要使砂粒的级配在上半部适合于双层滤料滤床,那么砂粒就显得太粗,而使下半部滤床上向流过滤得不到最佳过滤,不论哪一半出来的水质都比不上混合滤料滤池的出水水质,对于这样一个双重问题,很难简单地解决。

三、压力滤罐

在油田污水处理系统中,压力过滤罐(图 7-22)被广泛采用。重力式滤池水面与大气相通,依靠滤层上的水深,以重力方式进行过滤;压力滤罐是密闭式圆柱形钢制容器,是在压力下工作的。滤罐内部装有滤料及进水和排水系统,管外设置必要的管道和阀门。进水用泵打入,滤后水压较高,可直接送到水塔或用水装置中。在油田污水处理中,滤后水一般进入净化水罐,再用泵提升至离污水站较远的注水站。如果污水站与注水站合建,则滤后水可直接进入注水站储水罐中,减少提升次数,进而节省电力,降低造价。

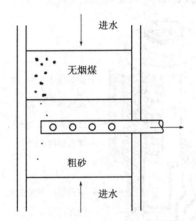

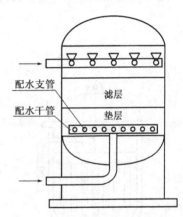

图 7-21　双层滤料双向流滤池　　　　　　图 7-22　压力滤罐结构

压力滤罐的上部安装放气阀,底部安装放空阀;立式罐和卧式罐,直径不超过 3m,由于卧式罐过滤断面不均匀,所以立式罐应用广泛;压力滤罐上部布水采用多点喇叭口上向布水,下部配水采用大阻力配水方式;压力滤罐可在工厂预制,现场安装方便、占地少,生产中运转管理方便;耗费钢材多,投资大,滤料进出不方便。

不同的过滤器其过滤标准或过滤对象也不尽相同。常规分层过滤罐(压力过滤罐)能除去大部分 $25\sim30\mu m$ 的颗粒;而硅藻土过滤器,能除去小于 $5\mu m$ 的颗粒;高速深度过滤器,在没有用絮凝剂时,也能除去 $5\sim10\mu m$ 的颗粒,若加百万分之 $0.5\sim2.0$ 的絮凝剂,可清除 $1\sim2\mu m$ 的颗粒。

第五节　深度净化装置

对于注水方式开发的低渗透、特低渗透油藏,为满足注水水质要求,必须在常规污水处理工艺基础上,对水质进行深度处理净化。水处理常用的深度处理净化工艺包括二级深床过滤、吸附过滤、细滤、微滤、超滤、电渗析、反渗透等,油田污水处理中深度净化工艺多采用二级深床过滤、吸附、细滤、微滤、超滤等。下面简要介绍精细过滤装置和折叠式过滤器。

一、精细过滤装置

精细过滤采用成型材料,如烧结滤芯、纤维缠绕滤芯等来实现深度净化的目的。精细过滤器可去除水中直径 $1\sim5\mu m$ 的颗粒,设置于污水处理站压力过滤器之后,对整个污水处理系统净化水质起把关作用。

图 7-23 为 PE 和 PEC 型滤芯过滤器结构图,这种结构集过滤、杀菌、吸附于一体,而且具有过滤精度高、耐腐蚀、无毒性、易操作、再生快捷方便、使用寿命长等优点,适用于液体介质的澄清过滤和精细过滤。

二、折叠式过滤器

折叠式过滤器由滤芯、壳体构成。滤芯由聚丙烯多孔空心管、聚丙烯网布、聚丙烯支撑网、微孔滤膜、聚丙烯多孔保护网、端盖、O 形密封圈等构成,如图 7-24 所示。

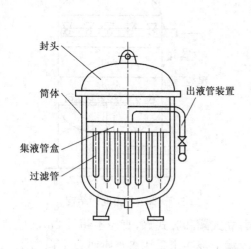

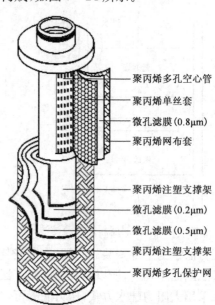

图 7-23　PE 和 PEC 型滤芯过滤器结构图　　图 7-24　折叠式过滤器滤芯结构图

折叠式过滤器体积小,过滤面积大,适用于大容量的过滤,根据过滤量的多少可组装选用,滤芯不能再生使用(尤其是对亚微米级的精过滤)。

◇◇ 思　考　题 ◇◇

1. 简述目前主要的污水处理工艺。
2. 简述自然除油装置的功能和结构组成。
3. 简述斜板除油装置的作用机理。

4. 对比分析立式斜板除油装置与自然除油装置的异同。

5. 简述隔油池的工作原理。

6. 简述粗粒化除油装置的机理。

7. 分析溶解气气浮选装置和分散气气浮选装置的异同。

8. 简述旋流除油装置的作用过程和机理。

9. 简述混凝沉降装置的作用机理。

10. 试总结混凝沉降装置的主要工艺参数要求。

11. 阐述过滤装置的主要作用机理。

12. 简述深度净化的主要工艺。

参考文献

[1] 刘德绪. 油田污水处理工程[M]. 北京:石油工业出版社,2001.

[2] 井出哲夫,等. 水处理工程理论与应用[M]. 北京:中国建筑工业出版社,1986.

[3] 叶婴齐. 工业水处理技术[M]. 上海:科学普及出版社,1995.

[4] 李化民,马文铁,等. 油田含油污水处理[M]. 北京:中国石油工业出版社,2007.

[5] 布雷德利 B W. 两种油田水处理系统[M]. 张兴儒,刘良坚,译. 北京:中国标准出版社,2009.

[6] 中国石油天然气集团公司规划设计总院. 油气田常用阀门选用手册[M]. 北京:石油工业出版社,1992.

第八章
加热炉

第一节 概 述

　　加热炉是将燃料燃烧产生的热量传给被加热介质而使其温度升高的一种加热设备,被广泛应用于油气集输系统中,将原油、天然气及其井产物加热至工艺所要求的温度,以便进行输送、沉降、分离、脱水和初加工。油气集输应用的加热炉与其他行业的加热炉相比,有许多特点,因此在设计及选用时应予以注意。油气集输加热炉的特点如下:

　　(1)单台热负荷小,一般不超过 4000kW;

　　(2)被加热介质流量大,要求压力降小;

　　(3)被加热介质温升小,一般为 30℃左右;

　　(4)介质在炉内不产生相变;

　　(5)操作条件不稳定,热负荷波动较大;

　　(6)连续运行、操作及检修条件差;

　　(7)同一型号加热炉使用数量多;

　　(8)燃料为原油或天然气。

一、加热炉分类及型号编制方法

(一)分类

1.按基本结构形式分类

　　(1)管式加热炉:包括立式圆筒形管式加热炉、卧式圆筒形管式加热炉、卧式异型管式加热炉;

　　(2)火筒式加热炉:包括火筒式直接加热炉、火筒式间接加热炉。

2.按被加热介质种类分类

　　(1)原油加热炉;

　　(2)天然气加热炉;

　　(3)含水原油加热炉;

　　(4)掺热水加热炉。

3.按使用燃料分类

　　(1)燃油加热炉;

(2)燃气加热炉;

(3)油气两用加热炉。

4.按燃烧方式分类

(1)负压燃烧加热炉;

(2)微正压燃烧加热炉。

5.按加热炉在工艺过程中的作用分类

(1)单井计量用加热炉;

(2)热化学沉降用加热炉;

(3)电脱水用加热炉;

(4)原油外输加热炉。

(二)型号编制方法及命名

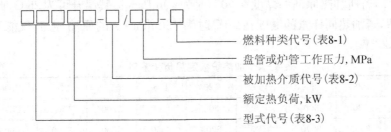

表 8-1 燃料种类代号

燃料种类	原油	天然气	油气两用
代号	Y	Q	YQ

表 8-2 被加热介质代号表

被加热介质	原油	天然气	水	含水原油	井产物
代号	Y	Q	S	SY	H

表 8-3 加热炉型式代号表

火加热炉型式			代号
火筒式加热炉	火筒式直接加热炉	常压加热炉	HZ
		承压加热炉	
	火筒式间接加热炉	常压加热炉	HJ
		承压加热炉	
		真空相变加热炉	HJZX
		承压相变加热炉	HJYX
管式加热炉	立式圆筒形管式加热炉		GL
	卧式圆筒形管式加热炉		GW
	卧式异型管式加热炉		GWY

加热炉的命名分为两部分:第一部分是加热炉型号,第二部分是文字——"加热炉"。例如:额定热负荷为 1000kW,被加热介质为原油,盘管设计压力为 2.5MPa,燃料为天然气的火

筒式间接加热炉标记为:HJ1000-Y/2.5-Q加热炉。额定热负荷为2500kW,被加热介质为含水原油,炉管设计压力为4.0MPa,燃料为油气两用的卧式圆筒形管式加热炉标记为:GW2500-SY/4.0-YQ加热炉。

二、加热炉的主要技术参数

(一)热负荷

单位时间炉内介质吸收有效热量的能力称为热负荷,单位为kW。

加热炉设计图纸或铭牌上标注的热负荷称为额定热负荷。它是根据设计参数计算求得的计算热负荷向上圆整至某一系列值。额定热负荷系列值见表8-4。根据实际运行参数用热平衡公式计算求得的热负荷称为运行热负荷。运行热负荷一般应不大于额定热负荷。对于某一台尺寸结构已确定的加热炉,若被加热介质为原油、天然气或其混合物时,运行参数若与设计参数不一致时,运行负荷将变化。例如,一台额定热负荷为800kW的火筒式间接加热炉,其设计流量为60t/h,若所加热原油的黏度在50℃时为40mPa·s,其温升可为25℃,此时运行热负荷约为800kW,若加热同样量的黏度在50℃时为120mPa·s的原油,温升仅能为20℃,此时运行负荷为630kW。

表8-4 加热炉额定热负荷系列   单位:kW

40	50	60	80	100	120	150	175	200	250	300
350	400	500	600	700	800	1000	1200	1500	1750	2000
2300	2500	3000	3500	4000	5000	6000	7000	8000	10000	12000

(二)热效率

加热炉输出有效热量与供给热量之比的百分数称为热效率。它是热量被利用的有效程度的一个重要参数。在额定热负荷时按设计参数计算求得的热效率称为设计热效率。而在加热炉运行条件下测试求得的热效率称为运行热效率。

加热炉热效率应保持一个恰当的数值,热效率低时燃料耗量大,而热效率太高一般则投资高。所以应予以综合考虑,使加热炉热效率保持在一个合理数值。一般要求如下:

(1) 额定热负荷580kW以下的加热炉热效率应大于75%;

(2)580~4000kW应为82%~85%;

(3)4000kW以上的加热炉热效率应大于88%。

(三)流量

单位时间内通过加热炉内被加热介质的量称为流量,单位为t/h或m³/h。在正常运行条件下,通过加热炉的量称为额定流量,而加热炉能安全可靠地运行的最小量称为最小流量。对于某一台结构已确定的加热炉,若流量大于额定流量,则会使压力降增加,如果流量小于最小流量,则会影响传热效果。例如,管式炉炉管内介质偏流,会造成炉管局部结焦或烧坏等现象。所以在选用加热炉时,应使流量值的变化控制在额定流量和最小流量之间。

(四)压力

管式加热炉只有炉管承受设计内压力,故管式加热炉的压力一般是指管程压力;火筒式直接加热炉仅火筒承受外压力,壳程承受内压力,而火筒式间接加热炉的壳程、管程均承受工艺设计所需压力。壳程的压力等级为:常压 0.25MPa、0.4MPa、0.6MPa。其中 0.6MPa 仅适用于火筒式直接加热炉。管程压力等级为 1.6MPa、2.5MPa、4.0MPa、6.4MPa、10.0MPa、16.0MPa、20.0MPa、25.0MPa、32.0MPa。

(五)压力降

压力降是被加热介质通过加热炉所造成的压力损失。压力降的大小与炉管内径、介质流量、炉管当量长度以及被加热介质黏度有关。管式加热炉和火筒式间接加热炉允许压力降为 0.1~0.25MPa.而火筒式直接加热炉的压力降一般则小于 0.05MPa。加热炉铭牌或设计图纸上标注的压力降数值是指该炉在设计条件下通过额定流量时的压力降。当运行条件变化时压力降数值应重新核算。

(六)温度

加热炉的温度指标主要有被加热介质进出口温度、炉膛温度和排烟温度。加热原油及井产物时一般由 40℃加热到 70℃左右。加热炉炉膛温度值一般为 750~850℃,而排烟温度则为 160~250℃。

第二节　管式加热炉

一、结构及工作原理

管式加热炉是在炉内设置一定数量的炉管,被加热介质在炉内连续流过,通过炉管管壁将在燃烧室内燃烧的燃料产生的热量传给被加热介质而使其温度升高的一种炉型。

管式加热炉种类较多,目前在油田广泛应用的一种型式是卧式圆筒形管式加热炉,如图 8-1 所示。

(一)卧式圆筒形管式加热炉结构

1.辐射室

辐射室是炉内火焰与高温烟气以辐射传热为主进行热交换的空间,一般兼作燃烧室。辐射室由钢制卧式圆筒内衬以轻质耐火保温材料制成,沿内壁圆周方向敷设炉管。辐射室是整个管式加热炉主要的热交换区域,也是炉内温度最高的地方。

2.对流室

对流室是以对流传热为主的部分,一般为矩形钢结构内衬轻质耐火保温材料。

3.辐射室烟道

辐射室烟道是将烟气由辐射室导入对流室而设置的通道,一般为半圆形。

4.弯头箱

弯头箱是将炉管弯头与烟气隔开的封闭箱体。一般分辐射室弯头箱和对流室弯头箱。有的管式加热炉不设置弯头箱。

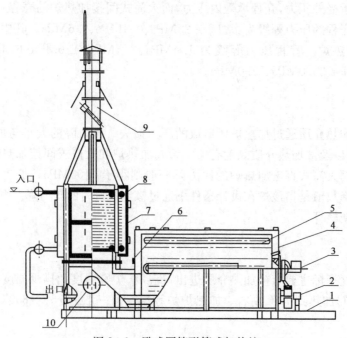

图 8-1 卧式圆筒形管式加热炉

1—底座；2—风机；3—燃烧器；4—辐射室；5—辐射炉管；6—防爆门；7—对流室；
8—对流炉管；9—烟囱；10—人孔

5. 炉管

炉管是管式加热炉的受热面。它要求能承受一定的内压力和温度。一般由裂化钢管焊制。

布置在辐射室内以吸收辐射热为主的炉管称为辐射炉管，辐射炉管一般为 1～2 个管程，直径较大，常用的辐射炉管外直径为 114mm、127mm、152mm。布置在对流室内以对流传热为主的管束则称为对流炉管。对流炉管一般直径较小，多采用 4～6 个管程。常用炉管外直径规格为 60mm、89mm、114mm。为了加强对流传热系数，有时采用钉头管和翅片管作对流炉管。

6. 燃烧器

燃烧器是将燃料和助燃空气混合并按所需流速集中喷入加热炉内进行燃烧的装置。油田加热炉应用较多的为油燃烧器和天然气燃烧器。

7. 烟囱

烟囱的作用是将炉内废烟气排入大气并产生抽力以使助燃空气进入燃烧器。烟囱的高度及直径由燃烧方式及炉内阻力确定，同时还应符合环保要求。

8. 吹灰器

吹灰器是利用压缩空气或过热蒸汽作介质吹扫对流炉管上积灰的装置。若对流炉管采用翅片管或钉头管时必须采用吹灰器；若采用光管则一般不设置吹灰器。

9. 防爆门

防爆门的作用是在发生爆燃等意外事故炉膛内压力瞬时升高时，使炉内气体自动排出的装置。

10.看火门

看火门的作用是观察炉内火焰、炉管、炉衬状况。

11.人孔门

人孔门是供检修人员进入炉内的孔门。

12.温度、压力测点

温度、压力测点主要包括炉膛温度、排烟温度、介质进出口温度测点和炉膛压力、介质进出口压力测点。

(二)管式加热炉的工作原理

燃烧器将燃料喷入燃烧室内燃烧,形成高温火焰和烟气,以辐射传热的形式将热量传给辐射炉管,使炉管内介质温度升高,烟气温度下降。然后烟气经辐射室烟道进入对流室,以较高的速度掠过对流管束将热量传给炉管内介质,最后烟气经烟囱排入大气。

管式加热炉是一种火焰直接加热的设备,具有单台热负荷大、升温速度快、加热温度高、不需中间传热介质、耗钢少等优点,被广泛地应用于联合站、油库及长输管道加热站。

二、油田常用管式加热炉

油田目前应用较多的为卧式圆筒形管式加热炉。管道设计院已有系列设计,其负荷为1000kW、1600kW、2500kW、4000kW、5000kW。其中油田常用的规格为1000kW、1600kW及2500kW三种。该系列加热炉以燃油为主,采用轻型快装结构,工厂预制,整体及分段运输。该系列加热炉设计热效率为85%～88%。

第三节　火筒式加热炉

一、结构及工作原理

火筒式加热炉是为满足油田特殊需要而设计的一种专用加热设备。它可分为直接加热(即一般讲的"火筒炉")和间接加热(即"水套炉")两种。

火筒炉与水套炉在结构上的不同之处是火筒炉没有盘管,被加热介质直接进入壳体由火筒烟管对其进行直接加热。下面以水套炉为例对其结构作简单介绍。

(一)水套炉的组成

(1)壳体:是组成水套炉的主体部分,由碳钢钢板焊制而成。它能承受一定的内压力和温度,并具有可容纳内部构件和一定水量的容积。

(2)支座:用于支承水套炉壳体,一般采用鞍式支座。

(3)火筒烟管:为火筒式加热炉的传热面,一般为U形结构,个别是由一个主火筒和几个副火筒或细烟管组成。火筒部分以辐射传热为主,烟管部分以对流传热为主。火筒烟管由锅炉钢焊制而成,要求能承受设计外压力和高温。

(4)盘管:为水套炉的受热面,由无缝钢管和弯头焊成。根据工艺要求,可以是一组,也可以是多组。盘管的直径和壁厚由工艺计算和强度计算求得。常用的水套炉盘管直径规格为48mm、60mm、89mm、114mm 和 159mm。

(5)燃烧器:其作用与管式加热炉的相同。

(6)烟囱:其作用与管式加热炉的相同。

(7)安全附件:主要包括压力表、水位计、安全阀等。它们是保证水套炉安全运行的重要部件。另外,水套炉还设有加水阀、放空阀、排污阀等。

(8)梯子平台:供水套炉检修和更换阀件用。

(9)保温防护层:一般由轻质绝热材料组成,其作用是减少炉体的散热损失。

(二)水套炉的工作原理

燃料在炉体内下部的火筒烟管内燃烧,热量通过火筒烟管壁面传给中间传热介质"水"。水再加热在盘管内流动的被加热介质。

水套炉的单台热负荷小,主要用于井口、计量站、接转站的油气加热。其优点是使用安全、不结焦。

火筒炉主要适用于油品性质较好、操作压力不大于 0.6MPa 的场所。它也可与其他设备组合成带有加热部分的合一设备。火筒炉的主要优点是压力降特别小,耗用量少,结构简单。其缺点是适应性差。

二、常用水套加热炉

(一)微正压燃烧水套炉

该系列水套加热炉采用机械通风微正压燃烧方式,燃烧器为蜗壳旋流式天然气燃烧器,并配备自动程序点火与熄火保护装置。火筒烟管部分由平直与波形组合火筒和螺旋槽烟管构成。盘管采用两组可拆卸式螺旋槽 U 形管束。该系列加热炉的特点是热效率高,结构紧凑,耗钢少。其结构如图 8-2 所示。

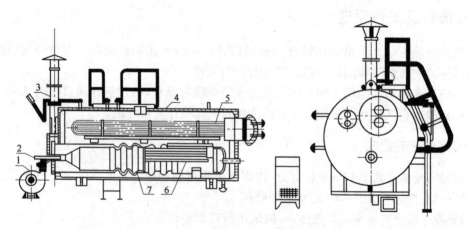

图 8-2　微正压燃烧水套炉

1—风机;2—燃烧器;3—烟囱;4—炉体;5—换热器;6—烟管;7—火筒

(二)负压燃烧水套加热炉

该系列水套炉采用负压燃烧方式,燃烧器为旋流式扩散燃烧器,火筒烟管为 U 形结构,如图 8-3 所示。

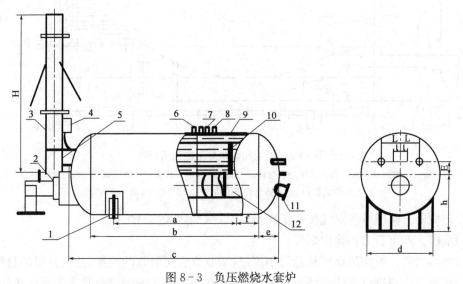

图 8-3 负压燃烧水套炉

1—支座;2—燃烧器;3—烟囱;4—压力表;5—液面计;6—安全阀;7—放空阀;
8—加水阀;9—壳体;10—盘管;11—人孔;12—火筒烟管

250kW 和 400kW 水套炉主要适用于计量站。设有两组加热盘管,分别用于加热单井来油和计量外输油。630kW 和 800kW 水套炉主要用于接转站和小口径输油管道加热站。该系列水套炉还设有热水进出口,适用于站内值班房采暖及油罐保温。该系列加热炉的优点是结构简单,适应性强,适合加热高黏度原油。其缺点是耗钢量较大,热效率较微正压燃烧炉低。

第四节　其他加热炉

一、相变加热炉

相变加热炉是在水套加热炉技术基础上发展起来的一种新型炉,也称为蒸汽换热加热炉。相变加热炉可以实现集油、掺水、采暖等加热功能,具有效率高、炉体小、钢耗低等优点,是油田油气集输的新炉型。根据燃料不同,相变加热炉可分为燃煤相变加热炉和燃油(气)相变加热炉;根据筒体压力不同,相变炉加热又可分为真空相变加热炉、微压相变加热炉和压力相变加热炉,真空相变加热炉又称负压相变加热炉,简称真空炉;根据换热盘管结构的不同,相变加热炉可分为一体式相变加热炉和分体式相变加热炉。

(一)相变加热炉的结构

如图 8-4 所示,相变加热炉本体为两回程湿背式结构,主要由燃烧器、加热盘管、烟囱、盘管进出口管线、炉胆及各种阀门和仪表等组成,盘管在水面以上,顶部设有真空阀,防爆门位于加热炉前部,与烟管烟气出口处相连。

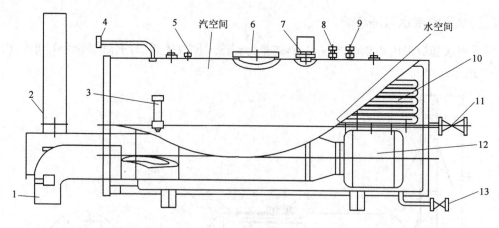

图 8-4 相变加热炉外形结构示意图

1—燃烧器；2—烟囱；3—水位表；4—压力表弯管；5—温度表；6—人孔盖；7—真空阀；8—放空阀；9—进水阀；
10—加热盘管；11—加热盘管进出口管线；12—炉胆；13—排污阀

(1)燃烧器。将燃料与空气按一定比例混合进行燃烧的装置。

(2)烟囱。产生吸力和排出烟气。

(3)加热盘管。被加热介质从盘管中流过，吸收盘管所吸收的热量，达到升温的目的。

(4)炉胆。燃料进行燃烧的场所，是利用布置在炉膛壁面的炉管吸收火焰辐射热的空间。

(5)汽空间。以对流换热的方式传热给加热盘管。

(二)相变加热炉的工作原理

燃烧器将燃料充分燃烧，通过辐射和传导将热量传递给炉壳内的中间介质水，水受热沸腾产生水蒸气，水蒸气与低温的盘管壁换热后冷凝成水，将热量传递给盘管换热器内流动的工作介质。凝结后的水继续被加热汽化，如此循环往复，实现加热炉的换热。液体相变换热的主要特点是液体温度基本保持不变，并在相对较小的温差下，达到较高强度的放热和吸热的目的。

安装于加热炉上的测温元件，将内部的水蒸气温度和被加热介质温度信号传至温度控制仪，与设定的上限、下限温度相比较，做出判断，控制燃烧器工作状态。通过对温度的动态控制，使被加热介质输出温度始终控制在需要的范围内。

加热炉上装有液位变送器和压力变送器，当炉壳内水位低于下限时，报警仪发出声光报警；当水位低于缺水水位时，自动切断燃料阀，停止燃烧。如果炉壳内压力意外超压，安全阀因故障未能及时开启，压力控制仪会发出报警同时立即切断燃烧。

(三)相变加热炉的特点

(1)安全可靠。正常工作时，壳体承受低于大气压力的负压，降低了加热炉本体的爆炸危险系数；配备防爆燃装置，在燃烧室产生爆燃后可以自动打开，确保燃烧室无爆炸危险；即使在非正常情况下，特别设计的安全保障系统也能确保加热炉安全使用。中间介质在密闭空间工作，正常运行状态下无须补充，避免了筒体内氧化腐蚀的发生。筒体、盘管受热均匀稳定，减少了热应力破坏，有效缓解传统加热炉存在的腐蚀、裂纹、鼓包、爆管、结焦、结垢、过热烧损等问题。

(2)节能高效。相变炉设计热效率通常在 90% 以上，节能效果好，不用除氧器，占地面积小，运行费用低。

（3）环保。相变加热炉烟气排尘浓度及烟气黑度等污染参数明显优于国家标准限定指标。

（4）一炉多用。相变炉设计带有多组盘管（换热管），一台炉可同时加热原油、油水混合物、天然气和水等工作介质，满足生产生活需要。

（5）易于实现自动化。设置温度、压力、液位等自动控制及报警功能，可实现燃烧、启炉、停炉、负荷等自动调节，全自动运行。在特殊情况下，也可通过手动进行操作。

（6）体积小，集成度高。相变加热炉体积只有传统加热炉（管式炉、火筒炉等）的 1/2～1/3，重量仅为传统加热炉的 1/3～1/4，占地面积及空间占位小。炉前操作间与主机可整装出厂，燃烧器和绝大部分控制及检测仪表、阀门等出厂时均可集成在主机上，大容量（7MW 以上）相变加热炉一般分模块出厂，安装和运输便利。

二、热媒加热炉

热媒加热炉是在管式加热炉基础上发展起来的一种新炉型，加热炉将燃料燃烧所产生的热量在炉内传递给载热介质（热媒），载热介质离开加热炉后进入换热器，将大部分热量传给被加热介质，把被加热介质加热到所需的温度。冷却后的载热介质再送回加热炉吸收热量，完成对被加热介质的间接加热。与直接加热被加热介质的加热炉相比，可提高加热炉效率，避免炉管结焦，提高安全性能。为此，对载热介质有一定的要求：

（1）在工作温度范围内应该呈液态，便于泵送；黏度低，可降低热媒泵的消耗功率。

（2）在工作温度范围内有较高的比热和导热系数，使用较少数量的热媒就可满足被加热介质的加热要求。

（3）热媒对炉管没有腐蚀性或腐蚀性较小，具有良好的热稳定性，不易分解且不易与任何物质发生化学反应。

（一）热媒加热炉的结构

热媒加热炉由燃烧器、炉膛盘管、对流盘管和烟囱等组成，如图 8-5 所示。

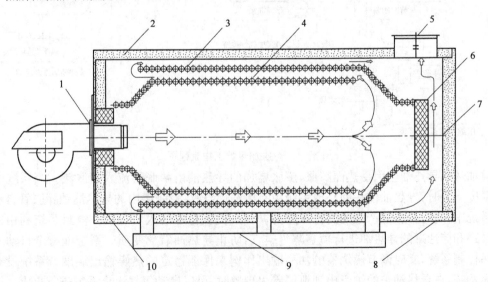

图 8-5　热媒加热炉结构示意图

1—燃烧器；2—保温层；3—对流盘管；4—炉膛盘管；5—烟囱；6—烟气堵头；7—后炉墙；8—筒体；9—支撑；10—前炉墙

（1）炉膛盘管。用支架支撑位于辐射室内，燃烧器燃烧产生热量，对盘管内的热媒进行加热。

（2）燃烧器。实现燃料燃烧过程的专用装置，按一定比例和一定混合条件将燃料和助燃空气引入燃烧，满足高效燃烧和加热等需要。

（3）对流盘管。高温热媒流入换热系统后，对原油进行辐射加热，最终实现原油的整个热交换过程。

（4）前炉墙和后炉墙。由耐火层、绝热层和隔热层组成，保护炉壳和减少热损失。

（5）支撑。是加热炉自重等各种载荷的直接承载部分，由槽钢、角钢及板材焊接而成。

（二）热媒加热炉的工作原理

热媒加热炉一般由压缩空气供给系统、热媒加热炉系统、热媒—原油换热系统和热媒稳定供给系统四部分组成，如图 8-6 所示。加热炉燃油或燃气经燃烧器在加热炉的炉膛内燃烧，产生高温烟气，以辐射和对流的形式将热量经炉管传递给炉管内流动的热媒导热油，由热媒循环泵使热媒在系统内强制循环，被加热的高温热媒在被加热介质换热器中，将热量传给被加热介质，实现加热被加热介质的目的。换热后的低温热媒再返回到加热炉内进行再加热，如此往复循环，连续供热。

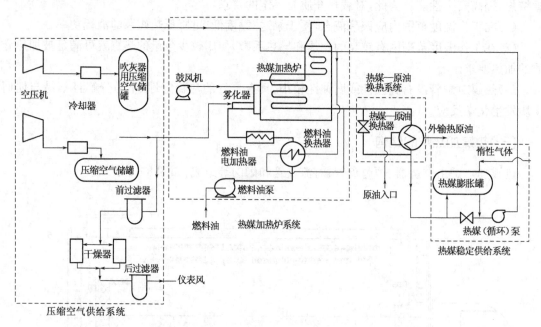

图 8-6　热媒加热炉工作流程图

被加热的导热油会因受热而膨胀，膨胀增加的导热油由膨胀管流入膨胀罐。当系统中导热油温度下降时，导热油体积缩小或系统中有漏油现象时，膨胀罐内的导热油顺膨胀管自动流回到系统中，同时膨胀罐产生的高位压差为循环泵提供稳定的入口压力。氮封系统利用氮气对膨胀罐和储油罐的导热油进行覆盖隔绝空气，防止导热油氧化变质。系统配有全自动燃烧系统和控制系统，实时调节燃烧器的功率输出比例来保证稳定的热媒输出温度。系统设有氮气灭火系统，在导热油炉的炉管出现泄漏着火现象时，可以启动氮气灭火系统进行灭火。

油田使用的热媒加热炉，大多采用液体或气体燃料（即原油、天然气等）；烟气采用强制通风方式，炉膛正压或微正压燃烧；热媒在加热过程中始终呈液体状态，不发生相变，热媒靠热媒泵的压力实现流动循环。

(三)热媒加热炉的特点

(1)热媒系统运行安全。热媒系统运行压力较低(循环泵出口压力一般低于 0.8MPa),导热油在系统中连续循环,对系统无腐蚀,具有可靠的自控系统确保安全运行。

(2)精确控制。通过设定的温度实现燃烧器热负荷自动调节,为用热单元提供达到工艺温度所需的热量。

(3)安全可靠。能在较低工作压力下获得较高的工作温度,解决了普通加热炉易燃易爆的问题,适用于高温、防爆、需要间接加热的站库。另外,该系统设置了氮气覆盖及灭火系统,当炉膛内着火时,可自动向炉膛内喷入氮气灭火。

(4)热效率高。与普通加热炉相比,导热油在 0.3MPa 压力下被加热介质温度可达 200℃以上(普通加热炉一般在 130℃左右)。在相同工作压力下,热媒加热炉的工作温度更高,换热效果更好。

(5)由于采用间接加热方式,对于储罐类容器中的原油采用热水循环进行加热,大大减少了对换热盘管的腐蚀,延长了使用寿命;对于进出站原油通过导热油换热,避免了直接加热导致炉管过热或穿孔造成重大火灾事故。

第五节 燃 烧 器

燃烧器是加热炉最重要的部件之一。它的作用是将燃料和空气按比例混合后喷入加热炉炉膛内进行燃烧。加热炉的运行状况主要取决于燃烧器的性能及其与加热炉的匹配状况。

由于油田加热炉主要采用原油和天然气作燃料,故燃烧器主要采用天然气燃烧器、油燃烧器和油气联合燃烧器。

一、天然气燃烧器

(一)扩散式燃烧器

扩散式燃烧器一般适用于热负荷较大的燃气加热炉。它的优点是燃烧稳定,不回火,调节比大,对燃料气质量及压力要求不苛刻。其缺点是过剩空气系数较大。

(二)大气式燃烧器

大气式燃烧器多用于中小型燃气加热炉。它的优点是火焰温度高,过剩空气系数小,具有燃料与空气自动调节性能。其缺点是对燃料气质量要求高,燃料气压力必须稳定,否则会灭火或回火。

在选用天然气燃烧器时,应注意以下几个问题:

(1)天然气燃烧器的调风器、喷嘴及燃烧道应配套;

(2)燃料气压力应符合所配天然气燃烧器的设计要求;

(3)燃料气系统中应有分水装置,以避免轻质油和水合物进入喷嘴而造成燃烧器断火;

(4)炉膛应保持合理的负压值,供给燃烧器足够的助燃空气;

(5)天然气燃烧器性能的优劣除本身的因素外,还取决于它与加热炉的匹配状况。

它与加热炉的结构形式、炉膛容积、供风方式有密切关系。某种燃烧器在这台加热炉上使用性能良好,而在另一台加热炉上使用时效果就不一定理想,在选用时应特别注意。

二、油燃烧器

(一)电动旋杯式

电动旋杯式燃烧器具有以下特点:

(1)雾化质量好,燃烧完全,可以实现低氧燃烧;

(2)燃烧器本身耗能少,一般电动机功率为 1.1~2.2kW;

(3)对燃料油压力、温度要求不苛刻,可以燃用含砂和低含水原油;

(4)调节比大,一般可达 1∶4;

(5)燃烧器系列与加热炉热负荷系列匹配;

(6)可用于负压燃烧,也可用于微正压燃烧;

(7)缺点是有转动部件,噪声大,皮带易损坏。

(二)颜氏燃烧器

颜氏燃烧器是由湖南长沙颜氏节能技术研究所研制的节能系列燃烧器。油田常用的主要是 ZH 型重油燃烧器,其外形如图 8-7 所示,安装示意图如图 8-8 所示。使用颜氏燃烧器时应注意要保证油压、油温及风压、风量,否则会使燃烧恶化。

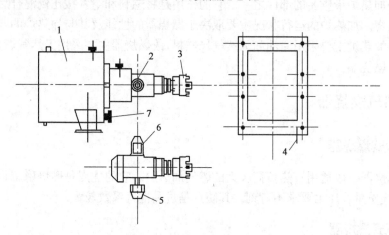

图 8-7　颜氏燃烧器的外形图

1—火焰筒外壳;2—油轮;3—手柄;4—进风法兰;5—进油接头;6—回油接头;7—点火塞

(三)油燃烧器对燃料系统的要求

(1)电动旋杯燃烧器油压一般为 0.05~0.2MPa,因此,可采用泵送供油,也可采用高架油箱供油,如果压力稳定还可用干线油。机械雾化燃烧器(包括颜氏燃烧器)油压为 1.0 ~2.0MPa。蒸汽雾化燃烧器油压为 0.8MPa 左右。

(2)电动旋杯燃油器要求燃料油黏度为 30~50mPa·s;机械雾化燃烧器为 10~25mPa·s。

(3)在保证黏度值不大于上述要求的前提下,油温一般应小于 50℃。

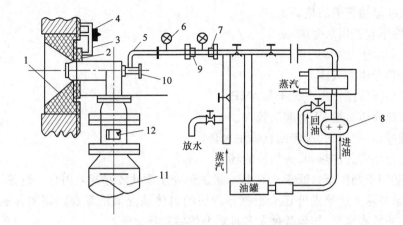

图 8-8　颜氏燃烧器的安装图

1—燃烧道；2—活动法兰；3—密封填料；4—压板；5—非刚性金属管；6—压力表；7—电加热器；8—油泵；
9—过滤器；10—轮；11—进风管；12—风阀

(4)燃油管线应装有回油系统。

(5)燃油管线应有蒸汽伴热蒸汽吹扫装置。

(6)燃油管线上应装有温度、压力指示仪表。

(7)燃油系统应装有对每台加热炉和总加热炉台数的燃油量进行计量的流量计。

(8)燃料油系统中若无油水乳化装置，则燃料油含水率应小于 5%。

(9)燃烧器前的油过滤器滤网规格应根据不同燃烧器要求予以选择。

(10)与燃烧器配套的鼓风机风压、风量值应符合燃烧器要求。

第六节　加热炉的选用

一、选用原则

(1)所选用的加热炉热负荷能满足工艺要求，能将一定量的被加热介质加热至工艺要求的温度。

(2)加热炉应高效节能。

(3)所选用的加热炉应安全可靠，使用寿命长，造价低。

(4)所选用的加热炉应便于操作和维修。

(5)尽量选用系列定型的炉型。

二、炉型的选择

下列条件下宜选用管式加热炉：

(1)热负荷大于 1600kW 时。

(2)介质出口温度要求大丁 100℃。

(3)介质物性较好(如黏度小，不含砂、盐等)。

(4)介质流量，压力波动较小。

(5)大口径输油管道加热炉。

下列条件下宜选用水套炉：

(1)热负荷小于 800kW。

(2)被加热介质为气体。

(3)被加热介质操作压力大于 6.4MPa。

(4)被加热介质流量、压力波动较大。

(5)一般井口、计量站、接转站宜采用水套炉。

(6)不适合用管式加热炉、火筒炉的场所。

火筒炉适用于操作压力低于 0.6MPa，被加热介质物性较好或采用合一设备的场所。

炉型的选择除上述原则外还应根据各油田的具体情况灵活掌握。例如各油田的使用习惯、操作人员的技术水平、气候条件及各种炉型的供货状况等。

三、运行参数对热负荷的影响

前面已经讲过，加热炉的额定热负荷是在设计条件下所能达到的加热能力。在选用加热炉时，切忌看到一种加热炉的额定热负荷与所需热负荷相同就盲目选用。应将实际的工艺参数与初选加热炉的设计参数进行比较、核算后方可确定是否能适用。与加热炉热负荷有关的参数主要有被加热介质黏度、流量、温差、燃料种类等。

对于管式加热炉，若使用同种燃料，当加热的介质黏度值高于设计值，且其他数值不变时，热负荷将低于额定值；当流量值低于额定值时，热负荷也将低于额定值。若黏度及流量值与设计参数相同，进出口温度高于设计值热负荷也将下降。以上参数变化对热负荷的影响应通过工艺计算确定。

对水套加热炉，当使用的燃料种类与耗量同设计值一致时，火筒烟管传给壳体内水的热负荷可以达到设计值。但盘管传热量的大小则与被加热介质的黏度、流量及温差有关。其中影响最大的是黏度。当加热的黏度值高于设计值的介质时，由于盘管内膜放热系数减小，总传热系数 K 也相应变小，盘管在流量及温度不变的情况下，传热能力则下降，热负荷达不到额定值。此时若要使热负荷达到额定值，则壳体内压力就会高于设计压力。反之，若加热黏度小于设计值的介质时，在达到额定热负荷时，壳体压力将低于设计压力。因此，加热黏度低的介质时，热负荷可以达到设计值，而加热高黏度介质时，热负荷低于设计值。实际的压力降应通过盘管的工艺计算来确定。

◇◇ 思 考 题 ◇◇

1. 简述加热炉在油气生产中的应用场合及主要功能。

2. 分析加热炉的主要技术参数有哪些？

3. 简述管式加热炉的主要组成及工作原理。

4. 试对比立管式加热炉和火筒式加热炉的异同。

5. 简述水套炉的主要组成及工作原理。

6. 简述加热炉的选用原则。

7. 提高加热炉加热效果的措施有哪些？试举例说明。

参考文献

［1］钱家麟,于遵宏,等.管式加热炉［M］.北京:中国石化出版社,2003.

［2］俞佐平,陆煜.传热学［M］.北京:高等教育出版社,1995.

［3］油田油气集输设计技术手册编写组.油田油气集输设计技术手册(上)［M］.北京:石油工业出版社,1995.

［4］冯叔初,等.油气集输［M］.东营:石油大学出版社,1994.

［5］丁伯民,曹文辉,等.承压容器［M］.北京:化学工业出版社,2008.

［6］GB 50350—2015　油田油气集输设计规范［S］.

［7］GB/T 25198—2010　压力容器封头［S］.

［8］TSG 21—2016　固定式压力容器安全技术监察规程［S］.

［9］GB 150—2011　压力容器［S］.

［10］SY 0031—2004　石油工业用加热炉安全规程［S］.

［11］SY/T 5262—2009　火筒式加热炉规范［S］.

［12］GB/T 21435—2008　相变加热炉［S］.

［13］蔡丽韫.水套炉加热盘管管内传热特性研究［D］.北京:中国石油大学,2007.

［14］欧阳成刚.转炉余热锅炉热力计算软件的开发［D］.沈阳:东北大学,2008.

第九章

阀　门

　　阀门是用以控制流体流量、压力和流向的装置,通常由阀体、阀盖、阀座、启闭件、驱动机构、密封件和紧固件组成,被控制的流体通常包括液体、气体、气液混合物及固液混合物等。

第一节　概　述

一、阀门的分类

(一)按用途分类

　　截断阀类——用于截断或接通管路中的介质,如闸阀、截止阀、隔膜阀、旋塞阀、球阀、蝶阀等。

　　调节阀类——用于调节介质流量、压力等,如调节阀、节流阀、减压阀等。

　　止回阀类——用于阻止介质倒流。

　　分流阀类——用于分离、分配或混合介质,如分配阀、疏水阀等。

　　安全阀类——用于超压安全保护。

(二)按工作压力 PN 分类

　　真空阀门——PN 低于标准大气压。

　　低压阀门——PN≤1.6MPa。

　　中压阀门——PN=2.5~6.4MPa。

　　高压阀门——PN=10~80MPa。

　　超高压阀门——PN≥100MPa。

(三)按介质工作温度分类

　　高温阀门——$t>450℃$。

　　中温阀门——$120℃<t≤450℃$。

　　常温阀门——$-30℃≤t≤120℃$。

　　低温阀门——$t<-30℃$。

(四)按公称通径分类

　　小口径阀门——DN<40mm。

中口径阀门——DN＝40～300mm。

大口径阀门——DN＝350mm～1200mm。

特大口径阀门——DN≥1400mm。

(五)按驱动方式分类

手动阀门——借助手轮、手柄、杠杆或链轮等由人力驱动的阀门,传递较大的力矩时装有齿轮等减速装置。

电动阀门——用电动机、电磁或其他电气装置驱动的阀门。

液动阀门——借助液体(水、油等液体介质)驱动的阀门。

气动阀门——借助压缩空气驱动的阀门。

(六)按与管道连接方式分类

法兰连接阀门——阀体带法兰。

螺纹连接阀门——阀体带内螺纹或外螺纹。

焊接连接阀门——阀体带坡口,与管道焊接。

夹箍连接阀门——阀体带有夹口。

卡套连接阀门——采用卡套与管道连接。

二、公称通径和公称压力

(一)公称通径

公称通径是指阀门与管道连接处通道的名义直径,用 DN 表示。多数情况下,DN 即连接处通道的实际直径,但有些阀门的公称通径与实际直径并不一致,例如有些由英制尺寸转换为公制的阀门,公称通径和实际直径有明显差别。按照我国国家标准 GB/T 1047—2005《管道元件 DN(公称尺寸)的定义和选用》和一系列阀门国家标准。不同类型的阀门具有不同的公称通径范围,详见"阀门产品样本手册"。

(二)公称压力

公称压力指阀门在基准温度下允许的最大工作压力,用 PN 表示。阀门的公称压力值应符合我国国家标准 GB/T 1048—2005《管道元件—PN(公称压力)的定义和选用》的规定。

(三)工作压力和压力—温度等级

(1)阀门的工作压力是指阀门在工作温度下的最高许用压力。

(2)工作压力用 p_t 表示,t 等于介质温度除以 10 所得的数值,例如介质温度为 250℃,则对应的工作压力用 p_{25} 表示。

(3)同一公称压力等级的阀门在不同工作温度下允许相应工作压力构成了阀门的压力—温度等级,它是阀门设计和选用的基础。

(4)阀门工作压力应符合阀门产品样本中所列的数值。样本中未提供所需的工作压力时，对钢制阀门可根据阀门材料，按照 GB/T 9124—2010《钢制管法兰　技术条件》确定阀门工作压力。

(四)阀门的压力试验

阀门的压力试验通常是指压力下的阀门整体强度试验，当设计上有气密性试验需求时，还应在强度压力试验后再进行气密性试验。

试验介质：压力下的强度试验应用水或其他黏度不高于水的小腐蚀性液体作为试验介质；压力下的气密性试验可用惰性气体或空气作为试验介质。

试验压力：

(1)强度压力试验时，试验压力为公称压力的 1.5 倍。

(2)气密性试验时，试验压力为公称压力的 1.1 倍。

(五)阀门防火试验

对某些关键部位的阀门，不仅要求在正常操作下具有所希望的良好密封性，并且要求在恶劣的着火环境中仍具有密封性和可开关性。对这种"防火阀门"，可以要求制造厂对阀门进行防火试验，以确认当软密封材料被完全烧毁后，阀门仍然具有一定的密封作用。

三、阀门型号的编制方法

根据 JB/T 308—2004《阀门　型号编制方法》规定，阀门的型号由七个单元顺序组成。

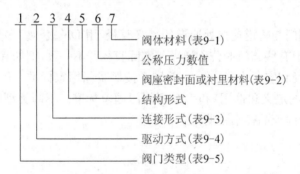

$$
\begin{array}{c}
1\ 2\ 3\ 4\ 5\ 6\ 7
\end{array}
$$

阀体材料(表9-1)
公称压力数值
阀座密封面或衬里材料(表9-2)
结构形式
连接形式(表9-3)
驱动方式(表9-4)
阀门类型(表9-5)

表 9 - 1　阀体材料代号

阀体材料	代号	阀体材料	代号
HT25-47(灰铸铁)	Z	Cr5Mo	I
KT30-6(可锻铸铁)	K	1Cr18Ni9Ti	P
QT40-25(球墨铸铁)	Q	Cr18Ni12Mo2Ti	R
H62(铜合金)	T	12Cr1MoV	V
ZG25Ⅱ(碳素铸钢)	C		

注：PN≤1.6MPa 的灰铸铁阀体和 PN≥2.5MPa 的碳素钢阀体，省略本代号。

表9-2 阀座密封或衬里材料代号

阀座密封面或衬里材料	代号	阀座密封面或衬里材料	代号
铜合金	T	渗氮钢	D
橡胶	X	硬质合金	Y
尼龙塑料	N	衬胶	J
氟塑料	F	衬铝	Q
锡基轴承合金(巴氏合金)	B	搪瓷	C
合金钢	H	渗硼钢	P

表9-3 连接形式代号

连接形式	代号	连接形式	代号
内螺纹	1	对夹	7
外螺纹	2	卡箍	8
法兰	4	卡套	9
焊接	6		

注:焊接包括对焊和承插焊。

表9-4 传动方式代号

传动方式	代号	传动方式	代号
电磁动	0	伞齿轮	5
电磁—液动	1	气动	6
电—液动	2	液动	7
蜗轮	3	气—液动	8
正蜗轮	4	电动	9

注:(1)手动、手柄和扳手传动以及安全阀、减压阀、疏水阀省略本代号。
(2)对于气动和液动:常开式用 6K、7K 表示;常闭用 6B、7B 表示;气动带手动用 6S 表示。防爆电动用 9B 表示。蜗杆—T 型螺母用 3T 表示。

表9-5 阀门类型代号

类 型	代号	类 型	代号
闸阀	Z	旋塞阀	X
截止阀	J	止回阀、底阀	H
节流阀	L	安全阀	A
球阀	Q	减压阀	Y
蝶阀	D	疏水阀	S
隔膜阀	G	柱塞阀	U

注:阀温低于−40℃、保温(带加热套)、带波纹管和抗硫阀门,在类型代号前分别加 D、B、W 和 K。

第二节 几种主要的阀门

一、闸阀

闸阀是指关闭件(闸板)沿通道中心线的垂直方向移动的阀门,如图9-1所示。在管道上主要作截断用,也具有一定的调节流量的性能。明杆闸阀还可从阀杆升降高度看出阀的开度大小。

图9-1 闸阀

(一)闸阀的分类和结构

根据闸板的构造,闸阀分为平行式闸阀和楔式闸阀两类。平行式闸阀分为双闸板和单闸板;楔式闸阀分为双闸板、单闸板和弹性闸板。

根据阀杆的构造,闸阀分为明杆闸阀和暗杆闸阀两类。明杆闸阀的阀杆螺纹及螺母不与介质接触,不受介质温度的腐蚀性的影响,开启程度明显易见,因而得到广泛应用。暗杆闸阀的螺杆螺纹及螺母与介质接触,受介质温度和腐蚀性影响,但阀的高度尺寸较小。暗杆闸阀适用于非腐蚀性介质及外界环境条件较差的场合。

按照阀体内通道直径是否一致,闸阀结构还有等径和缩径的区别。缩径闸阀阀座处的通径小于法兰连接处的通径;等径闸阀阀座处的通径与法兰连接处的通径相一致。通径收缩能使阀门的零件尺寸缩小,开、闭所需的力也相应减小,同时也可扩大零部件的通用范围。但是,通径收缩后,流体阻力损失将增加。在需要清管的输油或输气管线上,为便于清管器通过阀门,不允许采用缩径的闸阀。

(二)闸阀的特点

(1)流体阻力小。因为闸阀阀体内部介质通道是直通的,介质流经闸阀时不改变其流动方向,流体阻力小。

(2)启闭力矩小。因为闸阀启闭时闸板运动方向与介质流动方向相垂直,与截止阀相比,闸阀的启闭较省力。

(3)介质流动方向不受限制。介质可从闸阀两侧任意方向流过,均能达到使用的目的。闸阀更适用于介质的流动方向可能改变的管路中。

(4)结构长度较短。因为闸阀的闸板是垂直置于阀体内的,截止阀阀瓣是水平置于阀体内的,所以闸阀的结构长度比截止阀短。

(5)密封性能好,全开时密封面受冲蚀较小。

(6)密封面易损伤。启闭时闸板与阀座相接触的两密封面之间有相对摩擦,易损伤,影响密封件性能与使用寿命。

(7)启闭时间长,高度大。由于闸阀启闭时须全开或全关,闸板行程大,开启需要一定的空间,外形尺寸高。

(8)结构复杂,零件较多,制造与维修较困难,成本比截止阀高。

二、球阀

球阀是利用一个中间开孔的球体作阀芯,靠旋转球体来控制阀的开启和关闭,如图9-2所示。球阀可做成直通、三通或四通。球阀在管道上主要作截断、分配和改变介质流动方向用。球阀是近些年来发展较快的阀型之一。

(一)球阀的分类和结构

球阀按球的结构形式一般可分为浮动球球阀和固定球球阀两类。

1.浮动球球阀

浮动球球阀的球体是浮动的,在介质压力作用下,球体能产生一定的位移并压附在出口端的密封圈上,保证出口端密封。

浮动球球阀结构简单,密封性能好,但出口端密封处承压高,操作扭矩也较大。这种结构广泛用于中低压球阀,适用于 DN≤150mm 的情况。

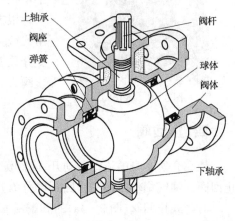

图9-2 固定球球阀

2.固定球球阀

固定球球阀的球体是固定的,受压后不产生移动,通常在与球成一体的上下轴上装有滚动或滑动轴承,操作扭矩小,适用于高压和大口径阀门。

由于固定球球阀座采用了橡胶材料,所以其使用温度受到了限制。为应付可能发生的火灾情况,许多设计者都采用辅助性的金属对金属密封。固定球球阀不适宜用作节流阀;但其在部分开启状态下,可用来将进入或排出系统的压力减小。在生产设备上,固定球球阀常用作一般目的的开、闭阀。

(二)球阀的特点

(1)流体阻力小,其阻力系数与同长度的管段相等。

(2)结构简单、体积小、重量轻。

(3)紧密可靠,目前球阀的密封面材料广泛使用塑料,密封性好,在真空系统中也已广泛使用。

（4）操作方便，开闭迅速，从全开到全关只要旋转 90°，便于远距离的控制。

（5）维修方便，球阀结构简单，密封圈一般都是活动的，拆卸、更换都比较方便。

（6）在全开或全闭时，球体和阀座的密封面与介质隔离，介质通过时，不会侵蚀阀门密封面。

（7）适用范围广，通径从几毫米到几米，从高真空至高压力都可应用。

三、截止阀

截止阀（图 9 - 3）是指关闭件（阀瓣）沿阀座中心线移动的阀门，在管道上主要作截断用。

图 9 - 3　截止阀

按照螺纹在阀杆上的位置，截止阀分为上螺纹阀杆截止阀和下螺纹阀杆截止阀。上螺纹阀杆截止阀的阀杆螺纹处在介质之外，阀杆螺纹不受介质侵蚀，也便于润滑，此种结构采用得较普遍。下螺纹阀杆截止阀的阀杆螺纹在阀体内与介质直接接触，不仅无法润滑，还受介质侵蚀，此种结构用于小口径阀门和温度不高的介质。

根据截止阀的通道方向，截止阀可分为直通式截止阀、角式截止阀和三通截止阀。三通截止阀有三个通道，可作改变介质流向和分流介质之用。应用最普遍的是直通式截止阀。

四、止回阀

依靠介质本身的流动自动开、闭阀瓣，介质只能单方向流动、可防止介质倒流的阀门称为止回阀。油气集输常用的止回阀可分为升降式止回阀和旋启式止回阀两种。

升降式止回阀（图 9 - 4a）的阀瓣沿着阀座孔的中心线移动，阀瓣靠流体的推力打开，靠重力落下，因此它只能安装在水平管道上。升降式止回阀的阀体形状与截止阀相似，因此它的流体阻力系数也较大。

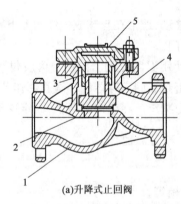

(a)升降式止回阀

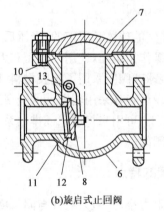

(b)旋启式止回阀

图 9 - 4　止回阀

1,6—阀体；2—阀座；3—导向套筒；4—阀瓣；5—阀盖；7—阀盖；8—阀板；9—摇杆；10—垫片；11—阀体密封圈；
12—阀瓣密封圈；13—旋转轴

旋启式止回阀(图 9 - 4b)的阀瓣绕阀座处的销轴旋转。阀瓣一般为整体结构,有些大口径止回阀(DN≥600mm)采用多瓣式。

五、安全阀

(一)安全阀的结构

安全阀安装在受内压的管道和容器上起保护作用,当被保护系统内介质压力升高到超过规定值(即安全阀的开启压力)时,自动开启,排放部分介质,防止压力继续升高;当介质压力降低到规定值(即安全阀的回座压力)时,自动关闭。弹簧式安全阀的结构如图 9 - 5 所示。

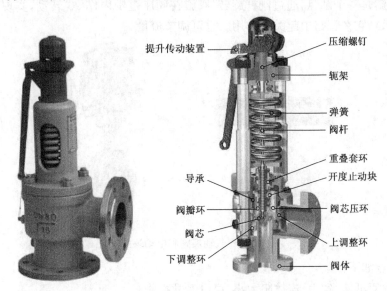

提升传动装置　压缩螺钉　轭架　弹簧　阀杆　重叠套环　开度止动块　导承　阀瓣环　阀芯　阀芯压环　下调整环　上调整环　阀体

图 9 - 5　弹簧式安全阀

(二)安全阀的分类

1.按加载结构分类

(1)重锤杠杆式安全阀:重锤通过杠杆加载到阀瓣上,载荷几乎不随开启高度变化。这种安全阀杠杆部分的尺寸比较大,使整个阀比较笨重,回座压力低,在工程中已较少采用。

(2)先导式安全阀:由主阀和副阀组成。介质压力和弹簧压力同时加载于主阀瓣,超压时副阀瓣先开启,导致主阀开启。主要用于大口径和高压的场合。

(3)弹簧式安全阀:弹簧力加载于阀瓣,载荷随开启高度变化。优点在于比重锤杠杆式安全阀小、轻便、灵敏度高,安装位置不受严格限制,在油气集输工程中普遍采用。

2.按开启高度分类

(1)微启式安全阀:开启高度为阀座喉径的 1/40～1/20,通常做成渐开式(开启高度随压力变化而逐渐变化)。主要用于泄放量较小的液体介质场合。

(2)全启式安全阀:开启高度等于或大于阀喉径的 1/4,通常做成急开式(阀瓣在开启的某一瞬间突然跳起,达到全开高度)。主要用于气体、蒸汽介质的场合和泄放量大的流体介质场合。

(3)中启式安全阀:开启高度在微启式和全启式之间。

3.按阀体构造分类

(1)全封闭式安全阀:排放时介质不会向外泄漏而全部通过排泄管排放掉。

(2)半封闭式安全阀:排放时,介质一部分通过排泄管排放,另一部分从阀盖与阀杆的配合处向外泄漏。

(3)敞开式安全阀:排放时,介质不通过排泄管,直接由阀瓣上方排放。

六、蝶阀

蝶阀的阀瓣是一个圆盘,通过阀杆旋转,阀瓣在阀座范围内作 90°转动,实现阀门的开关,如图 9-6 所示。它在管路中起关断作用。也可调节流量。

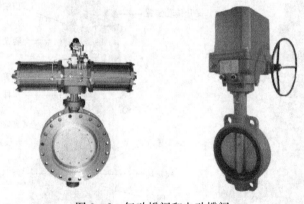

图 9-6　气动蝶阀和电动蝶阀

蝶阀的特点如下:
(1)启闭方便迅速、省力、流体阻力小,可以经常操作。
(2)结构简单,体积小,重量轻。
(3)可以运送钻井液,在管道口积存液体最少。
(4)低压下,可以实现良好的密封。
(5)调节性能好。
(6)使用压力和工作温度范围小。
(7)密封性较差。

第三节　阀门的选用和计算

一、阀门选用的一般原则

(一)类型的选择

在各种类型的阀门中,安全阀、止回阀、蒸汽疏水阀基本上属于"专用阀门"。所以,阀门类型的选择主要是确定截断阀的类型。几种截断阀的特点和适用场所见表 9-6。

表 9 - 6　几种截断阀的特点和适用场所

类型	特点	适用场合
闸阀	结构较复杂,长度小但高度高;流体阻力较小;启闭扭矩小,启闭时间长(气动阀除外);密封可靠,介质可以双向流动	应用比较普遍,压力、温度、通径使用范围较宽,适用于油、气、水各种介质场合
球阀	体积小,重量轻;中、小口径的球阀结构简单,开关迅速,便于遥控,密封可靠,但加工精度要求高	压力、通径使用范围较宽,适合于原油、天然气介质场合,特别适用于输油、输气管道的线路截断阀
截止阀	结构比闸阀简单;阀体较长,但开启高度比闸阀小;密封性能好,但流体阻力大;启闭力矩大,启闭时间较长	压力、温度使用范围较宽,但通径受限制,DN 一般在200mm 以下,主要用于水、气和蒸汽介质场合

(二)结构形式的选择

1. 闸阀

(1)采用机械清管工艺的输油、输气管道,在两个站清管器收、发筒之间的闸阀应选用全通径平板闸阀(带导流孔平板闸阀)。

(2)安装在重要部位,而开关不频繁的闸阀应当选用单闸板闸阀,如储油罐的罐前阀、进站阀组上的阀门等。

(3)一般选用明杆闸阀。

(4)双闸板闸阀宜直立安装,即阀杆处于垂直位置,手轮、手柄在顶部。单闸板闸阀可在任意位置安装。

2. 安全阀

(1)压力容器和管线上的安全阀,一般选用弹簧式安全阀。

(2)原油、轻油和天然气介质场合的安全阀应选用全封闭式安全阀。

(3)微启式安全阀泄放量小,一般只用于泄放量较小的液体介质场合。

(4)全启式安全阀泄放量大,适用于气体和液体介质场合。

3. 止回阀

(1)升降式止回阀只适用于水平管线。

(2)旋启式止回阀通常装设在水平管路上,但安装位置无严格限制,也可以装设在垂直或倾斜管路上(流体方向应自下而上)。

(三)驱动方式的选择

集输工程所用的阀门,主要有 4 种驱动方式,即手动、电动、气动和电磁驱动。各种驱动方式的特点及适用场合见表 9 - 7。

表 9-7　驱动方式的特点和适用场合

驱动方式	特　点	用　途
手动	驱动力小;不能遥控;开关速度慢;但结构最简单	用于开关不频繁,不要求遥控和快速操作、手动无困难的阀门;在就地操作的站库应用普遍
电动	驱动力大;开关速度比手动快,比气动慢;可以远距离遥控;但结构较复杂	用于手动快速操作有困难的高压大直径阀门或要求遥控的阀门;在遥控操作的站库应用普遍
气动	驱动力比电动小;开关迅速;一般在阀门附近操作;配套(供风)系统较复杂	用于开关频繁的中低压阀门(PN≤2.5MPa)、截断阀;在防火、防爆场所应用普遍
电磁驱动	驱动力小;行程小;开关迅速	用于快速开关的小口径阀门

(四)连接型式的选择

常用的阀门连接型式有三种,即法兰连接、焊接连接和螺纹连接,可按下列原则进行选择:DN≥50mm 的阀门一般采用法兰连接型式;DN≥400mm 且 PN≥4.0MPa 的输气管线用阀门,宜采用焊接连接型式。

(五)阀体材料的选择

阀体材料应按照阀门的公称压力、工作温度、介质特性、阀门安装部位的重要程度和外界环境等因素选用。轻油、原油、天然气介质的阀门应选用钢阀,其中安装在室外的阀门和处于重要部位的阀门必须采用钢阀。空气、水、蒸汽介质的阀门,当安装在室外时,应采用钢阀;当安装在室内时,可按照介质工作压力和温度确定阀体材料。

二、弹簧安全阀的选用和计算

(一)压力

1.开启压力

安全阀开始起跳时的压力,称为安全阀的开启压力。安全阀的开启压力按表 9-8 选取。

表 9-8　安全阀的开启压力

设备或管道的设计压力 p,MPa	安全阀开启压力 p_0,MPa
$p \leqslant 1.8$	$p_0 = p + 0.18 + 0.1$
$1.8 < p \leqslant 7.5$	$p_0 = 1.1p$
$p > 7.5$	$p_0 = 1.05p$

2.最高泄放压力

安全阀达到最大泄放能力时的压力,可按下式计算:

$$p_m = p_0 + p_a$$

式中 p_m——最高泄放压力,MPa;

          p_0——开启压力,MPa;

          p_a——聚集压力,MPa,(无火压力容器上的安全阀 $p_a=0.1p_0$,着火有爆炸危险容器上的安全阀 $p_a=0.2p_0$)。

3.背压

阀门出口压力,用 p_2 表示,等于安全阀开启前泄压总管的压力与安全阀开启后介质流动所产生的流动阻力之和。背压值一般应小于气体的临界流动压力。

(二)泄放量

在排放压力下安全阀达到的排量称为泄放量。设备(不包括蒸汽锅炉)和管线用安全阀的泄放量,一般取设备和管线出口阀误操作而关闭时,进入物料的总量。

第四节 调 压 阀

一、调压阀的作用和结构

调压阀的作用是将较高的入口压力调至较低的出口压力,并随着燃气需用量的变化自动地保持其出口压力为定值。

通常调压阀必须包含三个基本部件,如图 9-7 所示。

(1)敏感元件(薄膜、导压管等):承受被控压力的作用,出口压力的任何变化通过薄膜使节流阀移动。

(2)给定压力部件:给定压力值可以由固定的重块、弹簧或直接作用于薄膜上的燃气压力确定,它与被控压力作用方向相反。

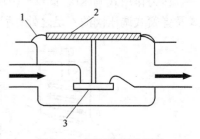

图 9-7 调压阀基本部件
1—柔性薄膜;2—重块;3—节流阀

(3)可调节流阀:它设置在燃气流中,受敏感元件(薄膜)的控制。该节流阀可以是提升阀、滑动阀、活塞阀、蝶阀、旋塞阀等。

出口处的用气量增加或入口压力降低,燃气出口压力下降,薄膜上下压力不平衡,薄膜下降,阀门开大,燃气流量增加,使压力恢复平衡状态;反之,出口处用气量减少或入口压力增大时,燃气出口压力升高,此时薄膜上升,阀门关小,燃气流量减少,出口压力逐渐恢复原来状态。

无论用气量及入口压力如何变化,调压阀总能自动保持稳定的供气压力。

二、直接作用式调压阀

直接作用式调压阀只依靠敏感元件(薄膜)所感受的出口压力的变化移动节流阀进行调节,不需要利用外部能源。敏感元件就是传动装置的受力元件。

根据作用在薄膜的给定压力部件,直接作用式调压阀可分为重块式、弹簧式和压力作用式三种形式。

(一)重块式调压阀

如图 9-8 所示,当出口压力 p_2 发生变化时,通过导压管 6 使 p_2 压力作用到薄膜 1 的下方,由于它与薄膜上方重块的给定压力值不相等,故薄膜失去平衡。薄膜的移动,通过阀杆带动节流阀 3 改变通过孔口的燃气量,从而恢复压力的平衡。

重块式调压阀的特点如下:

(1)导压管应能正确反应出口压力 p_2 之值,故必须远离阀门、弯头等不稳定气流段。

(2)改变重块的多少即可增加或减小给定压力值。重块调压阀一般用于出口为低压的输配系统。

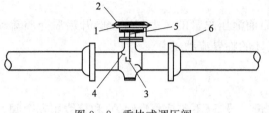

图 9-8 重块式调压阀

1—薄膜;2—重块;3—节流阀;4—阀座;
5—阀杆;6—导压管

(二)弹簧式调压阀

弹簧式调压阀(图 9-9)与重块调压阀的主要区别在于用弹簧代替重块,调节弹簧调节螺钉即可增加或减小给定压力值,比较灵活、经济,重量较轻。与重块式调压阀相比,薄膜尺寸小一些,减小了调压阀尺寸,可调节的进、出口压力范围也大。

(三)压力作用式调压阀

压力作用式调压阀(图 9-10)的给定压力由薄膜上方小室内的压力 p 确定。克服了重块式及弹簧式调压阀的不足之处,适用于较高的出口压力,并要求灵敏度较高的场合。

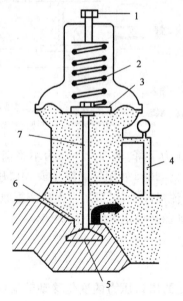

图 9-9 弹簧式调压阀

1—弹簧调节螺钉;2—弹簧;3—薄膜;4—导压管;
5—节流阀;6—阀座;7—阀杆

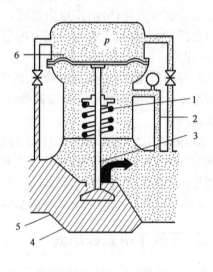

图 9-10 压力作用式调压阀

1—弹簧;2—导压管;3—阀杆;4—节流阀;
5—阀座;6—薄膜

三、间接作用式调压阀

间接作用式调压阀的敏感元件和传动装置的受力元件是分开的。当敏感元件感受到出口压力的变化后,使操纵机构(如指挥器)动作,接通外部能源或被调介质(压缩空气或燃气),调节阀门动作。多数指挥器能将所受的力放大,出口压力的微小变化也可使主调压阀产生调节阀门动作。间接作用式调压阀的灵敏度比直接作用式调压阀高。

带指挥器的间接作用式调压阀(图9-11)工作过程:当出口压力 p_2 降低时,指挥器薄膜1由于弹簧2的作用而向下移动,使阀门7打开、阀门8关闭。因此主调压阀上方小室 A 中压力升高,使主调压阀薄膜3向下移动,带动阀杆4下移,使主调节阀5打开,直至与薄膜下方弹簧力平衡。燃气流量增大,出口压力 p_2 回升到给定值。

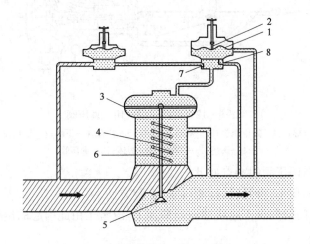

图9-11 带指挥器的间接作用式调压阀
1—指挥器薄膜;2—指挥器弹簧;3—主调压器薄膜;4—阀杆;5—主调节阀;6—主调压器弹簧;
7—指挥器调节阀;8—指挥器调节阀

反之,出口压力 p_2 增大时,指挥器薄膜1由于弹簧2的作用向上移动,使阀门7关闭,阀门8打开。主调压路上方小室 A 中压力下降,薄膜3上移动,主调压阀阀门关闭,燃气流量减小,出口压力 p_2 减小到给定值。

四、燃气调压阀

常用燃气调压阀产品型号的组成如下:

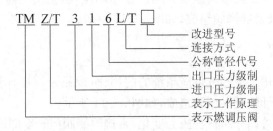

(一)直接作用式用户调压阀

直接作用式用户调压阀(图9-12)可以直接与中压或高压管道相连,燃气减压至低压送入用户,便于进行"楼栋调压",适用于小型工业用户、集体食堂、饮食服务行业及居民点。

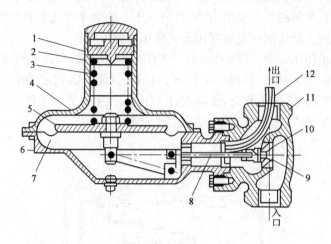

图9-12 直接作用式用户调压阀

1—调节螺钉;2—定位压板;3—弹簧;4—上体;5—托盘;6—下体;7—薄膜;8—阀柱;
9—阀垫;10—阀座;11—阀体;12—导压管

直接作用式用户调压阀的特点如下:

(1)构造简单、体积小、重量轻、性能可靠、安装方便。

(2)通过调节阀门的气流不直接冲击到薄膜上,改善了由此引起的出口压力低于设计理论值的缺点。

(3)增加了薄膜上托盘的质量,减少了弹簧力变化对出口压力的影响。

(4)导压管引入点置于调压阀出口管流速的最大处,当出口流量增加时,该处动压增大而静压减小,使阀门有进一步打开的趋势,能够抵消由于流量增大弹簧推力降低和薄膜有效面积增大而造成的出口压力降低的现象。

(二)雷诺式调压阀

雷诺式调压阀比其他类型的调压阀结构复杂,占地面积较大,但通过流量大,调节性能好,无论进口压力和管网负荷在允许范围内如何变化均能保持规定的出口压力,是国内应用最广泛的一种间接作用式中低压调压阀。

雷诺式调压阀主要用于区域调压及大用户专用调压,由主调压阀、中压辅助调压阀、低压辅助调压阀、压力平衡器及针形阀组成,如图9-13所示。

(三)自力式调压阀

自力式调压阀广泛用于天然气供应系统的门站、分配站及调压计量站。自力式调压器由主调压阀、指挥器、节流针阀及导压管组成,如图9-14所示。

自力式调压阀利用被调介质自身压力变化,直接改变阀门开度即改变阀的流通面积,即通过对流量的调节达到对压力的调节。

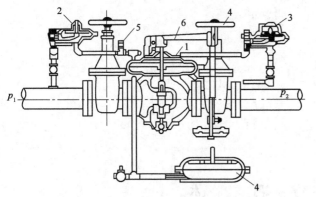

图 9-13 雷诺式调压阀
1—主调压阀；2—中间辅助调压阀；3—低压辅助调压阀；
4—压力平衡器；5—针形阀；6—杠杆

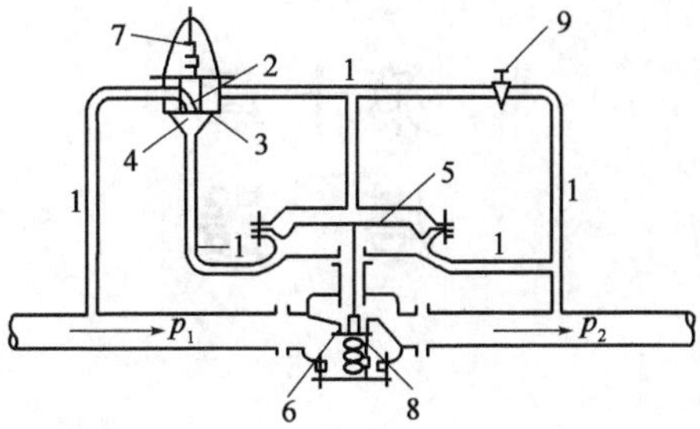

图 9-14 自力式调压阀
1—导压管；2—指挥器喷嘴；3—指挥器挡板；
4—底部气室；5—主调压阀薄膜；6—主调压阀阀
门；7—指挥器弹簧；8—主调压阀弹簧；
9—节流针阀

影响阀开度的主要因素是指挥器喷嘴与挡板的距离和节流针阀的开度。当节流针阀开度最大时，主调压阀薄膜上下压差最小，主调压阀阀门呈关闭状态；当节流针阀开度最小时，主调压阀薄膜上下压差最大，阀门呈全开状态。

调压阀开始启动时，操作指挥器的手轮给定压力。调压阀正常工作时，出口压力为给定值。

◇◇ 思 考 题 ◇◇

1. 简述阀门的作用及主要组成。
2. 简述阀门的主要种类及应用场合。
3. 简述阀门选用的一般原则。
4. 简述弹簧安全阀的选用的步骤。
5. 简述调压阀的基本组成及作用。
6. 分析带指挥器的间接作用式调压阀的工作过程。
7. 对比分析雷诺式和自力式调压阀的异同。

参考文献

[1] 油田油气集输设计技术手册编写组. 油田油气集输设计技术手册(上)[M]. 北京：石油工业出版社，1995.
[2] 房汝洲. 最新国内外阀门标准大全[M]. 北京：中国知识出版社，2009.
[3] 孙晓霞. 实用阀门技术问答[M]. 北京：中国标准出版社，2008.
[4] 宋虎堂. 阀门选用手册[M]. 北京：中国石化出版社，2007.
[5] 陆培文. 阀门设计计算手册[M]. 北京：中国标准出版社，2009.
[6] 中国石油天然气集团公司规划设计总院. 油气出常用阀门选用手册[M]. 北京：石油工业出版社，2000.

第十章

塔　器

第一节　概　述

一、气液传质过程对塔器的要求

气液传质过程是指在气相和液相之间进行的质量传递过程。工业设备中最常用于气液传质过程的设备就是塔器,塔器是结构简单的多级操作设备,没有高速运动部件。气液两相在塔体内可以很容易地保持分离所需的最佳压力、温度,在壳体的内构件上可以实现流动、接触和分离,可以通过改造塔内构件来满足分离所需要的最佳时间、空间、传热和传质条件。由于塔器具有效率高、操作方便和稳定可靠等特点,可以应用于炼油、石油化工、化肥和精细化工等过程工业。在大型炼油和化工装置中,塔器往往和反应器、压缩机等大型设备投资比例相当,是流程中的重要设备。

塔器要满足气液传质过程两相传质和充分分离的要求,必须首先具备以下基本性能:

(1)相际传质面积大,气液两相充分接触。

(2)两相分离效果好。

(3)气相和液相的通过能力大,单位体积设备的生产能力高。

(4)操作弹性大,能够在较大的气液变化范围内维持稳定操作,容易控制,效率高。

(5)流体流动阻力小,能量损失少。

(6)结构简单、可靠,制造成本低。

(7)易于安装、维修和清洗。

(一)塔器的传质效率和处理能力需求

气液传质过程的首要任务是使两相充分接触进行传质,然后使两相尽可能分离,避免相互夹带。因此,首先塔内构件的设计要求相际传质面积大,给两相提供充分接触的场所,并且两相在传质面积上有足够的停留时间进行传质。所以塔设备的内构件应该尽可能向两相接触面积大的方向设计,但又不能增加设备投资成本,这就要求单位体积塔内件的传质面积较大,停留时间较长。同时,还要给两相提供合适的分离空间,使气液两相能够较好地分离。如果塔内件传质性能很好但不能让气液两相有效分离,就会出现气相中夹带液沫或者液相中夹带气泡的返混现象,积累到一定程度时就会影响分离效果。因此传质与分离的综合效果是通过塔器的分离效率来表示的,通常塔内件选型的首要目标就是分离效率高,高效塔内件的研究一直是塔器研究的一个重点方向。

除了提高效率以外,大通量的塔内件也是塔器研究的重点。单位体积传质设备的处理能力大,达到同样生产能力的装置设备投资和占地面积都会降低,因此在设计时采用大通量的塔内件可以大幅度降低设备的投资。如果在改造时采用高效大通量的塔内件替换原有普通塔内件,就可以用较低的设备投资实现扩能改造,也可以避免新增和扩大设备而造成的设备布局上的难题。

(二)塔器的操作性能需求

工业装置的操作特点是波动频繁,进料和操作条件的扰动、控制系统的响应都会发生不可预见的短期波动,间歇反应器和连续流程的匹配也会造成生产的周期性变化。塔器会在不同的工况点操作,设备内的气液相负荷发生明显的不确定的变化或波动,这就要求塔内件具备较大的操作弹性。在较低和较高的气液相负荷条件下都能够维持相对稳定的设备效率,尽可能在单台设备内消化负荷波动引起的分离效果变化。如果扰动波及产品,自动控制的响应措施有时会反过来加速塔内气液相流量的波动,导致操作恶化。因此,塔内件的设计应该具有较大的操作弹性,能够在较大范围内稳定操作。

(三)塔器的节能降耗需求

塔器的节能降耗是设备性能的一个综合体现。塔内件分离效率高,获得同样产品纯度的操作费用就低,直接表现在生产操作时降低分离剂的用量,如精馏降低回流比、减少冷凝器和再沸器的冷热量输入、降低吸收剂用量和再生能量。这是利用高效塔内件进行节能,但有时高效塔内件往往会压降较大,压降本身也是能量损耗。尤其是对减压操作设备,为了维持装置最高压力点的真空度,要求高效塔内件同时具有压降低的特点,以节约获得真空所需要消耗的能量。降低塔压降就意味着真空系统负荷降低,这是很重要的系统节能手段。实际上与真空系统类似,加压系统的压力是由增压设备产生的,同样是保证系统最低压力点达到气体输送的要求。压降小的系统,增压设备的出口压力就要低很多,可以直接节省能量。设备的操作弹性大也不仅仅是操作上的方便,控制系统如果始终处于不稳定的调控状态,整个装置的能量损失也是很大的。产品稳定的输出也有利于提高产品质量,减少排放,可以在保持产品质量时不断地提高处理能力,实现装置的节能降耗。

(四)塔器的特殊需求

针对某些特殊工程和化学条件,还会对塔器有一些特殊的要求,包括:

(1)精密分离。由于产品要求的不断提高,针对难以分离的同系物、纯度要求很高的产品和其他特殊精密分离过程,要求塔器具有很高的效率。

(2)特殊停留时间要求。精细化工行业中普遍存在产品热稳定性很差或者易分解的情况,要求相应的热敏产品在塔内件内停留时间短以及塔内件压降小。

(3)大型化和小型化要求。炼油和化工等行业为体现规模效应而提高装置的大型化程度,相应的塔设备直径不断增加;相反地,精细化工和制药等行业为了生产高附加值产品,灵活调整产品结构,开发各种适用于小规模产品的小型装置,专门要求低压、高效的小直径塔。

(4)缩短检修时间。增加设备的有效运行时间是企业提高效益的重要手段,塔器没有备用设备,要求稳定工作时间长,可靠性好,不允许经常检修,要求在保持其他性能的同时尽可能使结构简单。

二、塔器的分类

(一)按塔内件的结构分类

塔器最常用的分类方法是按塔内件的结构分类,主要有板式塔和填料塔两大类,还有塔板填料复合塔、喷淋塔、鼓泡塔、湿壁塔以及机械运动构件的塔,也就是有补充能量的塔,如脉动塔和转盘塔等。

板式塔(图 10 - 1)是一种逐级(板)接触型的气液传质设备,塔内以塔板作为基本构件,气体以鼓泡或喷射的形式穿过塔板上的液层,气液两相密切接触达到气液两相总体逆流、板上错流的效果。气液两相的组分浓度沿塔高呈阶梯式变化。板式塔主要包括传统的筛板塔、泡罩塔、浮阀塔、舌片塔板与浮舌塔板、穿流塔板和各种改进型浮阀塔板、多种传质元件混排塔板和造成板上大循环的立体喷射塔板等。

填料塔(图 10 - 2)内装填一定高度的填料,液体沿填料表面呈膜状向下流动,气体自下向上流动。气液两相在填料表面作逆流微分传质,组分浓度沿塔高呈连续变化。填料分段安装,每段填料安放在支承装置上,上段下行的液相通过液体收集装置和(再)分布器重新分布。填料塔主要包括规整填料和散装填料两大类。传统的规整填料分为板波型和丝网型,散装填料则有拉西环、鲍尔环、阶梯环、弧鞍环、矩鞍环和各种花环等。

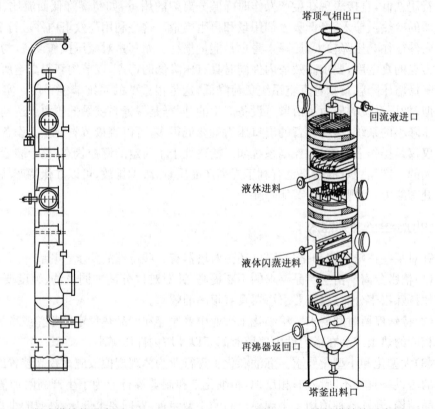

图 10 - 1 板式塔结构示意图　　　　　图 10 - 2 填料塔结构示意图

塔板和填料复合型的塔内件类型很多,主要包括填料安装在塔板上方和塔板下方两大类。部分复合型塔板将填料安装在塔板下面,利用了塔板的分离空间,使气液两相进行二次传质,提高塔板的分离效率。另外一些则将填料安装在塔板上面,起到细化气泡、增加泡沫层流动的作用,可以降低雾沫夹带,提高传质效率。

(二)按塔内件气液流向分类

塔器按塔内件轴向的气液两相流动方式可以分为错流塔和逆流塔两类。填料塔都是逆流操作的,塔板则有板上错流和板上逆流两种,或称有降液管塔板和无降液管塔板。有降液管的塔板具有较高的传质效率和较宽的操作范围;无降液管塔板也常称为穿流式塔板,气液两相均由塔板上的孔道通过,塔板结构简单,整个塔板面积利用较为充分。目前常用的有穿流式筛板、栅板、波纹板等。

如图 10-3 所示,按塔板板面上的液体流动形式可将塔板分类成单溢流塔板[图 10-3(a)]、U 形流塔板[图 10-3(b)]、双溢流塔板[图 10-3(c)]及其他流型(如四溢流型、阶梯流型、环流型等)塔板。单溢流塔板应用最为广泛,它结构简单,液流行程长,有利于提高塔板效率。但当塔径或液量过大时,塔板上液面梯度会变大,导致气液分布不均匀,或造成降液管过载,影响塔板效率和正常操作。双溢流塔板适合用于塔径较大及液流量较大的情况。液体分为两股,可以减少溢流堰的液流强度和降液管负荷,同时也减小了塔板上面的液面梯度,但塔板的降液管要相间地置于塔板的中间或两边,多占一些塔板传质面积。

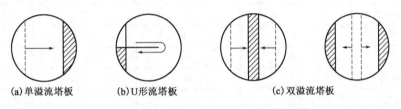

(a)单溢流塔板   (b)U形流塔板   (c)双溢流塔板

图 10-3   各种流动形式塔板板面布置示意图

第二节   塔器的比较和选用

一、塔器的比较

(一)板式塔与填料塔的比较

填料塔和板式塔的结构差异较大,适用的范围也不尽相同,所以单纯地比较传质效率并没有太大的意义,必须在特定环境下进行分析对比。在进行气液设备设计时,首先要合理选择塔型。选择时应综合考虑物料性质、操作条件、塔设备的性能及加工、安装、维修、经济性等多种因素。评价塔的性能主要是指处理能力、操作弹性、板效率、板压降和设备费用等。设计者要根据介质性质、通量大小、允许压力降等要求,通过技术经济比较合理选择塔内件,并尽可能采用经工业装置验证过的高通量、高效、节能的塔内件。

工业生产中塔型的比较和选择是较为复杂的问题,它直接影响分离任务的完成、设备投资和操作费用。设计者需要对板式塔和填料塔的性能有一个全面的认识。为方便对这个问题的考虑,表 10-1 列出了主要的比较情况。

表 10 - 1　塔型选择

对比条件 \ 塔型	板式塔 浮阀、筛板、泡罩	板式塔 MD 塔板	散装填料塔	规整填料塔
腐蚀性介质	B	B	A	C
易发泡物料	D	D	B	A
热敏性物料	D	D	B	A
高黏性物料	C	C	A	B
含有固体颗粒的物料	A	A	C	B
难分离或高纯度物料	C	C	B	A
气膜控制的吸收	C	D	B	A
液膜控制的吸收	C	B	A	D
真空精馏	C	B	B	A
常压精馏	A	D	C	B
高压精馏	B	B	C	D
高液相负荷	B	B	C	A
低液相负荷	B	D	C	A
液气比波动大	A	B	C	D
小塔径	C	D	A	B
大塔径	A	A	B	A
塔内换热多	A	B	C	D
间歇精馏	C	D	B	A
节能操作	D	D	B	A
老塔改造	D	B	C	A
多侧线塔	A	B	C	C

注：A—优；B—良；C—中；D—差。

(二)各种常用板式塔的比较

评价板式塔的性能主要是指处理能力、操作弹性、板效率、板压降和设备费用等。不同的塔板由于气液接触情况不同，板效率各有高低，板效率高的塔板说明它的结构比较合理。另外，板效率的高低还要与操作弹性结合起来，弹性大而板效率又高，则说明该塔能在较宽的操作范围内保持高效率。若塔板效率很高而弹性很小时，则这种塔板只能在很狭窄的范围内操作，气液略有波动或生产能力需提高时，其塔板效率立即下降。塔板按传质元件的种类主要分为泡罩型、筛孔型、浮阀型、斜喷型、立体喷射型和多降液管型等。

泡罩型塔板是最古老的形式之一，它的典型特征是塔板上有升气管，而升气管上覆盖一泡罩。由于升气管有一定高度，并与溢流堰相配合使板面上保持一定的液层。这种结构特征保证了塔板基本无泄漏，具有较低的操作下限和较大的操作弹性，可以承受较为剧烈的负荷波动，塔板效率变化较小，可以保证相当稳定的分离能力。但由于它结构复杂、造价高和压降大，通常只在要求塔板无泄漏或液相负荷很小时才选用。

筛孔型塔板是一种应用历史很长的塔板。它结构非常简单，加工方便，易检修而且造价低,因此工业应用最为广泛。只要结构设计合理,在一定的操作弹性范围之内,筛孔型塔板的效率和稳定性还是较高的。但是在气速比较小时,有较为严重的塔板倾向性漏液,所以应用受限。但是由于筛孔型塔板结构简单,耗材少,应用前景还是很好。近年来很多研究者对筛孔型塔板的效率、流体力学和漏液等问题进行了针对性的研究。另外由于板上筛孔始终处于气相鼓泡或漏液状态,板上传质孔不易堵塞,适用于丁二烯等易堵体系。

浮阀型塔板在开孔处设有可升降的浮动阀片,气相负荷较大时阀片处于上升状态,传质面积大。气相负荷较小时,部分阀片关闭,减少塔板漏液。由于开孔面积可以调整,所以浮阀型塔板的处理能力和操作弹性都较大。同时,可调节结构也让浮阀型塔板始终处于最佳的开孔面积,减少了漏液和雾沫夹带,成为应用效果良好的一种塔板。浮阀型塔板的缺点是所有阀片由不锈钢制造,加工成本较高。另外浮动部件的阀腿容易跳断,也容易在闭合时被聚合物堵住。目前国内应用最为广泛的是 F1 型浮阀。条形浮阀是为了减弱浮阀转动而开发的一种改良阀型,导向浮阀是为了消除大塔的液面落差,增加气相通过量而设计的一种阀型。还有ADV 浮阀、齿边浮阀等很多改良阀型,都是在浮阀的基础上改良气液流场的一些阀型。

斜喷型塔板是使气流斜向喷出的一种塔板,通过调节传质元件的喷射孔角度减弱板上雾沫夹带。舌形塔板和斜孔形塔板是两种典型的斜喷型塔板,舌形塔板在板上开有一定角度的舌孔,舌孔方向与液流方向相同,故气相喷出可推动液相,液层低、压降小。但是液相不断加速推动了气液相前进,不能很好保证气液相的传质效果。斜孔型塔板则使气流吹出的方向与液流主流方向相垂直,同时还要使相邻两排的开孔方向相反,抵消部分液流不断加速的现象。

垂直筛板是一种立体喷射型塔板。它的基本传质单元是置于塔板气体通道孔上的帽罩,它的底座固定于塔板上,当液体流经塔板时,其中的一部分被由气体通道上升的气体从帽罩的底部缝隙吸入,并被吹起激烈分散成液滴,从而形成分散相,在帽罩内达到充分的气液接触传质,然后通过帽罩上部的雾沫分离器,液滴被分离,并回到塔板上的液体中,再经过下一排帽罩,气相则上升到上一层塔板。

多降液管型塔板的结构特点是每层塔板上设有多个悬挂的矩形降液管,溢流堰很长,液相通量很大,压降低。传统的 MD 塔板降液管宽度比较窄,容易产生扼流现象。板上液流分布并不是很均匀,板上受液区开孔,大液量操作下受液区存在着明显的冲击漏液,都影响了塔板效率。改良后的 DJ 塔板采用了较宽的悬挂降液管,并通过防冲击漏液装置和导流装置改善塔板流场,提高了塔板效率。

(三)各种常用填料塔的比较

填料塔设计与板式塔类似,评价填料塔的性能同样是指处理能力、操作弹性、传质效率、压降和设备费用等。一般而言,填料塔的流体力学性能包括填料层的压降、载点和泛点、液体和气体的分布等。填料主要可分为散装填料和规整填料两大类。

(1)散装填料的常用材料包括陶瓷、金属、塑料、玻璃、石墨等。陶瓷填料耐腐蚀,但易碎、空隙率小;金属填料比表面积及空隙率大,通量大,效率高,但不锈钢价格贵,普通钢易腐蚀;塑料填料比表面积大,空隙率较高,但不耐高温。通常可以根据工艺体系的腐蚀性和耐热性进行材质选择。因此,散装填料在一些特殊要求体系中应用较为广泛。常见散装填料有拉西环、鲍尔环、弧鞍环、矩鞍环、阶梯环和各种花环等。

①拉西环是一段高度和外径相等的短管,可使用陶瓷和金属制造。它形状简单,制造方便。但填料层的均匀性较差,存在着严重的向壁偏流和沟流现象。

②鲍尔环是在拉西环的壁上沿周向冲出一层或两层长方形的小孔,但母材不脱离圆环,而是将其弯向环中心。这种改良手段不仅增加环内空间和表面的利用程度,而且降低了流动阻力,改善了气液两相的向壁偏流和沟流现象。

③弧鞍环是简单的马鞍形填料,结构简单,表面利用率高。但是相邻填料有重叠倾向,填料均匀性较差,容易产生沟流。

④矩鞍环和环矩鞍型填料则是在弧鞍环的基础上发展起来的,以 Intalox 金属环矩鞍填料为例,它是弧和环在形状上的巧妙结合,母材不脱离圆环,弧形部分弯离环中心,增加了传质空间和表面的利用程度,降低了流动阻力,改善了气液两相传质效果。

⑤阶梯环构造与鲍尔环相似,环壁上开有长方形孔,圆环内有两层交错的十字形翅片。阶梯环比鲍尔环短,高度通常只有直径的一半。阶梯环一端制成喇叭口形状,因此在填料层中填料之间呈多点接触,床层均匀且空隙率大。

(2)规整填料大都采用金属材料,主要有波纹填料和格栅填料两大类。

①波纹填料由许多层与水平方向呈 45°的波纹板组成。波纹板用金属薄片压制而成,故称为板波纹填料,用金属丝网、塑料丝网压制则称为网波纹填料。上下两层填料的波纹片相互呈 90°堆放,由于气流流道规则,气液分布均匀,波纹填料的允许气速高、压降低、效率高。同时波纹填料的金属耗材量大,价格也较高。

②格栅填料有木格栅、塑料格栅、金属格栅等,主要特点是空隙率大,不易堵,压降小。常用于煤气洗涤和脱硫等易堵物系中。

二、塔内的气液两相流动状态分析

采用流动参数 F_P 和气体负荷因子(或称 C 因子)可表示塔内的流动状态。流动参数为

$$F_P = \frac{L}{G}\sqrt{\frac{\rho_G}{\rho_L}} \tag{10-1}$$

式中　L,G——塔内液相、气相流率,kg/h;

　　　ρ_L,ρ_G——塔内液相、气相密度,kg/m³。

流动参数的物理意义是液相与气相动能之比开平方,常被用作液量或压力影响的参数。当 $F_P < 0.3$ 时,处于真空或低液量操作;而当 $F_P > 0.3$ 时,处于高压或高液量操作。

气体负荷因子是考虑了气相及液相密度后,在给定的条件下塔内最大允许气相负荷参数,计算式为

$$C_S = u_G\left[\frac{\rho_G}{\rho_L - \rho_G}\right]^{0.5} \tag{10-2}$$

式中　u_G——有效塔截面积上的气体速度,m/s。

不同研究者对塔内件气液两相流动状态的看法有所不同。1979 年,Hofhuis 和 Zuiderweg 提出塔板上的气液传质状态可以分为四类:喷射态、自由鼓泡态、泡沫态和乳化态。

喷射态:液相形成喷散的液滴,以分散相通过塔板。此时气相为连续相,液相为分散相,这种状态常在低液负荷和高气体负荷时出现。通常较多见于真空精馏中和小液量气体吸收中(通常为气膜控制吸收)。

自由鼓泡态:塔板上形成鼓泡的液层,气相以分散相(气泡)形式通过鼓泡层,液相为连续相,这种状态在较低气负荷时出现,工业塔中很少见。

泡沫态:是介于鼓泡态和喷射态之间的一种状态,也可称为混合泡沫态,此时气体的鼓泡和液体喷射共存于塔板上。常压精馏和气液膜共同控制的吸收过程中较为常见这种状态。

乳化态:气泡细流稳定地分散于液相中,即形成所谓的乳化态。很大比例的气体被高速液体乳化,也即气体被高速液体的剪切力分割成许多小气泡均匀分散在液体中。在流动参数 $F_P=0.2$ 处转变为乳化态,可以理解为总的液体水平动量流率等于气体穿孔的垂直动量流率时,发生了状态的转变,通常存在于高液量低气量的操作中,如加压精馏或大液量下的吸收。

板式塔各种操作状态分别绘成状态区域图,如图 10-4 所示。

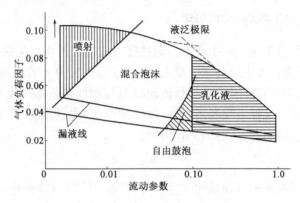

图 10-4 板式塔操作状态区域图

三、塔器的选用

(一)参照气液流动参数选择塔型

近年来,在对塔器的新设计或改造中,国内外通常采用 Kister H. Z 提出的比较方法初选塔型,然后再做具体的工艺及设备计算。Kister 在 FRI(Fractionation Research Inc.)1.22m 直径的工业规模塔和 Texas 大学 0.43m 直径的塔内分别进行了压力大于或小于 620.5kPa 的塔内件测试,34.5kPa 和 165.5kPa 的操作采用环己烷/正庚烷物系,1137.6kPa、2068.4kPa 和 2758kPa 的操作采用异丁烷/正丁烷物系。测试塔板的板间距为 610mm,散装填料的公称尺寸为 50mm 和 65mm,规整填料的比表面积为 200m²/m³。分离效率和处理能力的比较结果见表 10-2。

表 10-2 塔性能的评估

流动参数 F_P	分离效率,%			处理能力,%		
	散装填料	规整填料	塔板	散装填料	规整填料	塔板
0.02~0.1	A	1.5A	A	C	1.3C~1.0C	C
0.1~0.3	B	1.5B~1.2B	B	D	D	D
0.3~0.5	下降慢	下降快	下降慢	下降慢	下降快	下降慢

注:A—优;B—良;C—中;D—差。

(1)当 F_P 为 0.02~0.1 时,塔板和散装填料具有基本相同的分离效率和处理能力;规整填料分离效率高出前两者约 50%。当 F_P 从 0.02~0.1 增长时,规整填料与塔板和散装填料相比,处理能力的优越性从高出 30%~40% 下降到相同程度。

(2)当 F_P 为 0.1~0.3 时,塔板和散装填料具有基本相同的分离效率和处理能力;规整填料的处理能力与塔板和散装填料相同。当 F_P 从 0.1~0.3 增长时,规整填料与塔板和散装填料相比,分离效率从高出 50% 下降到高出 20%。

(3)当 F_P 为 0.3~0.5 时,塔板、散装填料、规整填料的分离效率和处理能力均随 F_P 增加而降低;规整填料的处理能力和分离效率下降速度最快,而散装填料则最缓慢。当 F_P 为 0.5 及压力为 2.76MPa 时,散装填料的分离效率和处理能力最高,而规整填料则最低。

可见当 F_P < 0.3 时,无论是分离能力还是处理能力,填料特别是规整填料有很大优势。当 F_P > 0.3 时,板式塔的优势会逐渐显现出来。

(二)不同操作压力下的塔内件选用

精馏塔适宜的操作温度为 50~150 ℃。而温度与压力又是相互关联的,因此,常规蒸馏的物系确定后,其操作压力也被大致确定。反之,在一定操作压力下的常规蒸馏,其物性数据也可粗略地获得。于是在全回流操作情况下,流动状态与物性参数都只受操作压力一个参数的影响。故可根据操作压力选择塔型和塔内件,这样就可以忽略其他因素,而只按操作压力将蒸馏分为常压蒸馏、真空蒸馏和加压蒸馏三种类型。

1. 常压蒸馏

常压塔常压或接近常压的蒸馏是化工生产中应用较广的蒸馏操作,其流动参数 F_P 值为 0.04~0.17。如前所述,通常首选填料为塔内件,只有在结垢和填料润湿问题难以解决时才用塔板做塔内件。

目前很多新型高效填料,如金属板波纹填料、IMTP 等,有很高的空隙率。当气体负荷很高时,出现雾沫夹带并降低分离效率,但填料压降并不很高,气速仍低于液泛点。液泛点很不稳定,故其定义尚不统一,有认为效率趋于零;压力降曲线的斜率趋于零;持液量增加 2~3 倍。目前波纹规整填料以每米填料压降达到 1kPa(10mbar)时的负荷,定义为极限负荷,它比液泛点低 5%~10%。波纹填料塔的设计负荷取极限负荷的 70%~85%,在设计负荷下,波纹填料每米压降约为 0.3kPa。

2. 真空蒸馏

真空塔真空蒸馏时,首选塔内件为规整填料,然后是散装填料,只有在结垢和填料润湿问题难以解决时才用塔板做塔内件。

从设备设计的观点,精馏塔塔顶压力小于 40kPa,就认为是真空蒸馏。某些用于精细化工产品提纯的塔,往往采用高真空蒸馏。当塔顶压力小于 0.7kPa 时,真空装置的投资及操作费用很昂贵。真空蒸馏的 F_P 值一般小于 0.03,高真空蒸馏的 F_P 值将小于 0.01。下列情况宜采用真空蒸馏:

(1)处理热敏性物料时,真空蒸馏可降低操作温度。采用填料塔可减少持液量,从而减少物料在塔内停留时间。同时填料塔压降小,塔釜温度可降低。于是可抑制塔底物料分解、聚合或变色。

(2)减压下各组分的沸点降低,组分间的相对挥发度增加,达到规定的分离要求,所需理论板数可减少。或保持理论板数不变,则回流比可减小;或保持理论板数和回流比都不变,则可提高分离质量,即提高产品纯度。

(3)真空蒸馏可降低塔釜温度,这样就有可能利用低品位的热源,如低压蒸汽或热水。或者由于再沸器温差增加,可使新设计的再沸器传热面积减小,从而可减少投资。

(4)采用填料改造真空操作的塔板时,若保持塔釜温度不变,则填料塔由于压降小,塔顶压力及温度可有所提高。某些场合塔顶冷凝器可改用空冷式,而不用水冷式,从而大大节省操作费用。同时可降低对真空系统的要求和投资。

真空精馏塔的压降要严格控制,特别对热敏性物系,塔底温度是有限制的,因此,设计时塔的压降也有限制。算得全塔所需理论板数后,即知每块理论塔板允许的压降。离开塔板的气液相完全达到平衡状态,这种塔板称为理论塔板。散装填料中金属环矩鞍填料的每块当量理论塔板的压降最小,约 54Pa。表 10-3 给出每当量理论塔板压降为 124Pa 时某些散装填料相对性能的比较。

表 10-3　散装填料性能比较(每当量理论塔板压降为 124kPa)

填　料	相对塔径,%	相对填料高度,%	相对填料体积,%
50mm 鲍尔环	100	100	100
38mm 鲍尔环	102	77	80
50 号 IMTP 填料	85	91	66
40 号 IMTP 填料	89	75	59
25 号 IMTP 填料	99	60	58
50mm 瓷矩鞍环填料	110	108	131
38mm 瓷矩鞍环填料	115	81	107

常压操作情况下,塔的压降只占塔顶压力的很小比例,它对气液平衡几乎无影响。而在有较多理论塔板的真空蒸馏时,塔底压力会远大于塔顶压力。这将影响气液平衡,从而影响相对挥发度。在计算理论塔板数时,应予以注意。适合于塔顶压力下的相对挥发度,用以计算全塔理论塔板数时,会导致因理论塔板数不足,达不到分离要求。真空蒸馏填料塔的压降不允许超过塔顶绝对压力,否则设计时需要特殊考虑。

真空蒸馏的操作温度低于同物系常压蒸馏时的温度,这时液相的物性会改变,往往液相成为传质的控制因素。尤其是一些高沸点的有机物,在低温时,黏度急剧增加,这将影响填料的效率。

真空蒸馏填料塔,进料温度和压力必须严格控制。进料的热含量随其温度和压力会有很大变化,这不仅影响重沸器的热负荷,还将影响塔内的气液负荷。对于塔板,由于其持液率较大,进料过冷或闪蒸的影响并不严重。对于填料,则因其持液量很小,过冷或闪蒸都会影响填料塔效率,设计时应采取必要措施。

高真空蒸馏时,塔顶管壳式冷凝器往往会产生很大阻力。为满足塔顶真空度的要求,真空系统的投资会很昂贵。这种情况下,塔顶部可增设一个泵循环冷凝填料段,以代替常规的塔顶管壳式冷凝器,该填料层主要起传热作用,其压降可设计低到约 94Pa。

3.加压蒸馏

在石油化工中某些低相对分子质量碳氢混合物如乙烯、丙烯等在常压和室温下是气态。对这类物系的蒸馏分离,必须在加压下进行,乙烯所需压力为 2MPa,丙烯所需压力为 1.6MPa。这样塔顶冷凝器才可能不用冷冻剂而用水来冷却。加压蒸馏会带来新问题,加压下各组分的沸点升高,组分间的相对挥发度减小,分离所需理论塔板数增加,因此,压力应控制在一个经济上合理且尽可能低的程度。

加压蒸馏时,板式塔有明显的优势。袁孝竞认为,这是由于加压蒸馏温度升高,液相黏度减小,液体扩散性能增强。相反,气相黏度则增大,其扩散性能减弱,故气相往往成为传质的控制因素。轻烃类物系在加压精馏温度下,其表面张力很小。加压下,高密度气相容易扩散到表面张力低的液相中。压力越高,气相分散到液相中的量越大,且分散的气泡越小。充了气的液体密度越下降,一定质量的液体,其所占体积就越大。在加压蒸馏中,填料塔压降小的优势已不甚重要。操作压力增加,气相密度增加,接近临界压力时饱和蒸汽的压缩因子一般小于0.75。当压力大于临界压力值的40%时,气相密度将很高。这样,对于相同的气体负荷因子,气体质量流量会远大于常压下的质量流量。而在相同回流比时,液体质量流量也远大于常压下的质量流量。因此,单位塔截面上液体流量随操作压力增加而增加。这时精馏塔的能力取决于对高液体流量的处理能力。对填料塔而言,填料对液体的自分布性能减弱,易造成液体偏流、沟流等不均匀流动。且充了气的液相、高的气液相密度比、高的气液相黏度比,都会使填料层的持液量增加,从而空隙率减小。导致处理能力受到制约,压降更增大。对于填料塔,在加压下填料压降小的优势已不甚重要,但轴向返混加剧,降低塔的分离效率。在板式塔中,很多情况下往往降液管先液泛,成为装置的瓶颈。因此,降液管要有足够大的面积,以使有足够的液相停留时间让夹带在液相中的气体脱除出来,不致带入下层塔板,既降低塔板效率,又降低塔的处理能力。

一般对新设计的加压精馏塔而言,若没有特殊情况(如塔径小于800mm),一般不宜选用填料塔,因为填料塔投资大,耐波动性能差。尤其是塔径在800~1200mm时,板式塔的板间距有时很小,可小于350mm,其塔效率不低。若采用250Y板波纹填料对其进行改造,改造后全塔效率可能会下降,而采用比表面积较大的填料,塔的通量又会受到限制。

由于高压板式塔截面很大部分被降液管占据,通常达到相同分离要求,改造成填料塔可以提高处理能力25%。但这种改造需要特别慎重,要采用高效液体分布装置。为了减小气相返混及液体不均匀流动的影响,每段填料层的高度应尽可能低,尽量多地用液体再分布器,以脱除液相中夹带的气体,并使液体混合再重新分布。在下列情况时,可以考虑采用填料作为塔内件,但措施要可靠:

(1)板式塔能力受降液管限制。

(2)填料可以提供更多的理论塔板数,这样可提高产品的纯度和收率。

(3)有较多的理论塔板数,可减小回流比,降低能耗。

(4)分离沸点接近的物系,采用填料塔压降小,可以采用塔顶蒸汽再压缩热泵蒸馏。

(5)双塔多效蒸馏,其中第一个塔操作在较高压力。

(6)减少物料停留时间,防止物料聚合或分解。

(7)对易燃和有毒物料,可降低生产装置内存料量。

(8)由于填料较低的持液量,对于分批蒸馏,可增加产品收率。

大多数的分离操作还是处于真空或常压下,况且以 F_P 的大小作为判据并不是绝对的。如果按高压操作的特殊性设计填料塔,也可获得较高的分离效率,在这方面也有不少成功的例子。

Bravo 利用上述两参数对规整填料、高效塔板和常规塔板进行对比,如图10-13所示,分析填料和塔板的合适操作区域。

塔板、规整填料的处理能力均随 F_P 增加而降低,而规整填料处理能力的下降速度较快。需要指出,图10-5并不是对某一种塔板或填料而言,而是对该类塔内件的一种综合评价。它仅仅是从处理能力方面考虑了规整填料与高效塔板、常规塔板的情况。图 10-5 中没有考虑散装填料以及传质效率的情况。Bravo 建议根据流动参数 F_P 来选择塔板或填料。当 F_P 为 0.01～0.1 时，规整填料比塔板和散装填料的处理能力优越性从高出 30%～40%下降到零，宜首选规整填料；当 F_P 为 0.1～0.2 时，塔板和规整填料具有相同的处理能力，可选用塔板或规整填料；当 $F_P>0.2$ 时，规整填料处理量较塔板明显低，宜首选塔板；当 $F_P>0.3$ 时，处于高压或高液量操作，宜首选塔板。

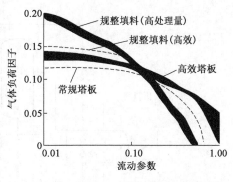

图 10-5　最大气体负荷与 F_P 关联图

除特殊情况外，采用高效塔板不仅能处理高液相负荷，而且能有效地分离密度差较小的气相与液相。虽然塔板压降大一些，但是能减少规整填料中显著的轴向混合，保持较好的传质效果。

第三节　油气生产中的典型塔器

一、天然气脱水装置

天然气中液相水存在时，在一定条件下会形成水合物，堵塞管路、设备，增加能耗，影响集输生产的正常进行。此外，对于含有 CO_2、H_2S 等酸性气体的天然气，由于液相水的存在，会造成设备和管道的腐蚀。因此，为避免出现这些问题，在天然气进入管网之前，有必要脱除天然气中的水分，或采取抑制水合物生成和控制腐蚀的其他措施。此外，随着环境保护法规的日益严格和技术的进步，天然气脱水工艺也必将朝着更清洁、高效的方向发展；天然气脱水工艺必将更注重其效率及经济性，各种新的脱水装置应势而生。

天然气脱水方法有溶剂吸收法、固体吸附法和低温分离法。溶剂吸收法是天然气脱水使用较为普遍的方法，用得最广泛的吸收溶剂是甘醇类化合物（如 TEG）。目前通常采用两种方式相结合的两步脱水法：第一步用溶剂吸附法使天然气达到一定的露点降；第二步用固体吸附法来达到深度脱水的目的。

（一）低温分离装置

由于多组分混合气体中各组分的冷凝温度不同，在冷凝过程中高沸点组分先凝结出来，这样就可以使组分得到一定的分离。冷却温度越近，分离程度越高。现在气田上多采用高压天然气节流膨胀制冷后低温分离脱出天然气中一部分水分的方法——冷分离法。在油田伴生气脱水中采用的膨胀机制冷脱水也是一种冷分离。该方法流程简单，成本低廉。可达到的水露点略高于其降温所达到的最低温度，同时满足烃露点的要求。特别适用于高压气体；对要求深度脱水的气体，此法也可作为辅助脱水方法，将天然气中大部分水先行脱除，然后用分子筛法深度脱水。图 10-6 为一典型的低温分离脱水工艺，该低温分离法流程简单，成本低，特别适用于高压气体。对于要求深度脱水的气体，该法也可作为辅助脱水方法。目前，我国各陆上油田对油田气的脱水方法几乎都采用这种方法。若是针对低压气或无压差利用的高压湿天然气，需要采用制冷剂制冷。

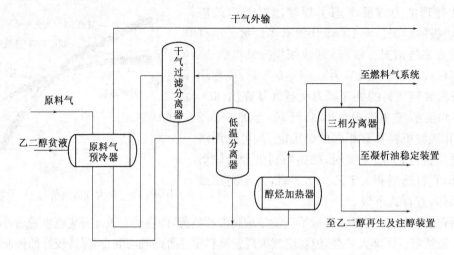

图 10-6 低温分离脱水工艺

(二)甘醇脱水装置

甘醇有很强的吸水性能。甘醇是乙二醇的缩聚物,称为多缩乙二醇,俗称甘醇。其化学通式为 $C_nH_{2n}(OH)_2$。两个乙二醇缩聚生成一个二甘醇和一个水,二甘醇和乙二醇再缩聚可以生成一个三甘醇和一个水。一般说来,用作天然气脱水吸收剂的物质应对天然气有高的脱水深度,具有化学和热稳定性,容易再生回收,蒸气压低、黏度小,在凝析油中溶解度小,对设备无腐蚀等,同时还应价廉易得。

天然气的脱水浓度通常用露点降来表示,露点降即为天然气脱水吸收操作温度与脱水后干气露点温度之差。

与二甘醇相比,三甘醇沸点较高,贫液深度可高达 98%～99% 以上,可获得较大的露点降,且蒸气压低,再生时损失较小,热稳定性好,因而使用最为普遍。但是,由于三甘醇溶液黏度大,故吸收塔操作温度不宜低于 10℃。

因此,三甘醇脱水应用较为广泛,典型的三甘醇脱水工艺如图 10-7 所示。

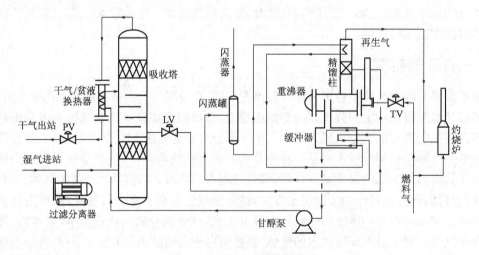

图 10-7 三甘醇脱水工艺

含水天然气(湿气)先进入进口分离器,以除去气体中携带的液体和固体杂质,然后进入吸收塔,在吸收塔内,原料气自下而上流经各塔板,与自塔顶向下流的贫甘醇液逆流接触,甘醇液吸收天然气中的水汽。经脱水后的天然气(干气)从塔顶排出,吸收了水分的甘醇富液自塔底流出,经再生精馏柱换热后进入闪蒸分离器,闪蒸出的气体可作为燃料或在安全地带放空。从闪蒸分离器内分离出的碳氢化合物液收集到平台含油污水处理系统,从闪蒸分离器底部出来的富甘醇溶液经过滤器和贫/富甘醇热交换器后进入再生装置。富甘醇在再生装置中提浓后溢流到下部重沸器,冷却并流入贫甘醇储罐。浓缩后,甘醇由循环泵经气/甘醇热交换器打入吸收塔重复使用。其主要设备如下:

1. 进口分离器

进口分离器是用于脱出天然气携带来的游离的液态水、碳氢化合物液体和其他固体杂物。这些物质的存在会使吸收塔内产生严重的泡沫,引起冲塔,增加甘醇的损失,降低塔的效率,并增加吸收塔的维修工作。进口分离器通常是一个独立安装的容器,但也可以和吸收塔橇装在一起。

2. 吸收塔

吸收塔也称接触塔,它的技术经济性主要取决于塔的尺寸、三甘醇贫液深度和三甘醇循环流量。天然气的流率(处理量)决定了吸收直径,由于甘醇流率低,它不是计算塔直径的因素。塔板数和塔板间距影响吸收塔的高度。小直径三甘醇脱水塔可采用填料塔型,直径较大时,则应采用板式泡罩塔,填料塔的气流率调节比限制到设计负荷的 50%,操作弹性小。采用板式泡罩塔型时,由于三甘醇溶液循环量较小,避免了在塔板上的密封问题,有利于气液传质,增加操作弹性,气流率的调节比可为 30%。典型的泡罩塔板一般采用 4~6 块,塔板间距为 24in (610mm)。

3. 再生装置

三甘醇脱水装置中,甘醇溶液的再生系统由再生精馏柱和重沸器组成。要求天然气露点降不大时,再生精馏柱在常压下操作;要求有较大的露点降时,采用真空再生或汽提再生。三甘醇富液一般由再生精馏柱中部进入,在精馏柱中可以采用填料或塔板。

4. 三甘醇闪蒸分离器

在流程中设置三甘醇闪蒸分离器,其作用是使部分溶解到富甘醇溶液中的烃气体在闪蒸分离器中分出,减少进入再生装置中的烃蒸气量。要合理设计分离器的尺寸和结构,保证甘醇溶液不会将液态烃带入重沸器。液态烃带入会产生泡沫并导致大量甘醇从精馏柱顶损失。闪蒸分离器应设计成具有 20~30min 液体停留时间,并有良好的液—液分离性能。

5. 贫、富甘醇热交换器

在三甘醇脱水系统中,很难获得热交换,这是由于三甘醇的低流率、高黏度和低压降,这些都会导致低的传热系数。因此,重沸器的进料温度将低于要求的温度,而甘醇循环泵的进口温度将高于要求的温度。套管式换热器用于贫富甘醇热交换具有良好的对流条件,可获得较高的换热效率。通常热甘醇溶液出口和冷甘醇溶液入口的温差为 28~39℃。对小型装置,可在热贫甘醇储罐中安装盘管来换热。

(三)分子筛脱水装置

分子筛一般以硅铝多孔氧化物为主,对水的吸附首先为物理吸附,倘若为化学吸附,吸附力过强,吸附剂就很难脱水再生。对于物理吸附,在分子筛内部表面空气中的水分子可以被分层吸附并液化以液态水附着于分子筛内表面,这样可以降低分子筛内部大比表面积的高表面能。通过加热的方法与减压的方法原理都是一样,通过改变分子筛体相水的饱和蒸气压与外界气相中的饱和蒸气压,从而提供传质推动力。加热,液态水汽化,分子筛内部压强变大,水分子从分子筛内孔向外部气相扩散而脱水。典型的分子筛脱水工艺流程如图 10 - 8 所示,脱水及装置如图 10 - 9 所示。

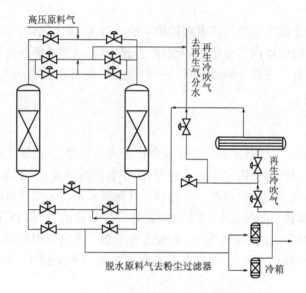

图 10 - 8　分子筛脱水工艺流程

图 10 - 9　分子筛脱水装置

分子筛脱水对进料气温度、压力和流量变化不敏感,小流量脱水较经济。缺点是需高能再生,回收率低,工艺较复杂,吸附剂易中毒和破碎,增大气体压降。适合于小流量气体的脱水或天然气的深度脱水。

一般来说,除在下述情况之一时推荐采用吸附法脱水外,采用甘醇法脱水将是最普遍而且可能是最好的选择:

(1)天然气脱水的目的是为了符合管道输送要求,但又不易采用甘醇脱水的场合。例如在海上平台由于波浪起伏影响吸收塔内甘醇溶液的正常流动,或天然气是酸气等。

(2)高压(超临界状态)二氧化碳脱水。因为此时二氧化碳在甘醇溶液中溶解度很大。

(3)用于冷冻温度低于−34℃的天然气加工时的脱水。

(4)同时脱水和烃类以符合水露点和烃露点的要求。

(5)从贫气中回收天然气液,此时往往需要采用制冷的方法。

吸附法脱水主要是用于天然气凝液回收、天然气液化装置中的天然气深度脱水,防止天然气在低温系统中产生水合物堵塞设备和管道,另外,在压缩天然气(CNG)加气站中为防止CNG在高压(通常为25MPa)下及使用中从高压节流至常压时产生水合物堵塞,也采用吸附法脱水。

(四)膜分离脱水装置

膜分离技术始于19世纪末。20世纪60年代,在许多液—液分离技术的基础上,经过进一步的发展,成为当今适用于工业化规模处理天然气的新技术。在天然气工业中,采用膜分离法脱出水,硫化氢及二氧化碳已成为常规胺(如DEA和MDEA),物理吸收(如Selexol)和甘醇脱水等工艺强有力的竞争对手。从20世纪70年代开始,世界上许多国家对膜分离技术用于气体分离进行了工业试验。但迄今为止,利用膜分离技术对天然气进行处理的主要集中在美国、加拿大。

膜分离技术用于气体分离,最早在工业上获得成功的是Monsanto公司,它于1979年研制出PRISM膜分离器(图10-10)。现在,利用PRISM膜分离器主要是除去天然气中的二氧化碳、硫化氢和水。膜分离作为一种处理工艺,有较宽的流量适用范围。原料气流量发生变化,可以通过增加或减少膜分离器的数量或者分离器内的单元数来获得同样的分离效果。

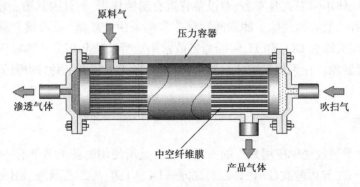

图10-10 PRISM膜分离器结构

膜分离技术最有潜力的应用是对含高浓度酸气原料的处理。美国埃克森天然气化工厂采用醋酸纤维素螺旋卷型分离器酸性天然气的处理进行了现场试验,结果表明膜分离技术不存在物理的或化学的不稳定性。Grace membrace systems公司采用一级或二级Grace膜分离系统以除去天然气中的二氧化碳、硫化氢、水分等杂质,效果显著。Delta projects公司采用螺旋卷型分离器处理天然气。

国内对膜分离技术在油气处理中的应用进行了一些探索性研究。长庆油田在先导性开发试验区进行了工业性试验,取得了一定的成果,但用于全面推广还有较大的距离。

与常规方法比较,在操作简便、占地少、投资省等方面膜技术显示出其优越性,前景十分看好,图 10 - 11 为天然气膜分离脱水工艺图。

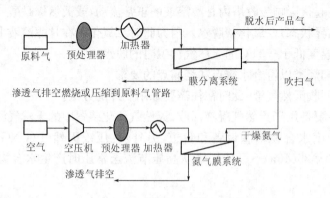

图 10 - 11　膜分离脱水工艺

二、酸性气体处理装置

由地层采出的天然气除通常含有水蒸气外,往往还含有一些酸性气体,一般是 H_2S、CO_2、COS(氧硫化碳)与 RSH(硫醇)等气相杂质。天然气最常见的酸性气体是 H_2S、CO_2 和 COS。含有酸性气的天然气通常称为酸性气或含硫气。

H_2S 是酸性天然气中含有的毒性最大的一种酸气组分。H_2S 有一种类似臭蛋的气味,具有致命的剧毒,它在很低含量下就会对人体的眼、鼻和喉部有刺激性,若在含 H_2S 体积分数为 0.06% 的空气中停留 2min,人可能会死亡。另外 H_2S 对金属具有腐蚀性。

CO_2 也是酸性气体,在天然气液化装置中,CO_2 易成为固相析出,堵塞管道。同时 CO_2 不燃烧,无热值,所以运输和液化它是不经济的。

因此,酸性气体不但对人身有害,对设备管道有腐蚀作用,而且因其沸点较高,在降温过程中易形成固体析出,故必须脱除。脱除酸性气体常称为脱硫脱碳,或习惯上称为脱硫,在净化天然气时,考虑同时除去 CO_2 和 H_2S,因为目前常用的醇胺法和用分子筛吸附净化中,这两种组分可以被一起脱除。在天然气液体装置中,常用的净化方法有三种,即醇胺法、热钾碱法、砜胺法。

(一)醇胺法

醇胺法是化学吸收法中应用最广的一种方法。其所使用的胺类溶剂有一乙醇胺(MEA)、二乙醇胺(DEA)、二异丙醇胺(DIPA)、二甘醇胺(DGA)、甲基二乙醇胺(MDEA)等。20 世纪 30 年代,醇胺法已开始用于从天然气中脱除酸性组分。最先采用的溶剂是三乙醇胺(TEA),由于其反应能力和稳定性差,以后发展为上述五种溶剂。

醇胺类化合物分子结构的特点是其中至少有一个羟基和一个胺基。羟基可降低化合物的蒸气压,并能增加化合物在水中的溶解度,可以配成水溶液;而胺基则使化合物水溶液呈碱性,以促进其对酸性组分的吸收。醇胺与 H_2S、CO_2 的反应均为可逆反应。当酸性组分分压高、温度低时,反应向化合方向进行,贫醇胺溶液从原料气中吸收酸性组分(正反应)并放出热量;而在酸性组分分压低、温度高时,反应向分解方向进行,从富醇胺溶液中将酸性组分释放出来

（逆反应）并吸收热量。

醇胺法的典型装置如图 10 - 12 所示。采用的主要设备是吸收塔、再生塔、换热和分离设备等。原料气经进口分离器去除游离的液体及夹带的固体杂质后进入吸收塔的底部，与由塔顶部自上而下流动的醇胺溶液逆流接触，脱除其中的酸性组分。净化气从吸收塔顶部出来，经过出口分离器除去气流中可能携带的溶液液滴后出装置。由吸收塔底部流出的富液先进入闪蒸罐，脱除被醇胺溶液吸收的烃类。胺溶液在闪蒸罐内的停留时间为 10~15min。然后，富液再经过滤器后进贫/富液换热器，利用热贫液将其加热后进入在低压下运行的汽提塔上部进行再生，使一部分酸气在汽提塔顶部塔板上从富液中闪蒸出来。随着溶液在塔内自上而下流至底部，溶液中其余的 H_2S、CO_2 就会被在重沸器中加热气化的气体（主要是水蒸气）进一步汽提出来。离开汽提塔底部的贫液，经过贫/富液换热器及溶液冷却器冷却，温度降至比进料气进吸收塔的温度高 5~6℃（使其温度保持在进料气露点温度以上），然后进入吸收塔内循环使用。从富液中汽提出来的酸气和水蒸气离开汽提塔顶，经冷凝器进行冷凝和冷却。冷凝水作为回流返回汽提塔顶。由回流罐分出的酸气根据其组成和流量，可以送往硫磺回收装置或作为二次采油的驱油剂等合理利用。

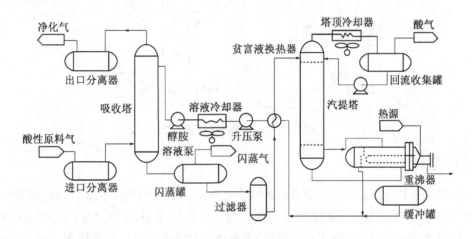

图 10 - 12　醇胺法脱除酸性气体的流程图

醇胺法特别适用于酸性组分分压低的天然气脱硫。由于醇胺法使用的吸收剂是醇胺的水溶液，溶液中含水可以使被吸收的重烃量减至最低程度，故此法非常适用于重烃含量高的天然气脱硫。有些醇胺溶液还具有在 CO_2 存在下选择性脱除 H_2S 的能力。

醇胺法的缺点是有些醇胺与 COS 或 CS_2 的反应是不可逆的，会造成溶剂降解损失，故不宜用于 COS 或 CS_2 含量高的天然气脱硫。醇胺还具有腐蚀性，与原料气中的 H_2S、CO_2 等会造成设备腐蚀。此外，醇胺作为脱硫溶剂，其富液再生时要加热，需要消耗能量，而且高温下汽提时会降解，溶剂损耗较大。

相比较而言，醇胺法中 MEA 常用于酸性组分分压低的场合。MEA 是相对分子质量最小的伯醇胺，其反应能力、挥发度及腐蚀性最强。因此，采用的溶液浓度较低，蒸发损失较大，再生能耗较高，对烃类的吸收能力最小。采用 MEA 可很容易地将进料气中 H_2S 含量降低至 $5mg/m^3$ 以下。但是，MEA 既可脱除 H_2S，又可脱除 CO_2，一般无选择性。

DEA 是应用比较多的脱硫溶剂。与 MEA 相比，它与 H_2S 和 CO_2 的反应热较小，碱性及腐蚀性较弱，蒸发损失较小。由于其溶液浓度较高，酸气负荷较大，因此溶液循环量小，投资和操作费用相对较低。但 DEA 对 H_2S 也没有选择性。

(二)热钾碱法

化学吸收法除采用醇胺溶液等有机碱作溶剂外,也可使用无机碱作溶剂,主要是加有活化剂的碳酸钾溶液。其中,具有代表性的是热钾碱(Benfied)法和 Catacarb 法。热钾碱法的吸收温度较高,净化程度好,尤其适合主要脱除 CO_2 的场合。

Benfield 法采用碳酸钾、活化剂、缓蚀剂和水组成的混合液,可以成功地从气体中脱除大量的 CO_2,其基本工艺流程如图 10 - 13 所示。与醇胺法的显著不同是由于吸收塔在 110℃ 左右操作,所以在处理天然气时,在吸收塔前设置气—气换热器替代贫/富液换热器。该工艺的操作条件较宽,适宜处理烃露点比较高的气体,再生所需热量小。碳酸钾化学稳定性好,设备不易结垢,溶液损耗少。

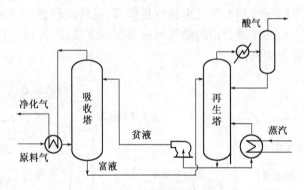

图 10 - 13　热钾碱法脱硫装置

(三)砜胺法

砜胺(Sulfinol)法是近年来发展最快的联合吸收法。该法的吸收溶液由物理溶剂环丁砜、化学吸收剂二异丙醇胺加少量的水组成。通过物理与化学作用,选择性地同时吸收原料气中的 CO_2 和 H_2S,然后在常压(或稍高于常压)下将溶液加热再生以供循环使用。由于溶液中存在着化学吸收剂,吸收能力原则上不受酸性气体分压的影响,所以可使净化后原料气中的 H_2S 含量降得很低。

砜胺法对中至高酸气分压的天然气有广泛的适应性,而且有良好的脱有机硫能力,能耗也较低。适合于在高压下净化,净化度较高,在高温部分的腐蚀率只有一乙醇胺法的 $1/4 \sim 1/10$。此法的缺点是对烃类有较高的溶解度,会造成有效组分的损失。对于低温装置,经环丁砜洗涤后的天然气还要经过吸附处理,以达到低温装置对 H_2S 和 CO_2 含量的要求。典型的砜胺法脱硫装置如图 10 - 14 所示。

砜胺法脱硫装置的主要设备如下:

(1)吸收塔:以溶液脱除天然气中的 H_2S、CO_2 及有机硫化合物而达到所要求的净化指标的设备。此装置采用双溢流浮阀塔。

(2)闪蒸塔:由闪蒸罐和精馏柱两部分组成。闪蒸罐使富液夹带和溶解的烃类解析出来;精馏柱吸收闪蒸气中逸出的酸气。

(3)再生塔:使富液中的酸气解析出来的设备。

(4)重沸器:为脱硫装置提供热源的设备。利用高温蒸汽给溶液加热将热量传给系统。

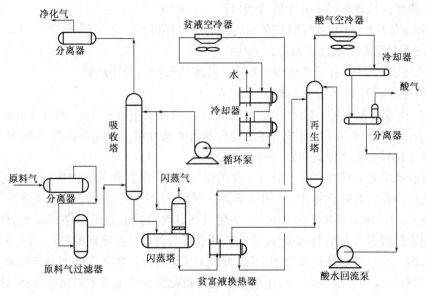

图 10 - 14 砜胺法脱硫装置

(5)过滤器:去除溶液中的固体杂质和部分降解产物。

(四)干法脱硫设备

干法脱硫包括氧化铁法、氧化锌法、活性炭法、分子筛法等。

1. 氧化铁和氧化锌脱硫装置

铁的氧化物特别是水合氧化物用于气体脱硫已有上百年的历史,主要应用于粗脱和半精脱。常温氧化铁脱硫原理是采用水合氧化铁($Fe_2O_3 \cdot H_2O$)脱除 H_2S,氧化铁脱硫的工艺流程如图 10 - 15 所示,其基本脱硫原理是:

低温脱硫 $\quad Fe_2O_3 \cdot H_2O + 3H_2S \Longrightarrow Fe_2S_3 \cdot H_2O + 3H_2O$

$\quad\quad\quad\quad\quad Fe_2O_3 \cdot H_2O + 3H_2S \Longrightarrow 2FeS + S + 4H_2O$

再生 $\quad\quad Fe_2S_3 \cdot H_2O + \dfrac{3}{2}O_2 \Longrightarrow Fe_2O_3 \cdot H_2O + 3S$

$\quad\quad\quad\quad 2FeS + \dfrac{3}{2}O_2 + 4H_2O \Longrightarrow Fe_2O_3 \cdot H_2O + 2S$

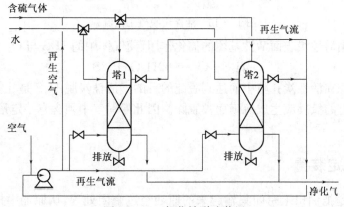

图 10 - 15　氧化铁脱硫装置

干法脱硫反应机理由以下几个阶段组成：

(1)气体本体中的 H_2S 经气膜扩散至脱硫剂颗粒外表面；

(2)H_2S 再从颗粒外表面扩散进入毛孔；

(3)进入毛孔的 H_2S 分子在负载于孔壁或孔底的液(水)膜中溶解；

(4)溶解于液膜的 H_2S 分子离解为 HS^- 及 S^{2-}；

(5)HS^- 及 S^{2-} 同 $Fe_2O_3 \cdot H_2O$ 中的 OH^- 或 O^{2-} 交换，生成 $S=Fe-SH$(或 $Fe_2S \cdot H_2O$)；

(6)当有适量的氧存在时，将按上述途径在毛孔的碱性液(水)膜中扩散、溶解并活化，从而将生成的硫化铁转变为活性氧化铁，完成再生过程。

氧化锌脱硫装置的研究开发已有几十年的历史，其有中温和低温脱硫剂。氧化锌的脱硫机理及反应行为在所有硫化物中，应用最多的是脱除 H_2S。它的主要活性成分是氧化锌，有的含有一些 CuO、MnO_2、MgO 或 Al_2O_3。为促进剂以改进低温脱硫活性和增加破碎强度，并以矾土水泥或纤维素为黏结剂，有时还加入某种造孔剂以改变脱硫剂的结构，是一种转化吸收型固体脱硫剂。它有部分转化吸收的功能，即能对 COS、CS_2 等有机硫部分转化成 H_2S 而吸收脱除，但对有机硫的硫容很低。由于氧化锌能与硫化氢反应生成难离解的 ZnS，且脱硫精度高，可脱至 0.5%，重量硫容高达 25% 以上，但不能再生，一般用于精脱硫过程，装置与氧化铁脱硫装置类似。

2.活性炭脱硫装置

活性炭用于脱硫已有 60 余年历史，至今已成为我国小合成氨厂使用最广泛的方法之一。活性炭脱硫的工艺流程如图 10-16 所示。

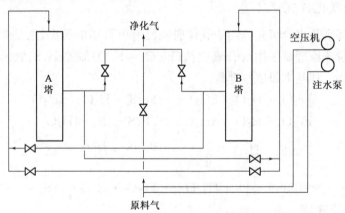

图 10-16　活性炭脱硫工艺流程

其原理为利用活性炭表面活性基团的催化作用，使气体中的 H_2S 与 O_2 发生下列反应：

$$2H_2S+O_2 =\!=\!= 2H_2O + 2S$$

生成的硫沉积在活性炭孔隙中而达到脱硫的目的。活性炭脱 H_2S 是在氨的催化作用下，与吸附在活性炭上的氧反应生成硫磺而被脱除。因此原料气中须含有一定量的氧、氨，并具有一定的湿度。

三、原油稳定装置

原油稳定就是把油田上密闭集输起来的原油经过密闭处理，从原油中把轻质烃类(如甲烷、乙烷、丙烷、丁烷等)分离出来并加以回收利用，相对减少原油的挥发作用，也降低了蒸发造成的损耗,使之稳定。原油稳定是减少蒸发损耗的治本办法。原油稳定具有较高的经济效益,可以回收大量轻烃作化工原料,同时,可使原油安全储运,并减少了对环境的污染。原油稳定中常用的塔器包括闪蒸分离稳定塔和分馏稳定塔,下面分别予以介绍。

(一)闪蒸分离稳定塔

闪蒸分离稳定塔(简称闪蒸塔)按照内部结构划分,包括板式塔和填料塔两大类。板式塔内装有一定数量的塔盘,气体以鼓泡或喷射的形式穿过塔盘上的液层,两相密切接触进行传质。填料塔则是在塔内装有一定的填料层,以此作为气液接触的媒介,液体沿填料表面呈膜状向下流动,气体自下而上流动,气液两相在填料层中逆流接触传质。按照闪蒸分离稳定的操作压力,闪蒸分离可分为负压闪蒸和正压闪蒸两类。目前,在油田原油稳定工艺中,常用的负压稳定塔大多是在塔内设置数层筛板的筛板塔,属于板式塔的一种。

1.筛孔

筛孔用于气液传质的分馏塔筛板,气体向上通过筛孔,与筛板上滞留的液体形成良好的气液传质条件。为防止液体从筛板向下泄漏,气体有最小流速(称下限速度)的要求,否则液体从筛孔向下泄漏将降低气液传质效果。在塔内可计入的闪蒸面积有塔板本身的面积、筛孔淋降的油柱面积和溢流面的油膜面积等,如果闪蒸面积未达到要求,要求筛孔有较大直径,使原油从筛孔向下淋降。

2.塔板布置

闪蒸塔的塔板数和塔板布置形式应满足闪蒸面积的需要。为减少气体流动阻力和塔的压降,塔内气、液流体常分道而行,塔内一般设 4~6 块塔板就可满足闪蒸面积的要求。塔板布置一般有两种形式,即悬挂式和折流式,如图 10-17 所示。

图 10-17(a)为悬挂式筛板,为减少闪蒸气的上升阻力,除在塔板中心开孔外,还在塔板上开有升气孔,为增加原油的淋降面积,在塔板和塔内壁间留有 100mm 左右的环形间隙,并为闪蒸气上升提供通道。图 10-17(b)为折流式布置,一般采用带降液管的筛板(或平板),板堰高度比常规蒸馏塔用的筛板低,使板上液层较薄,以增大闪蒸面积。根据闪蒸塔的运行情况及原油稳定设计规范的技术要求,喷淋密度在 40~80m³/(m² · h)范围内是比较合适的。

3.进料装置

进塔原油是部分汽化的,进塔后应使液流流速降低,保持液流在进料板上的均匀分布,使原油内夹带的气泡得以释放。为增大塔内气液接触和闪蒸面积,用筛孔板式(图 10-18)或多孔盘管式(图 10-19)等喷淋装置,使原油以液滴方式向下淋降,淋降高度为 2m 左右,以提高塔的分离效果。设计中应使每个喷淋孔的流量尽量均匀,并考虑原油发泡及消泡措施。

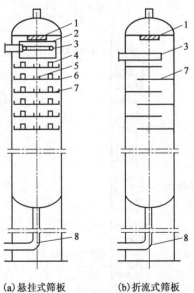

(a)悬挂式筛板　　(b)折流式筛板

图 10-17　闪蒸塔塔盘布置
1—捕雾器;2—环形挡板;3—进油管;
4—升气孔;5,6—气体通道;
7—塔板;8—出油管

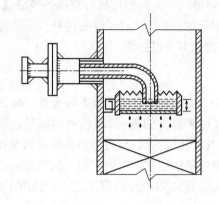

图 10-18　筛孔板式喷淋装置

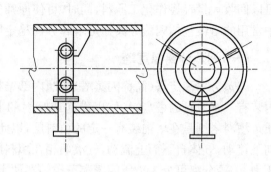

图 10-19　多孔盘管式喷淋装置

4.液位高度

塔内液位应有足够高度。若塔底用泵输送稳定原油,塔底液位高度应满足泵对吸入压头的要求。若稳定原油自流进罐,应由储罐安全装液高度和塔罐连接管路的摩阻损失确定塔内液位高度。塔内原油停留时间一般为 3～5min,发泡原油的停留时间可适当延长。塔底稳定原油出口处也装有防涡器。

(二)分馏稳定塔

分馏稳定塔的工作原理如图 10-20 所示。进塔原料首先在进料段部分汽化,产生的气体向塔顶运动,与此同时,塔顶冷凝的液体自塔顶向下运动。逆向运动的气液相物料,在塔内的塔板或填料上密切接触,气体中的液滴不断凝聚,轻组分的浓度不断升高,到达塔顶时,轻组分的浓度达到稳定深度的要求,称为精馏。在进料段汽化后的液相部分和从精馏段底部流下来的液体,一起自上而下向塔底运动,流至塔底的液体进再沸器加热,加热生成的气体返回塔顶,形成与液体反向运动的气相运动。逆向运动的气液两相,在塔内的塔板或填料上密切接触,使液相中的低沸点组分逐渐被提出,称为提馏。

按照在分馏稳定塔内部两种物料的接触传质方式不同,分馏稳定塔分为板式塔和填料塔两类。板式塔内设有若干层塔板,按塔板类型,板式塔分为泡罩塔、筛板塔和浮阀塔三种。填料塔的填料大致分为三类:随机堆放填料、规整填料和隔栅式填料。从油田多年的生产实践看,原油分馏稳定塔可选用浮阀塔和立式填料塔,前者适用于密度大、黏度大的原油,后者适用于轻质原油。

1. 板式塔

下面以浮阀塔为例介绍板式塔。

浮阀塔的结构如图 10-21 所示。浮阀塔的塔板上带

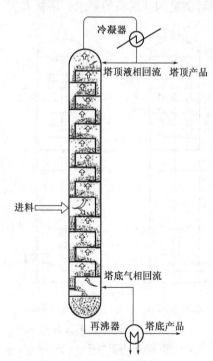

图 10-20　分馏塔工作原理示意图

有降液管,在塔板上开有许多孔作为气流通道,浮动阀的阀片位于气孔的上方,上升气流通过阀片将浮阀吹起,气体从浮动阀周边沿水平方向吹出;液体则由上层塔板的降液管流下,先经进口堰均匀分布,再横流过塔板,气液两相逆向运动,进行良好的传质与换热。经过多层塔板后,到达塔顶的气体是以轻组分为主的合格轻烃产品,到达塔底的液体是达到稳定要求的合格稳定原油。

浮阀的类型很多,目前我国原油分馏稳定塔普遍使用 F1 型浮阀,具有结构简单、制造安装方便、节省材料等优点,其结构如图 10-22 所示。F1 型浮阀有重阀和轻阀两种,重阀具有漏液少、效率高的优点,并可适应塔内气液负荷变化较大的工作条件,比较适合用于原油稳定。

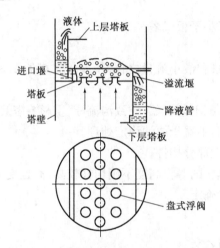

图 10-21 浮阀塔结构示意图

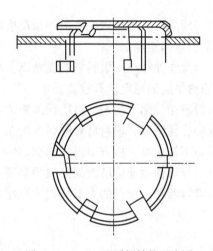

图 10-22 F1 型浮阀结构示意图

塔板上的浮阀有顺排和叉排两种布置方式,如图 10-23 所示。一般采用叉排布置,此种方式下相邻浮阀吹出的气体使液层搅拌和鼓泡均匀,有利于传质传热,同时气体夹带雾沫量也较小。

针对原油稳定的工艺特点,浮阀塔设计应该注意以下几个问题:

(1)油田原油稳定装置的处理量和原油组分常有较大波动,原油在塔板上的发泡程度差别较大,应适当加大塔板间距,使稳定塔有较大的操作弹性;

(2)尽可能使塔内各个截面有比较均匀的液相和气相负荷,以使所需的塔径尽可能均匀;

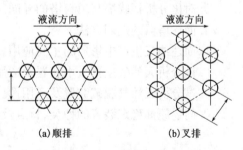

图 10-23 浮阀的排列形式

(3)塔内各个截面要有适当的内回流,避免出现"干板"对分馏产生不良影响;

(4)塔的热平衡合理,剩余热量能得到充分合理的利用;

(5)在塔的中部设置排水阀,及时排出塔板上冷凝的水分,避免塔板积水,出现淹塔现象。

在板式塔内,气体与液体的组成沿塔高呈阶梯式变化。当气液两相中任一相流量超过临界值时,两层塔板间的压降增大,降液管内液流不畅,上下两层塔板的液层通过降液管连接成为连续相时,塔效大大降低,无法正常工作,这种现象称液泛或淹塔。产生淹塔的主要原因一般为气体流量过大,因此可通过控制塔内气体真实流速不大于产生液泛时的气体流速,来确定塔的直径。对液体流量较大的塔,需增加降液管面积,可采用两个或四个的多流道塔板,从而将塔板上的液流分成两股或四股,减小了每股液流的流道长度及堰板高度。

2. 填料塔

与板式塔相比,填料塔具有以下优点:

(1)液体处理能力强。在一定的塔径下,填料塔在处理液气比较高的组分分馏时,有较大的处理优势。

(2)耐腐性强。对于腐蚀介质,可使用塑料或陶瓷填料,而板式塔只能采用合金材料,价格昂贵。

(3)压降小。每块理论塔板等板高度的填料压降小于板式塔。

填料塔的缺点如下:

(1)操作弹性小。填料塔的流量调节比(最大流量和最小流量之比)不及板式塔的1/3,因此对原料供应的稳定性有较高要求。

(2)液相分配不均匀。沿塔截面液体容易产生分配不匀现象,导致沟流,严重影响塔效。

(3)容易堵塞。填料塔对原料内的杂质十分敏感,不益于原油稳定处理。

(4)不易检查。检查填料的情况,必须拆除塔内大部分构件。

(5)较难预测理论塔板的等效填料高度。各种填料的等板高度不确切性较高,而且变化也很大,常需参考已投产的类似装置或直接由现场试验确定。

◈ 思 考 题 ◈

1. 简述塔器要满足传质和分离要求的基本性能。
2. 简述塔器的种类及主要应用场合。
3. 对比分析板式塔与填料塔的异同。
4. 简述塔器的选用方法。
5. 简述油气生产中塔器的主要应用。
6. 试分析天然气主要脱水装置及适用性。
7. 试分析天然气脱硫装置及适用性。
8. 简述原油稳定装置的种类、特点及应用范围。

参考文献

[1] Darton R C. I Chem E Symp Series No. 128, 1992, A385 - A390.

[2] Porter K E. Trans I Chem E, Part A, 1995, 73(5): 357 - 362.

[3] Bravo J L. Select structured packings or trays[J]. Chemical Engineering Progress 1997, (7): 36 - 42.

[4] 王树楹. 现代填料塔技术指南[M]. 北京:中国石化出版社,1998.

[5] 时钧,等. 化学工程手册[M]. 北京:化学工业出版社,1989.

[6] [美]佩里. PERRY 化学工程手册(上卷)[M]. 北京:化学工业出版社,1992.

[7] 兰州石油机械研究所. 现代塔器技术[M]. 2 版. 北京:中国石化出版社,2005.

[8] 路秀林,王者相,等. 塔设备[M]. 北京:化学工业出版社,2004.

［9］魏兆灿.塔设备设计［M］.上海：上海科学技术出版社,1988.

［10］Delnicki W V, Wagner J L. Performance of multiple downcomer trays［J］. Chem. Eng. Prog. , 1970, 66 (3)：50 - 55.

［11］王树楹. 现代填料塔技术指南［M］.北京：中国石化出版社,1998.

［12］中国化工装备总公司,等.塔填料产品及技术手册［M］.北京：化学工业出版社,1995.

［13］Hofhuis P A M, Zuiderweg F J. Sieve Plates：Dispersion Density and Flow Regimes［J］. I Chem. E. Symposium Series, 1979, 56(2)：1 - 26.

［14］Kister H Z, Larson K F. Yanagi T. How do trays and packings stack up ［J］. Chem. Eng. prog. 1994, 90(2)：23 - 32.

［15］Bravo J L. Column internals［J］. Chemical Engineering. 1998,(2)：76 - 83.

［16］ Strigle R F. Random Packings and Packed Towers Design and Applications，Gulf Publishing Company，1987.